"十四五"职业教育国家规划教材

高等职业教育计算机类课程**新形态一体化**教材

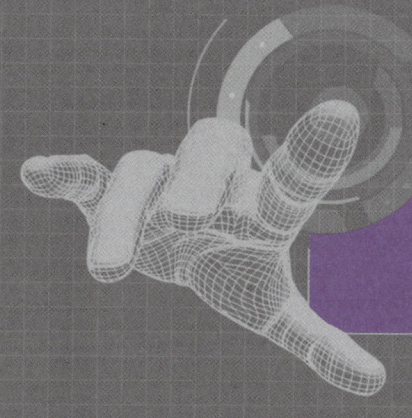

信息技术基础
项目化教程
（WPS Office）（第2版）

主编　陈开华　杨海燕　王佳祥　张宏龙

中国教育出版传媒集团

高等教育出版社·北京

内容提要

本书为"十四五"职业教育国家规划教材。

本书根据教育部颁布的《高等职业教育专科信息技术课程标准（2021 年版）》对课程的学科核心素养和目标要求，基于工作过程系统化的职业教育课程设计理念，以工作场景中的 13 个典型工作项目为载体，以"项目分析—预备知识—项目实施—项目总结—项目练习"为逻辑主线，介绍计算机系统及网络基础知识、WPS 文字、WPS 表格、WPS 演示、信息检索与信息素养、新一代信息技术、数字媒体技术应用等内容。项目中以注意、提示、技巧等栏目对项目实施中的注意事项、拓展知识和操作技巧进行讲解，从而实现"做中学，学中做"，使读者快速掌握信息处理技术，提高信息处理技能。

本书配套有微课视频、授课用 PPT、教学设计、拓展知识、案例素材、课后习题及解答等丰富的数字化教学资源。与本书配套的数字课程"信息技术"在"智慧职教"平台（www.icve.com.cn）上线，学习者可登录平台进行在线学习，授课教师可调用本课程构建符合自身教学特色的 SPOC 课程，详见"智慧职教"服务指南。本书同时配有 MOOC 课程，学习者可登录"智慧职教 MOOC 学院"（mooc.icve.com.cn）进行在线开放课程学习。授课教师如需获得本书配套教辅资源，请登录"高等教育出版社产品信息检索系统"（xuanshu.hep.com.cn）搜索下载。

本书可作为高等职业院校信息技术或计算机应用基础课程的教材，也可作为办公软件培训、全国计算机等级考试一级计算机基础及 WPS Office 应用科目或金山 WPS 办公应用职业技能等级认证考试的参考书。

图书在版编目（CIP）数据

信息技术基础项目化教程：WPS Office / 陈开华等主编. --2 版.--北京：高等教育出版社，2024.9.（2025.9 重印）
ISBN 978-7-04-062500-4

Ⅰ. TP316.7；TP317.1

中国国家版本馆 CIP 数据核字第 2024MM6133 号

Xinxi Jishu Jichu Xiangmuhua Jiaocheng （WPS Office）

策划编辑 刘子峰	责任编辑 傅 波	封面设计 赵 阳	版式设计 童 丹
责任绘图 杨伟露	责任校对 张 薇	责任印制 刁 毅	

出版发行	高等教育出版社	网 址	http://www.hep.edu.cn	
社 址	北京市西城区德外大街 4 号		http://www.hep.com.cn	
邮政编码	100120	网上订购	http://www.hepmall.com.cn	
印 刷	河北鹏远艺兴科技有限公司		http://www.hepmall.com	
开 本	787 mm×1092 mm 1/16		http://www.hepmall.cn	
印 张	17.25	版 次	2020 年 10 月第 1 版	
字 数	380 千字		2024 年 9 月第 2 版	
购书热线	010-58581118	印 次	2025 年 9 月第 4 次印刷	
咨询电话	400-810-0598	定 价	48.50 元	

本书如有缺页、倒页、脱页等质量问题，请到所购图书销售部门联系调换

版权所有 侵权必究

物 料 号 62500-00

"智慧职教" 服务指南

"智慧职教"（www.icve.com.cn）是由高等教育出版社建设和运营的职业教育数字教学资源共建共享平台和在线课程教学服务平台，与教材配套课程相关的部分包括资源库平台、职教云平台和 App 等。用户通过平台注册，登录即可使用该平台。

● 资源库平台：为学习者提供本教材配套课程及资源的浏览服务。

登录"智慧职教"平台，在首页搜索框中搜索"信息技术"，找到对应作者主持的课程，加入课程参加学习，即可浏览课程资源。

● 职教云平台：帮助任课教师对本教材配套课程进行引用、修改，再发布为个性化课程（SPOC）。

1. 登录职教云平台，在首页单击"新增课程"按钮，根据提示设置要构建的个性化课程的基本信息。

2. 进入课程编辑页面设置教学班级后，在"教学管理"的"教学设计"中"导入"教材配套课程，可根据教学需要进行修改，再发布为个性化课程。

● App：帮助任课教师和学生基于新构建的个性化课程开展线上线下混合式、智能化教与学。

1. 在应用市场搜索"智慧职教+"App，下载安装。

2. 登录 App，任课教师指导学生加入个性化课程，并利用 App 提供的各类功能，开展课前、课中、课后的教学互动，构建智慧课堂。

"智慧职教"使用帮助及常见问题解答请访问 help.icve.com.cn。

▐▌ 前言

信息技术已成为经济社会转型发展的主要驱动力，是建设创新型国家、制造强国、网络强国、数字中国、智慧社会的基础支撑。"信息技术"课程是高等职业教育专科各专业学生必修或限定选修的公共基础课程，旨在帮助学生增强信息意识、提升计算思维、促进数字化创新与发展能力，树立正确的信息社会价值观和责任感，掌握信息获取和加工处理技术，综合运用信息技术解决问题，为其职业发展、终身学习和服务社会奠定基础。

本书根据教育部 2021 年 4 月制定的《高等职业教育专科信息技术课程标准（2021 年版）》对课程的学科核心素养和目标要求，在第 1 版的基础上，将办公软件平台改为国产自主可控的 WPS Office，新增了信息检索与信息素养、新一代信息技术、数字媒体技术应用等内容。全书基于工作过程系统化的职业教育课程设计理念，以工作场景中的典型工作项目为载体，搭建了一套"信息获取、甄别、传输、存储、处理、分享、表达"的课程体系，助力培养"会收集、精处理、善应用、懂分享"的高素质信息技术技能人才。

本书由 13 个项目组成，包含认识计算机系统及网络、制作讲座宣传海报、制作求职简历、制作家长会通知单、编排毕业论文、制作学生信息和成绩表、统计分析学生成绩、管理分析工资数据、分析销售数据、制作旅游指南、信息检索与信息素养、新一代信息技术、制作数字生日贺卡。每个项目采用"项目分析—预备知识—项目实施—项目总结—项目练习"的逻辑主线将信息技术核心素养融入项目学习中，读者可以边学习、边实践、边思考、边总结、边建构，增强处理同类问题的实操能力并积累工作经验，同时培养良好的学习工作习惯。其中，"项目分析"提出项目的应用情景、总体要求、实现效果和解决方案；"预备知识"是完成项目应具备的基础知识和技能，基础好的读者可以有选择地进行学习；"项目实施"将项目分解为若干部分进行实施；"项目总结"是对项目中的重点知识进行回顾性总结；"项目练习"则是对项目所学知识的检测和应用，以实现举一反三的学习效果。项目中通过"注意""提示"以及"技巧"等栏目对项目实施中的注意事项、拓展知识和操作技巧进行讲解，从而真正实现"做中学，学中做"，使读者快速掌握信息处理技术，提高信息处理技能。此外，书中还以二维码的形式插入"拓展知识"模块，针对同类项目的知识在深度或广度上进行拓展学习，学有余力的读者可以根据需要选择学习。

本书由贵州电子信息职业技术学院、贵州职业技术学院、贵州机电职业技术学院等高职院校与北京金山办公软件股份有限公司、武汉英玛吉数码信息技术有限公司等企业共同开发，具有鲜明的产教融合特色。为了全面落实立德树人根本任务，加快推进党的二十大精神进教材、进课堂、进头脑，在本次修订中，编者对各项目中的重点内容进行了梳理，提炼出学习目标（包括知识目标、能力目标和素养目标 3 部分），在引导广大师生及时抓住学习重点的同时，以"德育小课堂"栏目有机融入文化自信、家国情怀、绿色发展、工匠精神、劳模精神、爱国敬业、诚信友善等德育元素，着重强调团队协作能力、精益求精的质量意识、节能环保意识等职业素养的提升。例如，在"打印"相关任务中融入"节约用纸，保护自然"理念；在"制作旅游指南"项目中倡导"人与自然和谐共生，绿水青山就是金山银山"的绿色发展理念；在"新一代信息技术"项目中体现"科技自立自强，人才引领驱动"的发展理念，落实"着力造就拔尖创新人才"的要求。

智慧职教
MOOC 课程

智慧职教
数字课程

本书充分融入金山 WPS 办公应用职业技能等级证书和全国计算机等级考试一级计算机基础及 WPS Office 应用的相关知识和技能点，并以二维码的形式在相关页面插入真题讲解视频，方便读者及时了解考试题型和考点，突出"技能引导教学"的课程设计特点，体现"岗课赛证"融通特色。此外，为方便广大读者通过线上线下混合式学习，将知识、技能融会贯通并拓展所学，编者在"智慧职教"平台（www.icve.com.cn）持续更新与本书配套的数字课程及 MOOC课程，体现现代信息技术与教育教学的深度融合，进一步推动教育数字化发展。

本书由陈开华、杨海燕、王佳祥、张宏龙担任主编，袁荣健、孙明、田洪刚、何米、张洪信、马延臣、黄帅、熊定康参加编写，陈开华负责全书统稿工作。全书由北京金山办公软件股份有限公司金山办公编委会审定。

在本书的编写过程中，参考了大量文献，同时也得到了众多同行专家的指导和建议，在此表示衷心感谢。

由于编者水平有限，书中错误和疏漏之处在所难免，恳请广大读者批评指正。

编　者
2024 年 7 月

▌▌目录

项目 1 认识计算机系统及网络

学习目标

1. 知识目标

① 了解计算机的工作原理和计算机系统的组成。

② 了解计算机网络的概念、组成和分类，认识网络设备和终端。

③ 了解 TCP/IP 协议、域名解析和 Internet 的主要应用。

④ 了解常见的信息安全威胁和安全防御技术。

2. 能力目标

① 能正确使用 Windows 10 操作系统。

② 能使用计算机分类管理文件资料。

③ 能正确注册电子邮箱，并收发电子邮件。

④ 能识别和防范常见的网络欺诈行为。

3. 素养目标

① 具有技能报国、为国争光的家国情怀。

② 具有尊重和保护知识产权、抵制盗版软件的意识。

③ 具有团队协作精神和信息安全意识。

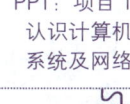

PPT：项目 1 认识计算机 系统及网络

项目 1 德育小课堂

项目分析

1. 项目情境

为了方便学习和交流，小张决定购买一台计算机，将计算机接入互联网，对学习资料进行管理。因此，他需要了解计算机系统的组成、计算机网络、Internet 和信息安全知识；熟悉 Windows 10 操作系统的使用；掌握计算机分类管理文件资料的方法；熟悉电子邮件的收发操作。

2. 项目要求

① 学会 Windows 10 的基本操作。

② 学会使用 Windows 10 进行文件资料管理。

③ 学会使用电子邮箱收发电子邮件。

④ 了解常见的信息安全风险，并在日常工作和生活中加以防范。

3．解决方案

① 熟悉 Windows 10 中桌面图标、任务栏、开始屏幕、窗口和对话框的操作。

② 文件管理一定要做到两点：一是"分类存放"；二是"及时备份"。"备份"就是把重要的文件复制一份存放在其他地方，当原文件丢失或损坏时可以及时恢复。

预备知识

当今社会已进入以电子信息技术为基础，以信息资源为基本发展资源，以信息服务性产业为基本社会产业，以数字化和网络化为基本社会交往方式的信息化社会。人类借助计算机和通信技术，处理信息的能力和传输信息的速度得到快速提高。

一、计算机系统

微课 1-1
计算机系统

计算机技术是现代信息技术的基础，了解计算机的产生与发展、计算机的工作原理和计算机系统的组成有助于我们更好地学习掌握信息技术。

1．计算机的产生与发展

1946 年 2 月，世界上第一台电子数字积分计算机（Electronic Numerical Integrator and Computer，ENIAC）在美国宾夕法尼亚大学诞生，如图 1-1 所示。这台计算机由 18000 多个电子管组成，占地 170 平方米，总质量为 30 多吨，耗电 150 千瓦，用十进制计数，运算速度每秒能计算 5000 次加法或 300 次乘法。它没有今天的键盘、鼠标等设备，人们只能通过扳动其庞大面板上的无数开关向计算机输入信息。

ENIAC 的诞生奠定了电子计算机的发展基础，自其诞生以来，计算机技术获得了迅猛的发展。根据计算机所用电子器件的不同，计算机已历经电子管、晶体管、中小规模集成电路、大规模及超大规模集成电路 4 个阶段。

图 1-1　世界上第一台电子数字计算机（ENIAC）

2．计算机的工作原理

1946 年首台电子数字积分计算机问世后，冯·诺依曼在研制离散变量自动电子计算机（Electronic Discrete Variable Automatic Computer，EDVAC）时提出了电子计算机存储程序与程序控制的理论，又称为存储程序原理，该理论的基本思想主要体现在以下几个方面。

- 二进制：计算机程序和程序运行所需要的数据以二进制形式表示和存储。有关计算机中的信息编码和数制转换请扫描二维码查阅。
- 存储程序，自动执行：程序和数据存放在存储器中，计算机执行程序时，无须人工干预，能自动、连续地执行程序，并得到预期的结果。

为了完成上述的功能，计算机必须具备五大基本组成部件：输入数据和程序的输

拓展知识
计算机中的信息编码和数制转换

入设备、记忆程序和数据的存储器、完成数据加工处理的运算器、控制程序执行的控制器、输出处理结果的输出设备。

📖提示：

指令是能被计算机理解并执行的一个基本的操作指示和命令。一条指令包括操作码和操作数，操作码决定要完成的操作；操作数指参加运算的数据或数据所在的存储单元地址。

程序是存储在外存中的，能按照一定顺序执行，能完成特定任务的指令集合。计算机在执行程序时先将要执行的程序和数据加载到内存储器中，然后按照顺序控制并执行程序中的每一条指令，直到程序结束指令时停止执行。其工作过程就是不断地取指令和执行指令的过程，最后将计算的结果放入指令指定的存储器地址中。

符合存储程序原理的计算机称为冯·诺依曼计算机。直到今天，计算机依然采用冯·诺依曼体系结构。冯·诺依曼计算机结构包括运算器、控制器、存储器、输入设备和输出设备 5 大子系统，子系统之间通过总线相连，构成一个有机整体，如图 1-2 所示。

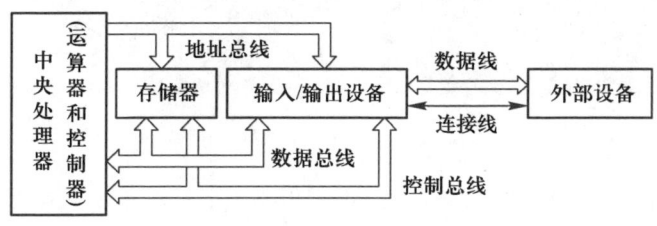

图 1-2　冯·诺依曼计算机体系结构

3. 计算机系统的组成

计算机系统由硬件系统和软件系统两部分组成。硬件是指人们看得见、摸得着的设备实体，是计算机进行工作的物质基础。软件是为运行、管理和维护计算机而编制的各种指令、程序和文档的总称，是计算机的灵魂。计算机系统的组成如图 1-3 所示。

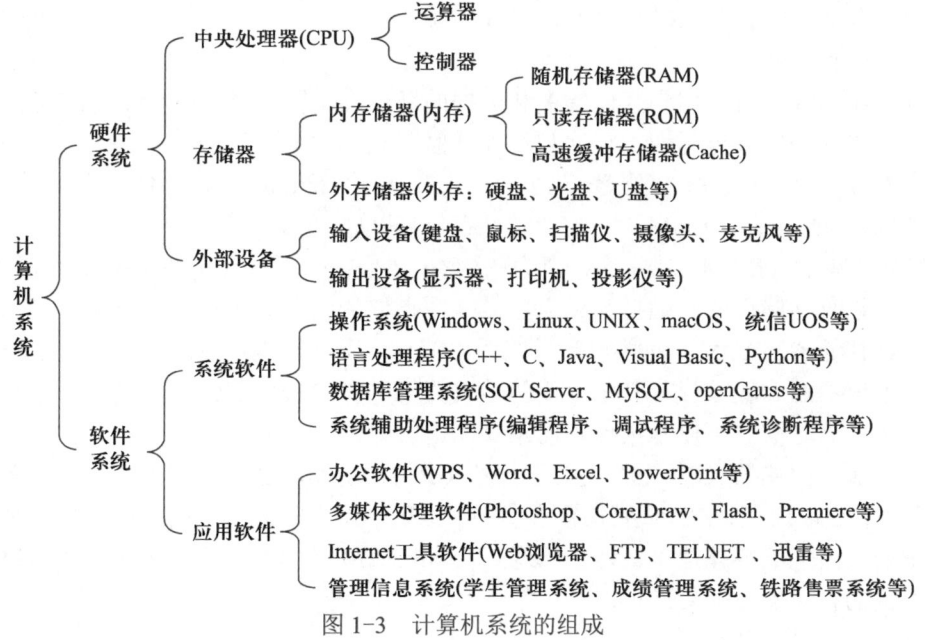

图 1-3　计算机系统的组成

4. 计算机硬件系统

计算机硬件系统包含中央处理器（运算器、控制器）、内存储器、外存储器、输入设备和输出设备等部分。

（1）中央处理器

中央处理器（Central Processing Unit，CPU）是计算机系统的核心部件，主要包括运算器和控制器两个部分，如图 1-4 所示。运算器负责对数据进行算术和逻辑运算；控制器负责对程序所规定的指令进行分析、控制，并协调输入、输出操作和对内存的访问。CPU 的主要性能指标有字长、主频、核心数和高速缓存容量。

图 1-4　CPU 外观

字长是指 CPU 一次能并行处理的二进制位数，字长总是 8 的整数倍，通常个人计算机的字长为 16 位、32 位、64 位。字长越长，数据精度就越高；在完成同样精度的运算时，数据处理速度也就越快。当前 CPU 字长普遍为 64 位。

主频是 CPU 的工作频率，也称为时钟频率，单位是兆赫（MHz）或吉赫（GHz），是用于衡量计算机运算速度的主要参数，目前 CPU 的主频都在 2.0 GHz 以上。

多核处理器是指在一枚处理器中集成两个或多个完整的计算引擎（内核）。目前的处理器有双核、4 核、8 核、12 核、16 核等。

（2）内存储器

存储器是计算机中用来存储指令和数据的部件。按照存储器和 CPU 的关系，可以将其分为内存储器（也称为主存）和外存储器（也称为辅存）。

内存储器包含随机存储器（Random Access Memory，RAM）、只读存储器（Read-Only Memory，ROM）和高速缓冲存储器（Cache）。

随机存储器（RAM）就是通常所说的内存，如图 1-5 所示。它的特点是可读可写，主要用于临时存储程序和数据，断电后在其中存储的信息会丢失。

只读存储器（ROM）的特点是只能读出信息，不能写入信息，它通常是主板厂家固化在主板上的一块芯片，其中存储的是计算机的自检程序及输入、输出程序等系统启动程序，这些信息可以永久保存而不受断电影响。

高速缓冲存储器（Cache）是为了解决 CPU 与 RAM 之间速度不匹配问题而设置的。因为 CPU 的速度比 RAM 要快得多，导致 CPU 不得不降低自己的速度来使用 RAM，从而影响了系统的整体速度。为了协调 CPU 和 RAM 之间的速度，在两者之间设置一种小而快的存储器，即 Cache。

笔记

（3）外存储器

外存储器包括硬盘、光盘、U 盘和移动硬盘等，它们是计算机的辅助存储设备。

1）硬盘

硬盘是计算机系统中最主要的外存储器，用于存放软件和用户数据。如，为计算机安装操作系统及应用软件，实际上就是将相关文件"复制"到硬盘中。保存文档就是将内存中的文档输出到硬盘上指定的位置。

硬盘有机械硬盘（Hard Disk Drive，HDD）和固态硬盘（Solid State Drive，SSD）两种类型，如图 1-6、图 1-7 所示。机械硬盘采用多个磁性碟片来存储数据，每个盘片划分为若干同心圆磁道，每个磁道划分为若干扇区，每个扇区存放 512 个字节的信息，磁盘读写数据时，以扇区为单位。机械硬盘的特点是存储容量大、读写速度慢。固态硬盘采用闪存颗粒来存储数据，其特点是存储容量相对较小、读写速度快。

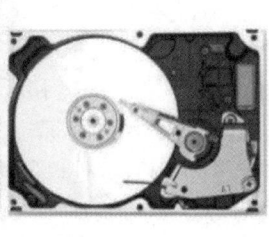

图 1-5　内存　　　　　　　　　　　　　　图 1-6　机械硬盘

目前个人计算机通常配置固态硬盘以提高系统运行速度。如果需要存储较多的图片和视频等大容量数据，可以考虑在配置固态硬盘的同时，再配置大容量的机械硬盘。主流机械硬盘的存储容量有 1 TB、2 TB、4 TB 等。主流固态硬盘的存储容量有 256 GB、512 GB、1 TB 等。

2）光盘和光驱

光盘属于可移动外存，用来存储需要备份或移动的数据，常见的光盘有 CD、DVD、BD 等。CD 光盘的容量一般为 650 MB，现在已被淘汰；DVD 光盘的容量一般为 4.7 GB 或更大；BD 光盘即蓝光光盘，是目前最先进的大容量光盘，存储容量为 25 GB 或更大。

光驱用来读取或写入光盘数据。目前光驱多为移动 DVD 刻录机，如图 1-8 所示，可以读取和刻录 CD 和 DVD 光盘数据。

图 1-7　固态硬盘　　　　　　　　　　　图 1-8　移动 DVD 刻录机

（4）输入设备

输入设备是向计算机输入数据和信息的设备，它将人们熟悉的信息转换为计算机能识别的电信号输入计算机内部进行处理。最基本的输入设备是键盘和鼠标，如图 1-9 所示。其他常见的输入设备还有扫描仪、摄像头、手写板和麦克风等。

图 1-9　键盘和鼠标

键盘是最常用、最主要的输入设备，主要用于输入数据、文本和命令。键盘按键位数不同，可分为 101 键、104 键和 107 键键盘；按连接接口不同，可分为 PS/2 接口键盘、USB 接口键盘和无线键盘。

鼠标是一种屏幕标定装置，不能直接输入字符和数字。在图形处理软件的支持下，在屏幕上使用鼠标处理图形要比键盘方便得多。鼠标按接口类型不同，可分为串行鼠标、PS/2 鼠标、总线鼠标、USB 鼠标和无线鼠标，目前常用的是 USB 鼠标和无线鼠标。

（5）输出设备

输出设备用于将计算机的计算结果数据或信息以数字、字符、图像、声音等形式表现出来。最基本的输出设备是显示器，如图 1-10 所示。其他常见的输出设备还有音箱、打印机、投影仪、绘图仪等。

显示器用于显示用户输入的程序、数据和计算机程序的运行结果等。根据制造材料的不同可分为阴极射线管显示器（Cathode Ray Tube，CRT）、等离子显示器（Plasma Display Panel，PDP）和液晶显示器（Liquid Crystal Display，LCD）等。目前计算机上配备的显示器大部分是液晶显示器。

图 1-10　显示器

分辨率作为显示器的主要性能指标之一，它表示显示器能够呈现的像素数量，通常以水平像素数和垂直像素数表示。分辨率越高，显示效果越清晰。常见的分辨率有1080P（1920×1080 像素）、2K（2560×1440 像素）和 4K（3840×2160 像素）等。

台式计算机的硬件采用模块化方式生产和销售，用户可以根据使用需求选购需要的模块组装成一台计算机。这些模块包括主板、CPU、内存、硬盘、显卡、电源、光驱等，它们通过主板进行连接，并固定在主机机箱中。主机的外部结构和内部结构如图 1-11 和图 1-12 所示。

笔 记

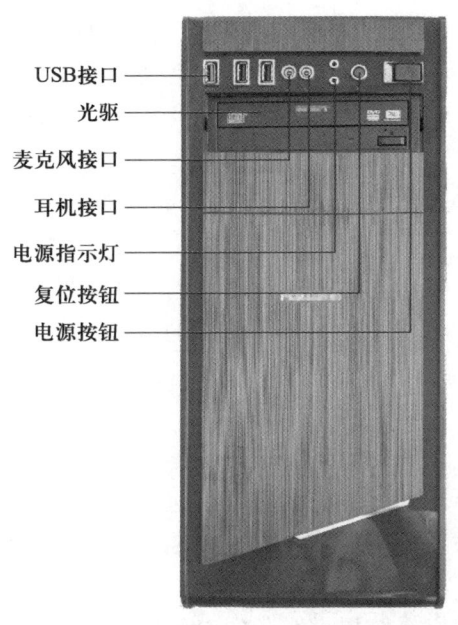
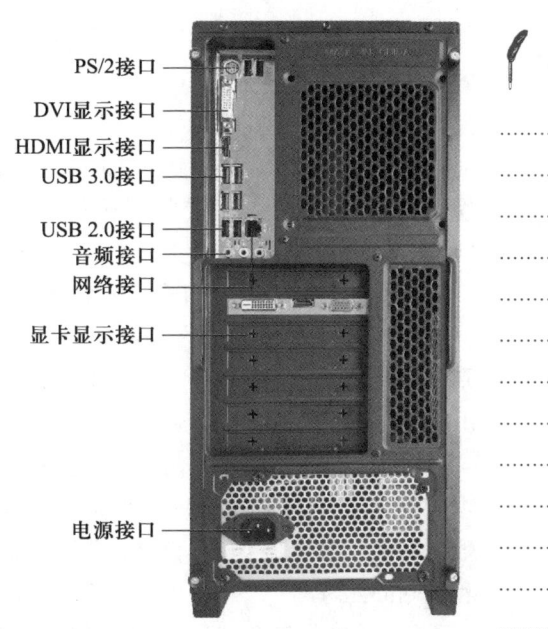

USB接口
光驱
麦克风接口
耳机接口
电源指示灯
复位按钮
电源按钮

PS/2接口
DVI显示接口
HDMI显示接口
USB 3.0接口
USB 2.0接口
音频接口
网络接口
显卡显示接口
电源接口

笔 记

图 1-11　台式计算机主机外部结构

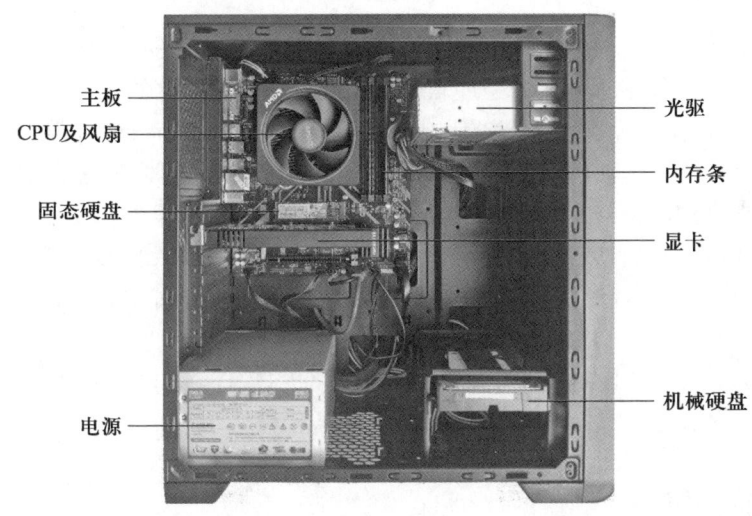

主板
CPU及风扇
固态硬盘
电源

光驱
内存条
显卡
机械硬盘

图 1-12　台式计算机主机内部结构

5．计算机软件系统

计算机软件系统分为系统软件和应用软件。

（1）系统软件

系统软件是指控制和协调计算机及外部设备，支持应用软件开发和运行的软件。系统软件的主要功能是调度、监控和维护计算机系统；负责管理计算机系统中各独立硬件，使得它们协调工作。系统软件主要包括操作系统、语言处理系统、数据库管理系统和系统辅助处理程序等。

① 操作系统是最主要、最基本的系统软件，它处在计算机系统中的核心位置，直接运行在裸机上，负责管理计算机中各种软硬件资源并控制各类软件运行。操作系统是计算机裸机与应用程序及用户之间的桥梁，为用户提供了一个清晰、简洁、友好、易用的工作界面。用户通过使用操作系统提供的命令和交互功能实现对计算机的操作。常用的操作系统有 Windows、Linux、UNIX、macOS、统信 UOS 等。

② 语言处理程序的作用是将高级语言或汇编语言编写的程序翻译成计算机能执行的程序，被翻译的语言和程序分别称为源语言和源程序，翻译生成的语言和程序分别称为目标语言和目标程序。目前常用的高级语言有 C++、C、Java、Visual Basic、Python 等。

③ 数据库管理系统是位于用户和操作系统之间的数据管理软件，用于科学地组织和存储数据，高效地获取和维护数据。数据库管理系统的主要功能包括数据定义、数据操纵、数据维护和运行管理。目前常见的数据库管理系统有 SQL Server、MySQL 和 openGauss 等。

④ 系统辅助处理程序主要是指一些为计算机系统提供服务的工具软件和支撑软件，如编辑程序、调试程序、系统诊断程序等。

（2）应用软件

应用软件是指为了利用计算机解决某类特定问题而设计的程序的集合。常用的应用软件有办公软件套件、多媒体处理软件和 Internet 工具软件等。

① 办公软件是日常办公需要的一些软件，一般包括文字处理软件、电子表格处理软件、演示文稿制作软件、个人数据库、个人信息管理软件等。常见的办公软件套件有微软公司的 Microsoft Office 和金山公司的 WPS Office 等。

② 多媒体处理软件是应用软件领域中一个重要的分支，主要包括图形图像处理软件、动画制作软件、音频视频处理软件、桌面排版软件等，如 Photoshop、CorelDraw、Flash、Premiere 等。

③ Internet 工具软件是基于 Internet 环境的应用软件，如 Web 浏览器、文件传输工具 FTP、远程访问工具 TELNET、下载工具迅雷等。

二、计算机网络

微课 1-2
计算机网络

计算机网络是计算机技术与通信技术高度发展、紧密结合的产物，是信息资源开发利用和信息技术应用的基础，是信息传输、交换和共享的必要手段。下面来了解计算机网络的基础知识。

1. 计算机网络的概念

将不同地理位置上具有独立功能的计算机系统通过通信设备和通信线路连接起来，并利用网络软件进行通信管理，实现数据的有效传输和资源共享的系统称为计算机网络。

计算机网络的主要功能是数据通信和资源共享。数据通信是计算机网络最基本的功能，它用来快速传送计算机与终端、计算机与计算机之间的各种信息，包括电子邮件、新闻消息、咨询信息、图片资料、影音资料等。资源共享是指网络中的用户都能够部分或全部地使用网络中的软件、硬件和数据资源，如打印机、存储器等。

2．计算机网络的分类

按照网络覆盖的地理范围和规模，可以把计算机网络分为局域网、城域网和广域网 3 种。

① 局域网（Local Area Network，LAN）是一种有限区域内使用的网络，覆盖的范围一般不超过 10 km。如校园网、办公室网络、家庭网络等。局域网数据传输速率高，一般为 10 Mbit/s～10 Gbit/s（bit/s，比特/秒），还具有组网容易、便于管理和维护、使用灵活等优点。

② 城域网（Metropolitan Area Network，MAN）是介于广域网和局域网之间的一种高速网络，覆盖范围一般为几千米到几十千米，用于满足企业、学校、公司等多个局域网的互联需求。城域网的传输速率较快，其组网和管理都比局域网复杂得多。

③ 广域网（Wide Area Network，WAN）覆盖范围可达上万 km，传输速率较低，一般在 56 kbit/s～155 Mbit/s。广域网覆盖一个国家、地区甚至横跨几个洲，形成国际性的远程计算机网络。

3．网络硬件

计算机网络系统由网络硬件和网络软件两部分组成。网络硬件主要由可独立工作的计算机、网络设备和传输介质等组成，它是网络连接的物质基础。

（1）计算机

可独立工作的计算机是计算机网络的核心，根据用途的不同可将其分为服务器和网络工作站。

① 服务器一般由功能强大的计算机担任，如小型计算机、专用 PC 服务器或高档微机。它向网络用户提供服务，并负责对网络资源进行管理。根据服务器所承担的功能不同又可将其分为文件服务器、通信服务器、备份服务器和打印服务器等。

② 网络工作站是供用户使用网络的本地计算机，对它没有特殊要求。工作站作为独立的计算机为用户服务，同时又可以按照被授予的权限访问服务器。各工作站之间可以相互通信，也可以共享网络资源。

（2）网络设备

网络设备是构成计算机网络的一些部件，常见的网络设备有网卡、调制解调器、中继器、网桥、交换机、路由器和网关等。独立工作的计算机可通过网络设备访问网络上的其他计算机。

① 网卡（Network Interface Card，NIC）是计算机与传输介质的接口，一方面它负责接收网络上传过来的数据包，解包后将数据通过主板上的总线传输给本地计算机；另一方面它将本地计算机上的数据打包后送入网络。

② 调制解调器（Modem）是利用调制解调技术来实现数字信号与模拟信号在通

信过程中的相互转换。确切地说，调制解调器的主要工作是将数据设备送来的数字信号转换成能在模拟信道传输的模拟信号；反之，它也能将来自模拟信道的模拟信号转换为数字信号。

③ 中继器（Repeater）是最简单的局域网延伸设备，其主要作用是放大传输介质上传输的信号，以使其在网络上传输得更远。不同类型的局域网采用不同的中继器。

④ 网桥（Bridge）用于连接使用相同通信协议、传输介质和寻址方式的网络。

⑤ 交换机（Switch）有多个端口，每个端口都具有桥接功能，可连接一个局域网或一台高性能服务器或工作站。交换机所有端口由专用处理器进行控制，并经过控制管理总线转发信息。

⑥ 路由器（Router）的作用是连接局域网和广域网，它有判断网络地址和选择路径的功能。其主要工作是为经过路由器的报文寻找一条最佳路径，并将数据传送到目的站点。

⑦ 网关（Gateway）不仅具有路由选择功能，还能实现不同网络协议之间的转换，并将数据重新分组后传送。

（3）传输介质

传输介质是网络通信用的信号线路，它提供了数据信号传输的物理通道。传输介质按其特征可分为有线通信介质和无线通信介质两大类。有线通信介质包括双绞线、同轴电缆和光缆等；无线通信介质包括无线电波、微波和卫星通信等。它们具有不同的传输速率和传输距离，分别支持不同的网络类型。

4. 网络软件

网络软件一般是指网络操作系统、网络通信协议和提供网络服务功能的应用软件。

① 网络操作系统是用于管理网络系统中的软件和硬件资源，提供简单网络管理的系统软件。常见的网络操作系统有 UNIX、Windows、Linux 等。

② 网络通信协议是网络中计算机交换信息时需要遵循的规则、标准或约定的集合。例如，Internet 中不同网络和不同计算机相互通信的协议是 TCP/IP。

③ 提供网络服务功能的应用软件是指为用户提供各种网络服务的应用程序。例如，浏览器软件 Microsoft Edge、文件传输软件 FTP、远程控制软件向日葵远程控制、电子邮件管理软件 Outlook、即时通信软件 QQ 和微信、下载工具软件迅雷、流媒体播放软件暴风影音等。

三、Internet

微课 1-3
Internet

Internet 即因特网，建立在全球网络互联的基础上，是一个全球范围的信息资源网。Internet 大大提升了人们的沟通效率，世界因此变得越来越"小"。Internet 提供资源共享、数据通信和信息查询等服务，已经逐步成为人们了解世界、学习研究、购物休闲、商业活动、结识朋友的重要途径。

1. 什么是 Internet

Internet 始于 1968 年的 ARPAnet 网络计划，其目的是将各地不同的主机以一种对等的通信方式连接起来，最初只有 4 台主机。此后，大量的网络、主机和用户接入 ARPAnet，很多地区性网络也接入进来，于是这个网络逐步扩展到其他国家和地区。

Internet 是通过路由器将世界不同地区、不同规模、不同类型的网络互相连接起来形成的网络，是一个全球性的计算机互联网络，因此也被称为"国际互联网"，信息资源极其丰富，是世界上最大的计算机网络。

2. TCP/IP

TCP/IP（Transmission Control Protocol/Internet Protocol，传输控制协议/网际协议）是用于在多个不同网络间实现信息传输的协议簇。它不仅仅指的是 TCP 和 IP，而是由 FTP、SMTP、TCP、UDP、IP 等协议共同构成的协议簇，因为在整个 TCP/IP 中 TCP 和 IP 最具代表性，所以也被称为 TCP/IP。

TCP/IP 是 Internet 最基本的通信协议，它规定了互联网中各部分进行通信的标准和方法，是保证网络数据信息及时、完整传输的重要协议。TCP/IP 是一个四层的体系结构，如图 1-13 所示。

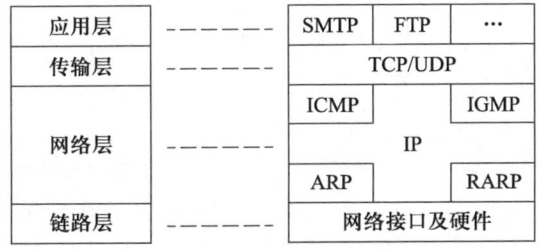

图 1-13　TCP/IP 体系结构

3. IP 地址和域名

Internet 采用 TCP/IP 来实现网络互联，用 IP 地址作为 Internet 上每一个网络和每一台主机的唯一标识。在 Internet 通信中，可以通过 IP 地址和域名来实现明确的目的地指向。

（1）IP 地址

IP 地址是 TCP/IP 中使用的网络层地址标识。目前使用的 IP 地址主要是 IPv4，每个 IP 地址由 32 位二进制数组成。为了便于记忆，将每个 IP 地址分为 4 段，每段由 8 个二进制数构成，用与其相等的十进制数表示，段之间用圆点（.）分隔。每段的十进制数范围是 0～255。

由于 IPv4 只有 32 位二进制数，最多能表示大约 43 亿个地址，随着互联网的蓬勃发展，IP 地址的需求量愈来愈大，地址空间的不足必将妨碍互联网的进一步发展。为了扩大地址空间，人们通过 IPv6 重新定义地址空间。IPv6 采用 128 位地址长度，在其设计过程中除了一劳永逸地解决了地址短缺问题以外，还解决了在 IPv4 中解决不好的其他问题。

（2）域名

由于 IP 地址是数字型的，难以记忆和理解，因此 Internet 引进了一种字符型的地址方案，即域名。域名用一组含一定意义的字符串来标识主机地址。域名采用层次结构，各层次之间用圆点（.）分隔，从右到左分别是第一级域名（或称顶级域名），第二级域名，……直至主机名。其结构为"主机名.…….第二级域名.第一级域名"。在互联网上，第一级域名采用通用标准代码，分为组织机构和地理模式两大类。常见一级域名标准代码见表 1-1。

表 1-1　常见一级域名标准代码

组织机构	域名代码	国家或地区	域名代码
商业机构	.com	中国	.cn
教育机构	.edu	英国	.uk
政府部门	.gov	法国	.fr
网络组织	.net	日本	.jp
其他组织	.org	澳大利亚	.au

例如：pku.edu.cn 是北京大学的域名，其中 pku 是北京大学的英文缩写，edu 表示教育机构，cn 表示中国。

（3）工作原理

IP 地址和域名都表示网络中主机的地址，实际上是同一事物的不同表示。例如：百度公司 Web 服务器的 IP 地址之一是 220.181.38.149，其对应域名为 www.baidu.com。用户可以通过 IP 地址访问，也可以通过域名访问。从域名到 IP 地址或从 IP 地址到域名的转换由域名解析系统 DNS（Domain Name System）服务器完成，这一转换过程称为域名解析。

使用域名访问网络资源地址时，必须获得与这个域名对应的 IP 地址，这时用户计算机将希望转换的域名放在一个 DNS 请求信息中，并将这个请求发送给 DNS 服务器，DNS 服务器从请求中取出域名，将它转换为对应的 IP 地址，然后在应答信息中将结果地址返回给用户计算机。

4．Internet 的主要应用

Internet 发展至今，已经不再是简单的计算机网络，而成为人们工作、生活、学习、娱乐中获取和交流信息不可缺少的工具，其主要表现在以下几方面。

（1）WWW 服务

万维网（World Wide Web，WWW）也称全球信息网，简称为 Web，是一种建立在 Internet 上的全球性、交互、动态、多平台、分布式、超文本超媒体的信息查询系统，遵循超文本传输协议（Hyper Text Transmission Protocol，HTTP）。用户只要使用 Web 浏览器，单击有关的文字或图形，就可以随心所欲地在万维网中漫游，获取感兴趣的信息。

（2）电子邮件

电子邮件（E-mail）是 Internet 上使用非常广泛的一种服务。类似于生活中的邮件传送方式。电子邮件采用存储转发的方式进行传递，根据电子邮件地址由网上多个主机合作实现存储转发，从发信源节点出发，经过路径上若干个网络节点的存储和转发，最终将电子邮件传送到目的邮箱。电子邮件通过网络传送，具有方便、快速、不受地域或时间限制、费用低廉等优点。电子邮件除用于发送文本外，还可以发送图片、程序、音频、视频等文件。

（3）文件传输

文件传输协议（File Transfer Protocol，FTP）也是 Internet 提供的基本功能，它向所有 Internet 用户提供文件上传和下载服务。FTP 使用客户端/服务器（C/S）模式工作，一般在本地计算机上运行 FTP 客户端软件，由客户端软件实现与 Internet 上 FTP 服务器之间的通信。在 FTP 服务器上运行 FTP 服务器程序，它负责为客户端提供文件的上传和下载服务。

（4）电子商务

电子商务是指在互联网、企业内部网上以电子交易的方式进行交易活动和相关服务的活动，是传统商业活动各环节的电子化、网络化。电子商务正改变着人们购物的方式，同时网上购物也推动着快递物流等行业的发展。

（5）即时通讯

即时通讯是通过即时通信软件来实现在线聊天和即时交流。用户只需要下载安装客户端软件即可与好友进行实时交流，传输文档、音频、视频等资料；还可开展群聊、群会议、群课堂、群直播等活动。目前国内流行的即时通信软件有微信、QQ、钉钉、企业微信等。

四、信息安全

微课 1-4
信息安全

随着计算机和网络技术的飞速发展，信息安全问题越来越受关注。了解信息安全的概念、基本要素、信息安全面临的常见威胁和常用的安全防御技术，能够更好地完成信息系统的实现、运行、管理与维护。

1. 信息安全的概念

信息安全是指信息网络的硬件、软件及其系统中的数据受到保护，不受偶然的或者恶意的原因而遭到破坏、更改、泄露，系统连续可靠正常地运行，信息服务不中断。信息安全的基本要素包含保密性、完整性、可用性、可控性和不可否认性。

① 保密性（Confidentiality）是指阻止非授权的主体阅读信息，即未授权的用户不能够获取敏感信息。

② 完整性（Integrity）是指防止信息受到未经授权的篡改。它可以确保信息保持原始的状态，使信息保持其真实性。如果信息未经授权被蓄意地修改、插入、删除等，形成虚假信息将带来严重后果。

③ 可用性（Availability）是指授权主体在需要信息时能及时得到服务的能力。

④ 可控性（Controllability）是指对信息和信息系统实施安全监控管理，防止非法利用信息和信息系统。

⑤ 不可否认性（Non-repudiation）是指在网络环境中，信息交换的双方不能否认其在交换过程中发送信息或接收信息的行为。

2．信息安全威胁

信息安全面临的威胁呈现多样性特征，常见的安全威胁主要有以下几种。

（1）计算机病毒

《中华人民共和国计算机信息系统安全保护条例》中明确定义，计算机病毒是指"编制或者在计算机程序中插入的破坏计算机功能或者毁坏数据，影响计算机使用，并能自我复制的一组计算机指令或者程序代码"。

计算机一旦被感染，病毒会进入计算机的存储系统，如内存，感染其中运行的程序。随着计算机网络的发展和普及，计算机病毒已经成为各国信息战的首选武器，给国家信息安全造成了极大威胁。计算机病毒具有潜伏性、传染性、突发性、隐蔽性、破坏性等特征。

（2）木马

木马是指一类伪装成合法程序或隐藏在合法程序中破坏系统或窃取数据的恶意代码。这些代码要么执行恶意行为，要么为非授权访问系统的特权功能提供后门。木马具有伪装性，经常在用户不经意间，破坏或控制用户的计算机系统，窃取用户的各种账户及口令等重要信息。

（3）黑客

黑客是指未经授权访问或企图进入计算机系统的人。黑客分为两类：一类是协助人们研究系统安全性，发现软件漏洞和逻辑缺陷，他们是计算机网络的"捍卫者"；另一类是通过网络非法进入他人系统，窥探他人隐私，任意篡改数据，进行网上诈骗活动，他们是计算机网络的"入侵者（攻击者）"。

（4）信息泄露

在大数据时代，大量包含个人敏感信息的数据（隐私数据）存储于网络空间中，如电子病历涉及患者疾病等信息，支付宝记录着人们的消费情况，GPS 记录着人们的行踪等。这些带有"个人特征"的信息碎片可以汇聚成细致全面的大数据信息集，一旦泄露则可能被不法分子利用，从而轻而易举地构建出网民的个体画像。

（5）网络犯罪

网络犯罪多表现为诈取钱财和信息破坏，犯罪内容主要包括金融欺诈、网络赌博、网络贩黄、非法资本操作和电子商务领域的侵权欺诈等。目前的网络犯罪主体更多地由松散的个人转向具有团体性、复杂性的高智商集团和组织，其跨国性也在不断增强。日趋猖獗的网络犯罪已对国家信息安全以及基于信息安全的经济安全、文化安全、政治安全等构成了严重威胁。

（6）预置陷阱

预置陷阱就是在信息系统中人为地预设一些陷阱，以干扰和破坏计算机系统的正

笔 记

常运行。预置陷阱一般分为硬件陷阱和软件陷阱两种。硬件陷阱主要是指蓄意更改集成电路芯片的内部设计和使用规程，以达到破坏计算机系统的目的；软件陷阱则是指信息产品中被人为地预置嵌入式病毒，这给信息安全和保密带来极大的威胁。

（7）内部威胁

内部威胁是指组织内部的个人有意或无意地滥用其网络访问权限，对组织的关键数据或系统造成负面影响。例如，内部人员可能会无意中将客户数据通过电子邮件发送给外部各方，或点击电子邮件中的网络钓鱼链接，或与他人共享登录信息；也可能故意规避网络安全协议，窃取数据以便日后谋利，或以其他方式损害业务；还可能因考虑不周或出于方便，有意绕过安全措施，从而产生安全隐患。此外，承包商、业务合作伙伴和供应商也可能是内部威胁的来源。

3. 信息安全防御技术

信息安全防御技术主要用于防止系统漏洞、防止外部黑客入侵、防御病毒破坏和对可疑访问进行有效控制等，同时还应该包含数据灾难与数据恢复技术。典型的安全防御技术有以下几大类。

（1）防火墙以及病毒防护技术

防火墙是一种能够有效保护计算机安全的重要技术，由软件和硬件设备组合而成，通过建立检测和监控系统来阻挡外部网络的入侵。用户可以使用防火墙有效控制外界对计算机系统的访问，确保计算机的保密性、稳定性以及安全性。病毒防护技术是指通过安装并及时更新杀毒软件进行安全防御，如金山毒霸、360 安全防护中心、电脑安全管家等。病毒防护技术的主要作用是对计算机系统进行实时监控，对病毒进行截杀和消灭，防止病毒入侵计算机系统，实现对系统的安全防护。除此以外，用户还应当积极主动地学习计算机安全防护的知识，在网上下载资源时尽量不要选择不熟悉的网站，若是必须下载，也要对下载的资源进行杀毒处理再使用，保证该资源不会对计算机安全运行造成负面影响。

（2）入侵检测系统

入侵检测系统是一种对网络活动进行实时监测的专用系统。该系统处于防火墙之后，可以和防火墙及路由器配合工作，用来检查一个局域网网段上的所有通信，对网络信息进行快速分析或在主机上对用户进行审计分析，记录和监测网络活动，并通过重新配置来禁止从防火墙外部进入的恶意流量。入侵检测系统能够帮助网络系统快速发现攻击的发生，它增强了系统管理员的安全管理能力，确保了信息安全基础结构的完整性。

（3）数字签名以及生物识别技术

数字签名技术主要用于电子商务，该技术有效地保证了信息传播过程中的保密性以及安全性，同时也能够避免计算机受到恶意攻击或侵入等问题发生。生物识别技术是指通过对人体的特征识别来决定是否给予应用权利，主要包括指纹、视网膜、声音识别等方面。目前应用最为广泛的是指纹识别技术，该技术在安全保密的基础上也有着稳定简便的特点，为人们带来了极大的便利。

（4）信息加密技术

信息加密的目的是保护网内的数据、文件、口令和控制信息。信息加密技术主要分为数据传输加密和数据存储加密。数据加密系统包括加密算法、明文、密文以及密钥。数据加密的算法有很多种，按照发展进程来分，经历了古典密码、对称密钥密码和公开密钥密码阶段，其中古典密码算法有替代加密、置换加密；对称加密算法包括DES 和 AES；非对称加密算法包括 RSA、背包密码、McEliece 密码、椭圆曲线等。目前在数据通信中使用最普遍的加密算法有 DES 算法、RSA 算法。

（5）系统容灾技术

系统容灾主要包括数据备份和数据容灾技术。数据备份是数据保护的最后屏障，以便在发生灾难时，使用备份还原和数据恢复技术将丢失的数据找回。数据容灾通过IP 容灾技术来保证数据的安全，它使用两个存储器，在两者之间建立复制关系，一个存放在本地，另一个存放在异地，本地存储器供本地系统使用，异地容灾备份存储器实时复制本地备份存储器的关键数据。

为了保证信息系统的安全性，除了运用安全防御的技术手段，还需要必要的管理手段和政策法规支持。管理手段是指确定信息安全管理等级和安全管理范围，制定网络系统的维护制度和应急措施等。政策法规支持是指借助法律手段强化保护信息系统安全，防范计算机犯罪，维护合法用户的安全，有效打击和惩罚违法行为。从 20 世纪 80 年代初开始，我国逐步建立了有关信息技术、计算机网络和信息知识产权保护等方面的法律法规，主要包括：

《中华人民共和国计算机信息网络国际联网管理暂行规定实施办法》。

《中华人民共和国计算机信息系统安全保护条例》。

《全国人大常委会关于加强网络信息保护的决定》。

《计算机信息网络国际联网安全保护管理办法》。

《计算机软件保护条例》。

《计算机病毒防治管理办法》。

《中华人民共和国网络安全法》。

《网络安全等级保护制度 2.0 系列标准》。

《儿童个人信息网络保护规定》。

《中华人民共和国个人信息保护法》。

《中华人民共和国著作权法》。

《中华人民共和国数据安全法》。

《中华人民共和国保守国家秘密法》。

项目实施

想要更好地使用计算机进行信息收集、存储、处理和传输，就需要将计算机接入互联网，熟悉计算机操作系统，掌握使用计算机管理文件资料的方法。接下来以Windows 10 操作系统为例介绍操作系统的使用和文件资料管理，有关统信 UOS 操作系统的使用，请扫描二维码查阅。

拓展知识
统信 UOS 操作
系统

一、Windows 10

Windows 10 为用户提供可视化的交互式界面，用户可以通过桌面、窗口和对话框等工具与计算机进行交互式操作。

1. Windows 10 的桌面

开机进入 Windows 10 后，出现在屏幕上的整个区域称为桌面，Windows 10 中大部分操作都是从桌面开始的。Windows 10 的桌面主要包括：桌面图标、桌面背景和任务栏，如图 1-14 所示，各部分的作用和操作如下。

微课 1-5
Windows 10
操作系统

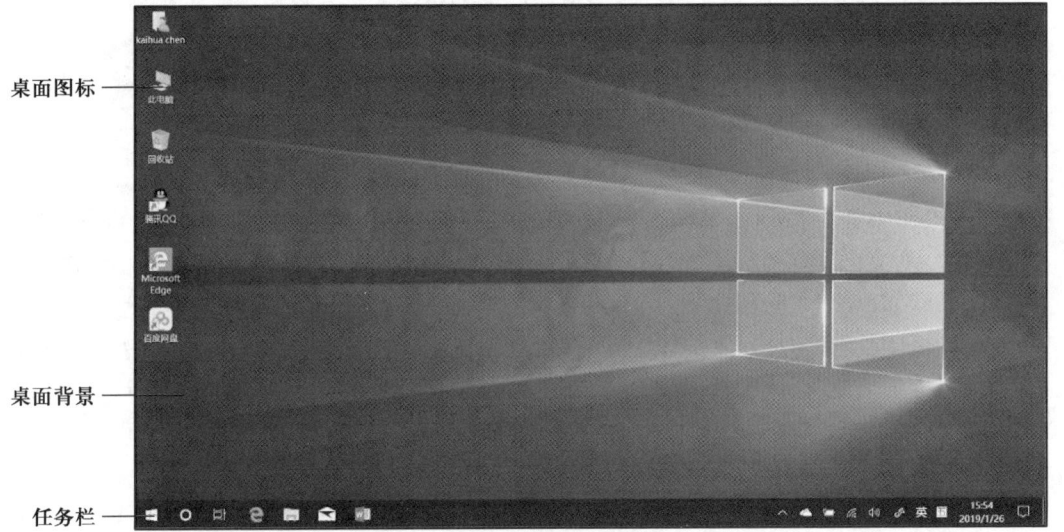

图 1-14　Windows 10 的桌面

笔 记

（1）桌面图标

双击桌面图标可以打开相应的操作窗口或应用程序。桌面图标主要包括系统图标和快捷图标。系统图标是指可以对系统进行相关操作的图标；快捷图标是指应用程序的快捷方式，其主要特征是图标左下角有一个箭头标识。

（2）桌面背景

桌面背景是指应用于桌面的图片或颜色，用来装饰计算机屏幕，对操作系统没有实质性的作用。可以将喜欢的图片或颜色设置为桌面背景。

（3）任务栏

通过任务栏可以进行打开应用程序和管理窗口等操作。任务栏主要包括【开始】按钮、【任务视图】按钮、快速启动区、通知区域、【操作中心】和【显示桌面】按钮，如图 1-15 所示，各组成部分的作用介绍如下。

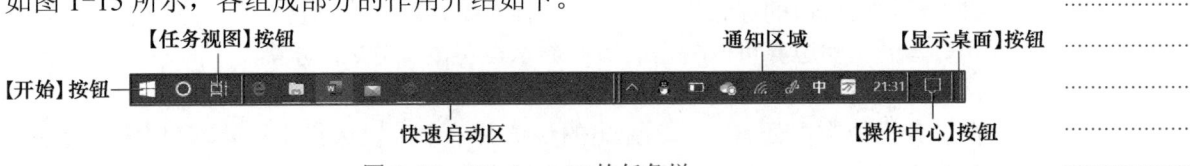

图 1-15　Windows 10 的任务栏

- 【开始】按钮：单击该按钮显示 Windows 10 中安装的程序列表和开始屏幕，单击程序列表或开始屏幕中的选项可以启动对应程序；在程序列表中右击应用程序，在弹出的快捷菜单中选择【固定到"开始"屏幕】命令，即可将该程序固定到开始屏幕。
- 【任务视图】按钮：单击该按钮或者按下【Windows + Tab】组合键打开任务视图，可以在日程表中查看或搜索最近的活动记录，单击想要返回的活动，即可切换到该活动从上次中断的位置继续之前的工作，按【Esc】键返回。
- 快速启动区：显示快速启动图标和当前打开程序窗口的图标，使用这些图标可以打开、还原、切换和关闭对应的窗口，拖动这些图标可以改变它们的排列顺序。

📖**技巧**：右击快速启动区的图标，在弹出的快捷菜单中选择【固定到任务栏】命令，可以将对应程序的图标固定到快速启动区，以后就可以单击该图标启动对应的程序。

- 通知区域：用于显示系统音量、网络、语言栏、通知栏和一些正在运行的应用程序图标，单击【显示隐藏的图标】按钮，可以看到被隐藏的其他活动图标。
- 【操作中心】按钮：单击该按钮可以快速打开一些常用的功能和查看系统通知。
- 【显示桌面】按钮：单击该按钮可以在当前打开的窗口与桌面之间进行切换。

2．Windows 10 的窗口

计算机中的操作大多数是在各式各样的窗口中完成的。通常，只要是右上方包含【最小化】【最大化/还原】和【关闭】按钮的人机交互界面都称为窗口。打开窗口后，可以对窗口进行移动、调整大小、最大化、最小化、切换和关闭等操作。如果同时打开了多个窗口，还可以将其按指定方式进行排列。

（1）打开窗口

例如，双击桌面上的【此电脑】图标，即可打开【此电脑】窗口。

（2）关闭窗口

在窗口中完成操作后，要及时关闭窗口，以免占用系统资源。单击窗口右上角的【关闭】按钮×，或按 Alt + F4 组合键即可关闭当前活动窗口。

（3）最小化或最大化/还原窗口

单击窗口右上角的【最小化】按钮—，可以将其最小化到任务栏；单击窗口右上角的【最大化/还原】按钮□/▭，可以还原或最大化窗口。

（4）调整窗口大小

窗口处于还原状态时，将光标移到窗口边框上，当光标变为↔ 或↕形状时，拖动窗口边框，可以任意改变窗口的长度或宽度。将光标移到窗口的任意一个直角处，当光标变为双向箭头时，拖动鼠标可以同时改变窗口的长度和宽度。

（5）移动窗口

将光标移到窗口的标题栏上，按住鼠标左键，可以拖动窗口到任意位置。把窗口拖动到屏幕的左侧边界可以将当前窗口显示在左侧二分之一屏幕。

（6）排列窗口

在任务栏的空白处右击，在弹出的快捷菜单中可以选择【层叠窗口】【堆叠显示窗口】或【并排显示窗口】命令。各命令的作用如下。

笔 记

- 层叠窗口：在桌面上按照上下层的关系依次排列打开的窗口。
- 堆叠显示窗口：将当前打开的所有窗口纵向平铺显示。
- 并排显示窗口：将当前打开的所有窗口横向平铺显示。

（7）多窗口预览和切换

连续按 Alt + Tab 组合键可以预览和切换窗口，也可以单击窗口的可见区域或任务栏上对应窗口的图标进行窗口切换。

3．Windows 10 的对话框

对话框是用户和计算机系统进行交流的桥梁，用户通过对话框的提示和说明进行操作。如图 1-16 所示是常见的 Windows 10 对话框，其中各元素的作用和操作方法如下。

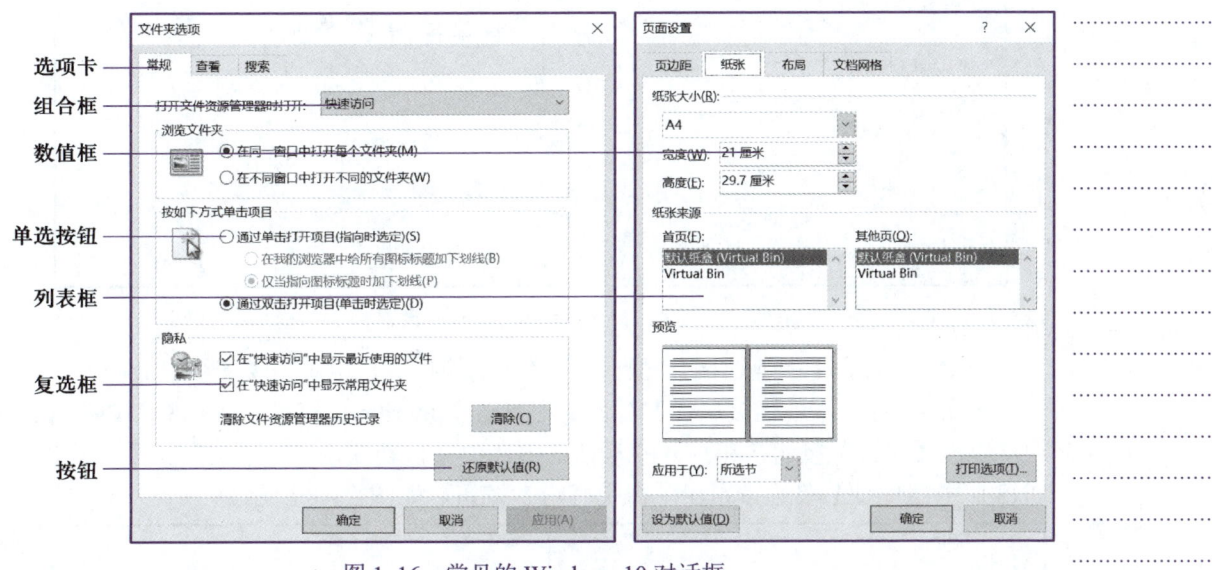

图 1-16　常见的 Windows 10 对话框

- 选项卡：对话框中一般有多个选项卡，选择相应的选项卡可切换到不同的设置页。
- 组合框：将多个选项折叠在一起，单击组合框将显示所有的选项。
- 数值框：可以直接输入数值，也可以通过右侧的微调按钮调节数值。
- 单选按钮：选中单选按钮可以完成某项操作或功能设置，同一组按钮只能有一个被选中。
- 复选框：作用与单选按钮类似，但可以多选。
- 列表框：在对话框中以矩形框形式显示多个选项。
- 按钮：单击对话框中的按钮可以执行对应的功能。

4．设置 IP 地址

要使计算机接入互联网，就需要根据路由器的设置情况，设置计算机为自动获取 IP 地址还是固定 IP 地址。在 Windows 10 中设置自动获取 IP 地址的步骤如下。

步骤 1：在【开始屏幕】中单击【设置】，在【设置】窗口中单击【网络和 Internet】图标。

步骤 2：在左侧导航栏中单击【以太网】超链接，然后单击【更改适配器选项】

超链接。如图 1-17 所示。

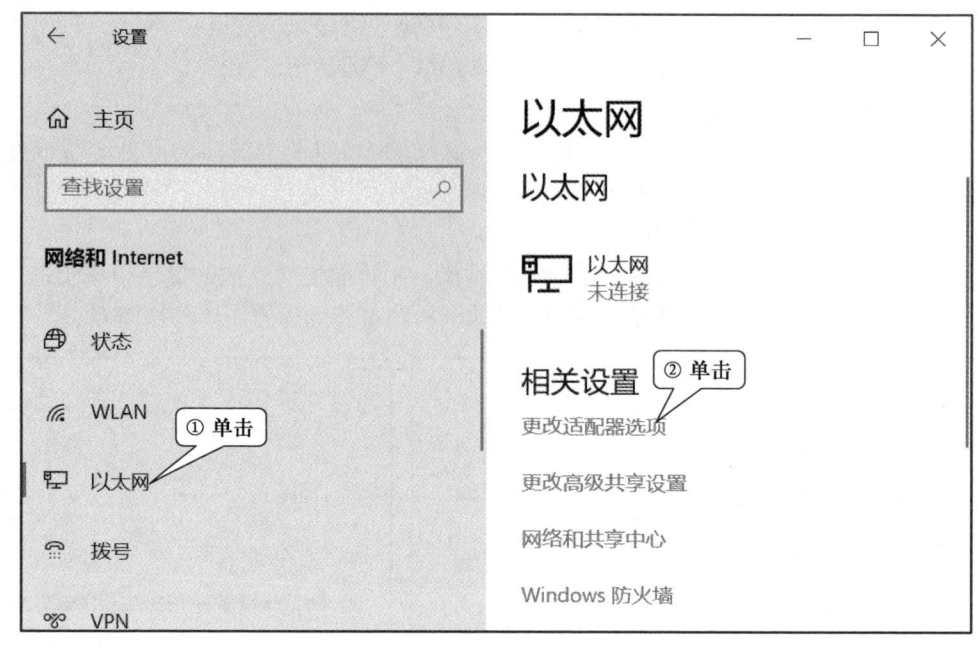

图 1-17　网络和 Internet 设置

步骤 3：右击【本地连接】图标，在弹出的快捷菜单中单击【属性】命令。

步骤 4：在【本地连接属性】对话框中单击【Internet 协议版本 4（TCP/IPv4）】选项，单击【属性】按钮，在打开的对话框中选中【自动获得 IP 地址】和【自动获得 DNS 服务器地址】单选按钮，单击【确定】按钮，如图 1-18 所示。

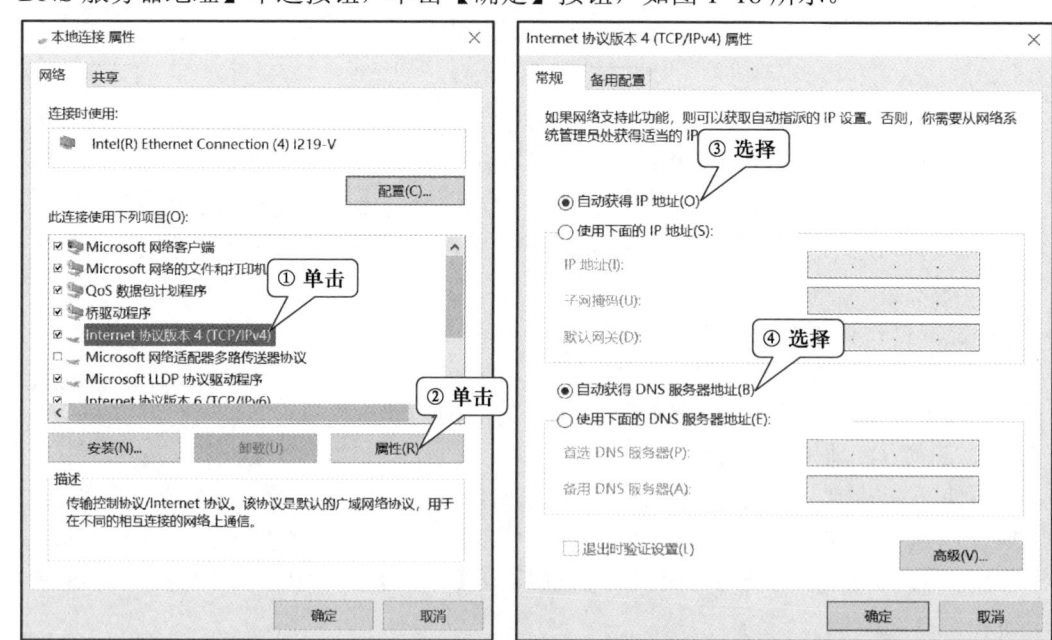

图 1-18　设置自动获取 IP 地址

📖**提示**：如果要使用固定 IP 地址上网，可以在【Internet 协议版本 4（TCP/IPv4）属性】对话框中选中【使用下面的 IP 地址】和【使用下面的 DNS 服务器地址】单选按钮，输入 IP 地址和 DNS 服务器地址。

二、管理文件资料

微课 1-6
管理文件资料

科学的文件管理有助于提高文件查找效率，计算机中的文件管理一定要做到两点：一是要把众多文件"分类存储"，二是要对重要的文件做好"备份"。"备份"就是把重要的文件复制一份存储在其他地方，以防原文件丢失。

1．文件的相关概念

学习文件管理之前，首先应该认识文件、文件夹、文件路径等相关概念。

（1）文件

文件是一组被命名的、存放在存储介质上的相关信息的集合。Windows 将各种程序和文档以文件的形式进行存储和管理，按照文件名来识别和存取文件。文件名由主文件名和扩展名（类型符）组成，两者之间用圆点（.）分隔。主文件名由用户自己定义，文件的扩展名表示文件类型，决定了可以用什么程序来打开文件。常说的文件格式就是指文件的扩展名。例如"个人简历.docx"，其中，主文件名为"个人简历"，扩展名为"docx"。

（2）文件夹

文件夹是文件分类存储的容器，通常把同类的或相关的文件集中存放在一个文件夹中。当一个文件夹中包含的文件太多时，可以在这个文件夹中建立若干子文件夹，然后把这个文件夹中的文件分门别类存放到各子文件夹中。

（3）路径

在计算机中表示文件位置的方式称为路径，在 Windows 中使用盘符加冒号（:）和反斜杠（\）表示磁盘的根目录，文件夹与子文件夹之间用反斜杠（\）分隔。例如："D:\"表示 D 盘的根目录，"C:\website\img\photo.jpg"表示 C 盘中 website 文件夹下 img 子文件夹中的 photo.jpg 文件。

2．文件资源管理器

Windows 通过【文件资源管理器】窗口完成对文件和文件夹的操作，如新建、选择、重命名、复制、移动和删除等。双击桌面上的【此电脑】图标或者按 Win + E 组合键打开【文件资源管理器】窗口，如图 1-19 所示。

📖**提示**：图 1-19 所示是文件资源管理器的界面，用户可以单击【查看】选项卡【窗格】组中的【预览窗格】按钮显示【预览窗格】，以便在不打开文件的情况下预览文件内容。

✒ **笔 记**

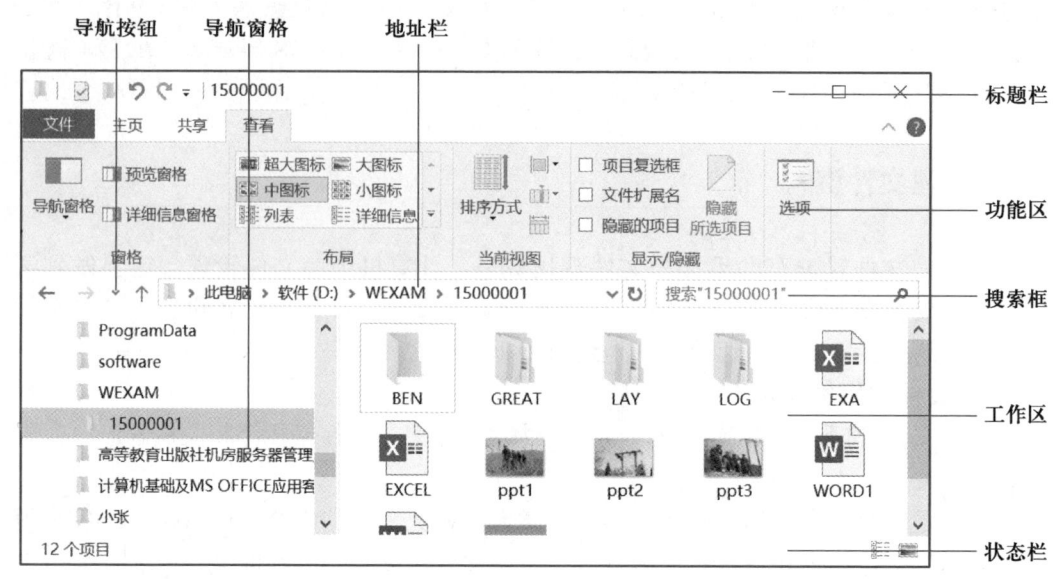

图 1-19　文件资源管理器窗口

（1）标题栏

标题栏由控制图标、快速访问工具栏、显示栏和控制区域组成。单击标题栏最左侧的控制图标可以打开窗口控制菜单；快速访问工具栏 中默认包含了【属性】和【新建文件夹】按钮，单击快速访问工具栏右侧的【自定义快速访问工具栏】按钮 ，可以将常用的命令添加到快速访问工具栏；显示栏中显示当前打开的文件夹名称；控制区域− □ ×中包含【最小化】【还原/最大化】和【关闭】按钮。

（2）功能区

在工作区选择一个文件夹时功能区包含【主页】【共享】和【查看】选项卡，每个选项卡中包含几组功能相似的命令按钮组。选择此计算机或某磁盘盘符时，功能区中会显示【计算机】或【驱动器工具】选项卡，以显示对计算机或磁盘的操作命令。

（3）导航按钮

导航按钮 ← → ↑ 包含【返回】【前进】【最近浏览的位置】和【上移】按钮。单击【返回】和【前进】按钮可以返回或前进到刚才浏览过的位置；在【最近浏览的位置】下拉列表中列出了最近浏览过的文件夹，单击即可转到指定的文件夹；单击【上移】按钮可以转到上一级文件夹。

（4）地址栏

地址栏显示当前文件夹的路径。单击地址栏中的分级目录可以转到对应文件夹，单击地址栏空白处可以选择当前文件夹的路径进行复制和编辑操作。

笔记

（5）搜索框

在搜索框中输入要搜索的内容，可以在当前文件夹及其所有子文件夹中进行搜索。

笔 记

（6）导航窗格

导航窗格中以树形结构显示各驱动器及内部的文件夹列表。选中的文件夹称为当前文件夹，此时名称呈高亮显示。文件夹左侧有 > 标记的表示该文件夹有尚未展开的子文件夹，单击 > 可将其展开，此时标记变为 ∨；没有标记的文件夹表示不存在子文件夹。

（7）工作区

工作区中显示当前文件夹中的所有子文件夹和文件，方便对其进行选择、移动、复制、删除、重命名等操作。

（8）状态栏

状态栏显示当前文件夹中的项目数量、已选中的项目数量和大小，包括【详细信息】视图按钮和【大图标】视图按钮。

3．文件和文件夹的操作

文件和文件夹的操作包括新建、重命名、移动、复制、删除、属性设置、创建快捷方式、浏览和搜索、压缩和解压缩，以及回收站的管理。

文件和文件夹的操作主要在【文件资源管理器】窗口中进行，对文件和文件夹的操作可以通过快捷菜单、功能区命令按钮和键盘快捷键 3 种方式来完成。

（1）选定文件和文件夹

在对文件和文件夹进行复制、移动和删除等操作之前，必须先选定操作的对象。选定一个对象只需单击指定对象即可，选定多个对象则有下列不同操作方法。

① 选定多个连续对象：单击第 1 个对象，按住 Shift 键，再单击最后一个对象，松开 Shift 键，则首尾两个对象之间的所有对象均被选中。

② 选定多个不连续对象：选择第 1 个对象后，按住 Ctrl 键不放，单击其他对象，完成后松开 Ctrl 键。

③ 反向选择：在窗口中选定对象后，在【主页】选项卡【选择】组中单击【反向选择】按钮，可以使未选中的对象被选中，已选中的对象取消选中。

④ 全部选定：在【主页】选项卡【选择】组中，单击【全部选择】按钮，或按 Ctrl＋A 组合键，即可选中窗口中的全部对象。

（2）新建文件夹和文件

可以在桌面、磁盘根目录或任何一个文件夹内新建文件夹和文件。

在 D 盘根目录建立文件夹"小张"，操作步骤如下。

步骤 1：双击桌面上的【此电脑】图标，再双击 D 盘盘符打开 D 盘。

步骤 2：在【主页】选项卡【新建】组中，单击【新建文件夹】按钮，输入文件夹名称"小张"，按 Enter 键，如图 1-20 所示，D 盘根目录下的新文件夹"小张"就建好了。

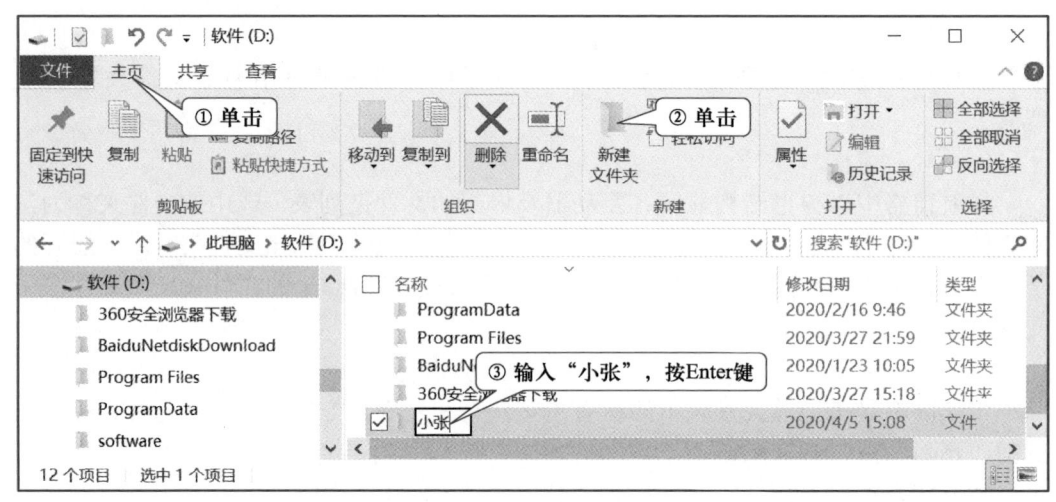

图 1-20　新建文件夹

在"论文"文件夹中新建一个名为"论文.docx"的 Word 文档，操作步骤如下。

步骤 1：打开"论文"文件夹。

步骤 2：右击工作区空白处，在弹出的快捷菜单中选择【新建】|【Microsoft Word 文档】命令，如图 1-21 所示。此时工作区中将出现一个新的 Word 文档图标，输入文件名"论文"，按 Enter 键。

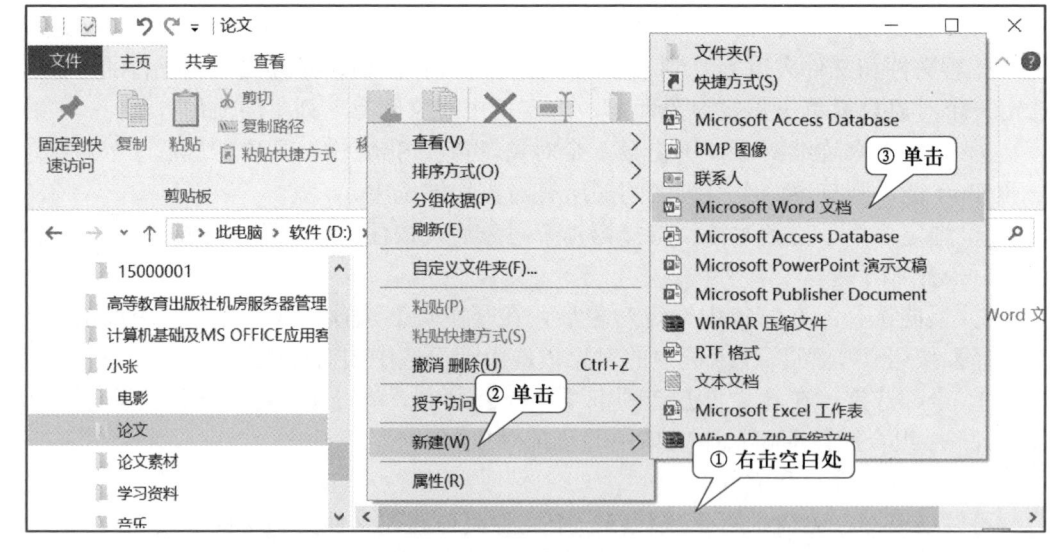

图 1-21　新建 Word 文档

📖提示：由图 1-21 可以看到，新建的对象可以是文件夹、快捷方式、BMP 图像以及各种文档。用这种方式新建的文档实际上是一个空白文档，没有任何内容，但它已经是一个有确定类型的文档文件，双击该文档图标可以启动相关联的应用程序，对文档内容进行编辑。

（3）重命名文件和文件夹

单击要重命名的文件或文件夹两次，输入新名称后，按 Enter 键即可。

> **提示**：默认情况下文件的扩展名是隐藏的，此时不允许用户修改扩展名。如果要修改扩展名，可以在【查看】选项卡中，选中【文件扩展名】复选框以显示文件扩展名，然后修改文件扩展名。

（4）移动或复制文件和文件夹

复制又叫拷贝，是指按照一个文件的样子再做一个新的文件，这个新文件的内容和原来的文件完全相同。移动是指将文件或文件夹从一个地方移到另外一个地方。

方法 1：可以拖动工作区中的文件或文件夹到导航窗格中的文件夹上完成移动或复制。同盘移动时直接拖动，复制时按住 Ctrl 键再拖动；不同盘移动时按住 Shift 键再拖动，复制时直接拖动。

方法 2：移动时选中原文件或文件夹后按 Ctrl + X 组合键剪切，打开目标文件夹，按 Ctrl + V 组合键粘贴；复制时选中原文件或文件夹后按 Ctrl + C 组合键复制，打开目标文件夹，按 Ctrl + V 组合键粘贴。

> **提示**：在上面的操作步骤中，选定对象后复制或剪切，实际上是把选定对象放到剪贴板中，粘贴时再把剪贴板中的内容粘贴到目标位置。因此剪贴板充当了复制和移动操作的桥梁。

（5）删除文件和文件夹

当不再需要某个文件或文件夹时，可将其删除，删除后的文件或文件夹可放到回收站中，也可彻底删除。

选择要删除的文件或文件夹，按 Delete 键，在弹出的【删除文件夹】提示框中，单击【是】按钮，即可将选择的文件或文件夹放入回收站中。

> **提示**：删除文件或文件夹时，如果按住 Shift 键再执行删除操作，被删除对象会被彻底删除，而不会被放入回收站中。这种做法风险较大，需谨慎使用。

（6）还原文件和文件夹

回收站用于存储临时删除的文件或文件夹。还原文件是指将删除到回收站中的文件恢复到删除前所在的位置。操作方法是：双击桌面上的【回收站】图标打开回收站窗口，右击需要还原的文件或文件夹，在弹出的快捷菜单中选择【还原】命令。

> **注意**：不是所有被删除的文件或文件夹都可以从回收站中"还原"，一般来说，只有从硬盘中删除的对象才会放入"回收站"中。以下几种情况是无法还原的。
> ① 从可移动磁盘中删除的对象。
> ② 删除对象时按住 Shift 键删除的对象。

等级考试真题
文件操作 1

✎ 笔 记

③ 回收站是从硬盘划分的一个空间，当回收站空间被充满后，系统将自动清除最早进来的对象，以存放最新删除的对象。被自动清除的对象无法从回收站中还原。

（7）设置文件和文件夹属性

文件和文件夹的属性有系统属性、隐藏属性、只读属性和存档属性。

● 系统属性：表示该文件或文件夹是操作系统的一部分。

● 隐藏属性：表示该文件或文件夹在系统中是隐藏的，默认情况下，用户不能看见。

● 只读属性：表示该文件或该文件夹中的文件不能被修改。

● 存档属性：表示该文件或文件夹的备份属性，对用户的意义不大，只是提供给备份程序使用。当选中时，备份程序就会认为此文件已经备份过，无须再次备份。一些备份软件在备份文件后，会自动把这些文件设为存档属性。

右击文件夹，在弹出的快捷菜单中选择【属性】命令，在【属性】对话框中可以设置文件夹的只读和隐藏属性，如图 1-22 所示。单击【属性】对话框中的【高级】按钮，在如图 1-23 所示的【高级属性】对话框中，可以设置文件夹的存档属性、索引属性、压缩属性和加密属性。

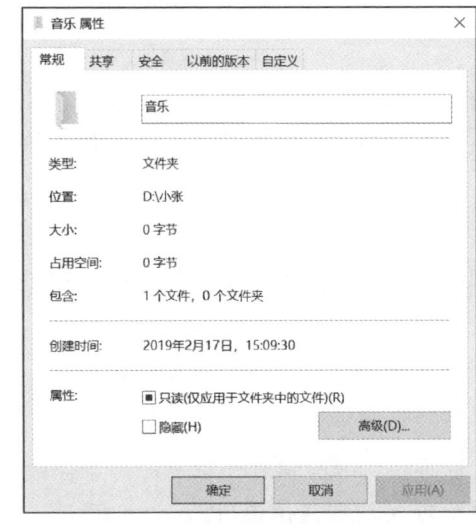

图 1-22　文件属性对话框

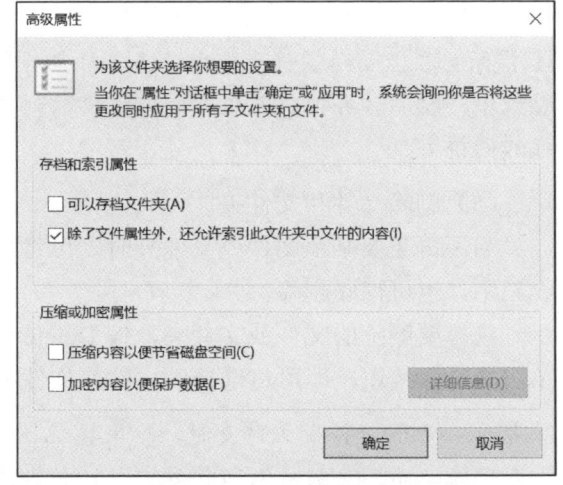

图 1-23　文件高级属性对话框

等级考试真题
文件操作 2

📖提示：如果需要查看被隐藏的文件或文件夹，在【文件资源管理】窗口【查看】选项卡中，选中【隐藏的项目】复选框即可显示隐藏的文件和文件夹。

在【文件资源管理器】窗口中，执行一项操作后，可以按 Ctrl + Z 组合键撤销，按 Ctrl + Y 组合键重新执行。也可以单击【快速访问工具栏】中的【撤销】 ↺ 和【恢复】 ↻ 按钮来执行撤销和恢复操作。

（8）改变文件和文件夹的布局

在【文件资源管理器】窗口中可以改变文件和文件夹的布局方式，以便轻松地浏览文件。单击【查看】选项卡【布局】组中的命令按钮，如图 1-24 所示，可以改变文件布局。

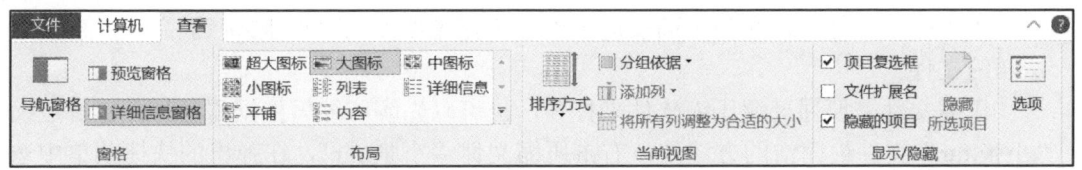

图 1-24　文件布局命令

- 超大图标\大图标\中图标：显示文件的图标或缩略图加文件名。
- 小图标：显示文件的小图标加文件名。
- 列表：显示文件的小图标加文件名，文件在窗口中显示为一列。
- 详细信息：在一行内显示文件的小图标、文件名、修改日期、类型和大小等信息。
- 平铺：显示文件的图标或缩略图、文件名、类型和大小。
- 内容：在两行内显示文件的图标或缩略图、文件名、大小、类型、分辨率、修改时间等信息，不同类型的文件显示的信息略有不同。

📖提示：在文件资源管理器中【查看】选项卡【当前视图】组中，单击【排序方式】下拉按钮中相应的排序依据，可以对窗口中的文件和文件夹按指定顺序排序；选择【分组依据】下拉按钮中的选项，可以对窗口中的文件和文件夹进行分组显示。

等级考试真题
文件操作 3

（9）查找文件或文件夹

如果忘了文件的保存位置，可以使用搜索框搜索文件。搜索时除了精确搜索外，还可以使用通配符进行模糊搜索，使用星号（*）表示所在位置的 0 个或多个字符，使用问号（?）表示所在位置的单个字符。例如，在 C 盘上搜索所有扩展名为 ".tmp" 的文件，只需要打开 C 盘，在【搜索框】中输入 "*.tmp"，系统即会自动搜索，并在窗口中显示 C 盘下所有扩展名为 ".tmp" 的文件。

笔 记

（10）创建快捷方式

创建快捷方式就是为各种应用程序、文件、文件夹建立快捷方式图标，以便通过双击快捷方式图标快速打开对应项目。

例如，在 D 盘上建立 "论文.docx" 的快捷方式并命名为 "论文快捷方式"，操作步骤如下。

步骤 1：右击 "论文.docx"，在弹出的快捷菜单中选择【复制】命令。

步骤 2：返回到 D 盘根目录，右击空白处，在弹出的快捷菜单中选择【粘贴快捷方式】命令，再单击两次 "论文 - 快捷方式"，输入 "论文快捷方式"，按 Enter 键。

（11）压缩和解压缩文件

压缩是利用算法对文件进行压缩处理，使文件的数量或体积变小以方便存储和网络传输，压缩软件同时具有解压缩功能。

WinRAR 是一个强大的压缩文件管理工具，支持 RAR 和 ZIP 格式的压缩，支持 ARJ、CAB、LZH、ACE、TAR、GZ、UUE、BZ2、JAR、ISO 类型文件的解压缩，支持创建固定压缩、分卷压缩和自解压压缩等多种压缩方式。WinRAR 的界面友好，使用方便，可以从 Internet 上下载安装。

将 D 盘 "小张" 文件夹中的所有文件压缩为 "小张.rar"，操作方法是：打开 D 盘，右击"小张"文件夹，在弹出的快捷菜单中选择【添加到"小张.rar"】命令，直接生成压缩文件。

压缩文件需要通过解压缩软件来打开，也可以先解压缩再根据需要打开。解压缩"小张.rar"文件最简洁的方法是：右击压缩文件"小张.rar"，在弹出的快捷菜单中选择【解压到当前文件夹】命令，软件将文件解压缩到当前文件夹中。

三、收发电子邮件

微课 1-7
收发电子邮件

笔 记

电子邮件也称为E-mail，是指通过Internet传递的邮件。电子邮件通过电子邮箱进行发送和接收，电子邮件地址的格式是"用户名@域名"，如gzkl@163.com。其中"用户名"是收件人的账号；"域名"是电子邮件服务器名；@是一个功能分隔符，用于连接前后两部分。目前，提供免费电子邮箱的网站有很多，如新浪、搜狐、网易、腾讯等。

1．注册并进入电子邮箱

不同的网站申请电子邮箱的过程大同小异，下面以在网易网站申请电子邮箱为例进行说明。

步骤1：打开网易邮箱主页（mail.163.com），单击【注册新账号】按钮，如图1-25所示。

步骤2：进入注册邮箱页面。在【邮箱地址】文本框中输入用户名（一般由英文字母、数字和下画线"_"组成，可任意输入，但不能与该网站的其他用户重复）；网易邮箱提供了126.com、163.com和yeah.net 3个域名，可以在用户名后面的下拉列表中选择喜欢的邮箱域名，输入密码、手机号码，再用手机扫描二维码后，通过手机发送验证短信，单击【立即注册】按钮，如图1-26所示。

图 1-25　163 邮箱主页

图 1-26　注册电子邮箱

步骤 3：电子邮箱注册成功后提示注册成功，如图 1-27 所示，单击【进入邮箱】按钮即可进入邮箱。将显示的电子邮箱地址告诉别人，他们就可以给自己发送电子邮件了。

进入邮箱后，页面左侧为功能导航区，包括【写信】【收信】按钮，以及【收件箱】【草稿箱】【已发送】【已删除】【垃圾邮件】等文件夹超链接，单击某个超链接，即可在页面右侧进行相关操作。例如，单击【写信】超链接，可进行写信和发送电子邮件操作。电子邮箱页面中几个重要文件夹的作用如下。

图 1-27　邮箱注册成功

等级考试真题
上网题 1

- 收件箱：保存接收到的电子邮件。
- 草稿箱：保存还未写完或写完后没有发送的电子邮件。
- 已发送：已发送的电子邮件默认会被保存在该文件夹中。
- 已删除：保存从收件箱、草稿箱等文件夹中删除的电子邮件。
- 垃圾邮件：保存被网易邮箱认定为垃圾邮件的电子邮件。

笔 记

2．发送电子邮件

在申请电子邮箱的网站登录电子邮箱后，就可以发送和接收电子邮件了。

给小陈同学发送一封主题为"资料"的电子邮件，邮件内容为"小陈：您好！现将资料发送给您，请查收。"同时将桌面上的"计算机课程学习资料.txt"文件作为附件一同发送。操作步骤如下。

步骤 1：打开网易电子邮箱主页，输入电子邮箱地址和密码，登录电子邮箱。

步骤 2：在电子邮箱左侧导航栏中，单击【写信】按钮，打开写信页面。

步骤 3：在【收件人】编辑框中输入对方的邮箱地址。如果有多个收件人，多个收件人的邮箱地址之间用分号"；"隔开。

步骤 4：在【主题】和【正文】编辑框中输入邮件的主题和正文内容。

步骤 5：单击【添加附件】超链接，弹出【选择文件】对话框，选中桌面上的"计算机课程学习资料.txt"，单击【打开】按钮。

📖**提示**：如果有多个文件需要发送给对方，可继续单击【添加附件】超链接上传文件；如果不小心上传错了文件，可单击文件名称右侧的【删除】超链接将其删除。

步骤 6：编辑完成后，如图 1-28 所示，单击【发送】按钮。

📖**提示**：当编写的电子邮件正文内容较多时，为避免丢失内容，应及时单击【存草稿】按钮，将电子邮件保存在草稿箱中。对于已写好但还不想马上发送的电子邮件，也应将其保存到草稿箱中。需要发送时，单击窗口左侧的【草稿箱】超链接，在列表中找到并单击要发送的电子邮件，在电子邮件内容页面中进行编辑后发送。

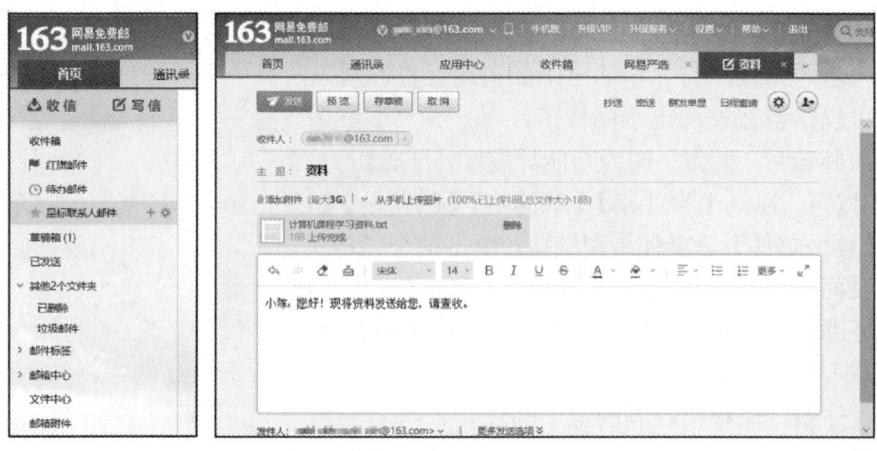

图 1-28　电子邮箱写信页面

3．收阅和回复电子邮件

小陈要接收并阅读小张发来的邮件，将随信发来的附件"计算机课程学习资料.txt"保存到桌面。回复该邮件，回复内容为"小张：您好！资料已收到，谢谢。"并将发件人添加到通讯录中。操作步骤如下。

步骤 1：在电子邮箱左侧导航栏中，单击【收信】按钮或【收件箱】文件夹超链接，显示收信页面。如图 1-29 所示。

图 1-29　收件箱邮件列表

30

　　步骤 2：在电子邮件列表中单击小张发来的电子邮件，显示电子邮件正文内容和附件，将光标移至附件上方会显示【下载】【打开】【预览】【存网盘】等操作按钮，如图 1-30 所示。单击【下载】按钮将附件下载到计算机的桌面。

笔 记

图 1-30　查阅邮件内容

等级考试真题
上网题 2

　　步骤 3：单击电子邮件上方的【回复】按钮，打开回复页面，单击收件人邮箱地址右侧打开【快速添加联系人】对话框，单击【确定】按钮添加到通讯录。输入回复内容后单击【发送】按钮回复邮件。如图 1-31 所示。

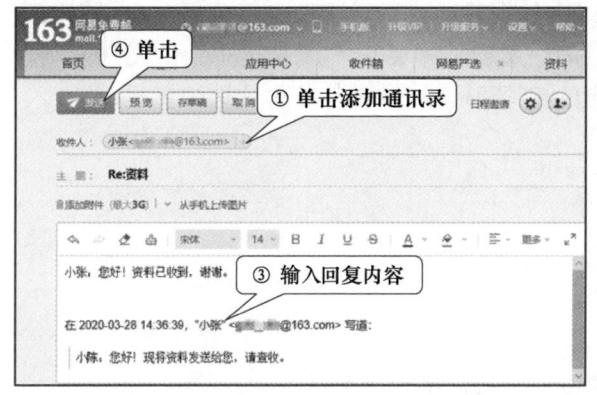

图 1-31　保存联系人并回复邮件

笔记

📖**提示：**单击电子邮件上方的【转发】按钮可以将电子邮件转发给别人；单击【删除】按钮可以将电子邮件删除，所删除邮件将保存至【已删除】文件夹。

项目总结

本项目重点介绍了计算机系统、计算机网络、Internet、信息安全、Windows 10、管理文件资料和收发电子邮件。

计算机的工作原理是"存储程序与程序控制"。计算机系统由硬件系统和软件系统组成，其中硬件系统包含运算器、控制器、存储器、输入设备和输出设备；软件系统包含系统软件和应用软件。计算机中的数据都是以二进制形式存储、传输和加工处理的，字符、数值、音频、图像、视频等信息都需要通过规定的信息编码方式编制为二进制代码。有关计算机中信息编码的内容请扫描二维码查阅。

计算机网络是以数据传输和资源共享为目的连接起来的计算机系统。计算机网络由于覆盖的地理范围和规模不同，所采用的传输技术也不同，因此形成了局域网、城域网和广域网 3 种类型的计算机网络。计算机网络系统由网络硬件和网络软件两部分组成。随着移动终端的发展，人们希望随时随地接入网络，因此无线网络正变得越来越受欢迎。

Internet 是通过路由器将世界不同地区、不同规模、不同类型的网络互相连接起来的网络，是一个全球性的计算机互联网络。TCP/IP 是当前广泛使用的层次化计算机网络协议簇。IP 地址是 TCP/IP 中所使用的网络层地址标识，用 IP 地址可以给 Internet 上每个节点指定一个全局唯一的地址标识。域名是通过 DNS 服务器转换为 IP 地址的。常用的 Internet 应用包括网上漫游、信息搜索、文件下载、电子邮件、电子商务、即时通信和多媒体应用等。

随着计算机和网络技术的飞速发展，人们面临的信息安全威胁越来越多，如个人隐私泄露、计算机病毒侵扰等，只有掌握常用的信息安全防御技术，才能更好地完成信息系统的实现、运行、管理与维护等操作。

Windows 10 操作系统为用户提供可视化的交互式界面，用户可以通过桌面、窗口和对话框等工具与计算机进行交互式操作。文件管理一定要做到两点：一是"分类存储"；二是"及时备份"。在查看文件或文件夹时，可以对文件进行分组，也可以改变文件的布局和排列顺序，以方便浏览和查找文件。"备份"就是把重要的文件复制一份存储在其他地方，当原文件丢失或遭到破坏时，能及时从备份文件中恢复。

项目练习

项目 1
客观题

一、客观题
请扫描二维码进入即测即评。
二、操作题
1. 通过网络了解我国芯片技术的发展现状，撰写一篇小论文。

2．申请一个电子邮箱，并使用电子邮箱和同学互相发送电子邮件。

3．在 C 盘中建立如图 1-32 所示的文件夹目录树。

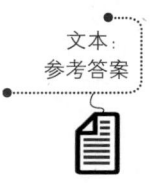

4．在上题所建的文件夹目录中完成下列操作。

① 在 15000001 文件夹下 HAN 文件夹中新建文件 ARJ.docx。

② 在 15000001 文件夹下 SHEN\KANG 文件夹中新建文件 BIAN.txt。

③ 将 15000001 文件夹下 LI\QIAN 文件夹中的文件夹 YANG 复制到 15000001 文件夹下 HAN 文件夹中。

④ 将 15000001 文件夹下 HAN 文件夹中的文件 ARJ.docx 设置成只读属性。

⑤ 将 15000001 文件夹下 SHEN\KANG 文件夹中的文件 BIAN.txt 移动到 15000001 文件夹下 HAN 文件夹中，并改名为 QULIU.txt。

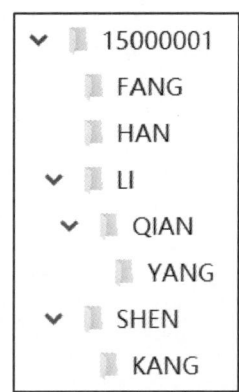

图 1-32　文件夹目录树

⑥ 为 15000001 文件夹下 LI\QIAN 文件夹中的文件夹 YANG 建立名为 XUAN 的快捷方式，并保存在 15000001 文件夹下。

⑦ 将 15000001 文件夹下 FANG 文件夹删除。

项目 2　制作讲座宣传海报

PPT：项目 2
制作讲座
宣传海报

学习目标

1．知识目标

① 理解 WPS 文字文档的创建、保存、打开、关闭操作。

② 理解 WPS 文字文档页面版面常识。

③ 理解 WPS 文字文档中字体和段落格式参数。

2．能力目标

① 能够正确进行 WPS 文字文档创建、保存、打开、关闭等操作。

② 能够对 WPS 文字文档进行页面参数和文档属性设置。

③ 能够熟练设置字体格式和段落格式。

④ 能够在 WPS 文字文档中插入、编辑智能图形和图片。

3．素养目标

① 具有科技强国和信息技术创新意识。

② 具有精益求精的质量意识和追求极致的工匠精神。

项目 2
德育小课堂

项目分析

1．项目情境

为了使学生能更好地进行职业准备，提高就业能力，校学工处将于 2022 年 4 月 28 日（星期四）19:30—21:30 在校国际会议中心举办题为"大学生人生规划"的就业讲座，特别邀请资深媒体人、著名艺术评论家赵覃先生担任演讲嘉宾。学工处陈老师要求小张制作一份讲座宣传海报。

2．项目要求

使用素材文件夹（项目 2\项目素材）中的素材制作讲座宣传海报，如图 2-1 所示，要求如下。

① 新建一个空白文档，并保存为"讲座宣传海报.docx"；对文档进行页面设置，并将素材文件中的图片"海报背景图片.jpg"设置为海报背景。

② 将"海报素材.docx"文档中的文字复制到新建文档中。将文本中所有的"书法家"替换为"书画家"。

素材文件

图 2-1　讲座宣传海报完成效果

③ 设置海报的字体格式和段落格式。

④ 制作日程安排表，并设置表格样式。

⑤ 利用智能图形制作本次活动的报名流程图，设置流程图样式。

3. 解决方案

① 利用 WPS 文字新建一个文档，并根据需要进行页面设置。

② 将素材文本复制到文档中，使用替换功能批量替换错误词语。

③ 通过字体、字号、字形、字体颜色等字体格式设置来改变文本外观。

④ 通过段落对齐方式、缩进、间距、行距和编号等段落格式设置来改变段落布局。

⑤ 利用文本转换表格命令将现有文本转换为表格，并对表格进行样式设置。

⑥ 利用智能图形中的流程列表创建报名流程图，并进行样式设置。

预备知识

　　在进行项目实施之前，应先了解 WPS 文字的功能，认识 WPS 文字的工作窗口，掌握文本的输入和编辑等操作，有利于更好地实施项目操作。

一、WPS 文字简介

　　WPS 文字是北京金山办公软件股份有限公司开发的 WPS Office 的组件之一。它

笔 记

集编辑与打印为一体，具有丰富的全屏幕编辑功能和打印功能，能让用户轻松地处理文字、图形和图片，创建图文并茂、赏心悦目的文档，实现"所见即所得"的编辑效果。

微课 2-1

WPS 文字简介

1. 启动 WPS 文字

单击【开始】按钮 ，在程序列表中单击【WPS Office】选项，进入 WPS Office 首页，单击【新建】|【文字】，打开【新建文档】页面如图 2-2 所示。单击【空白文档】打开 WPS 文字工作窗口，并创建一个名为"文字文稿 1"的空白文档。

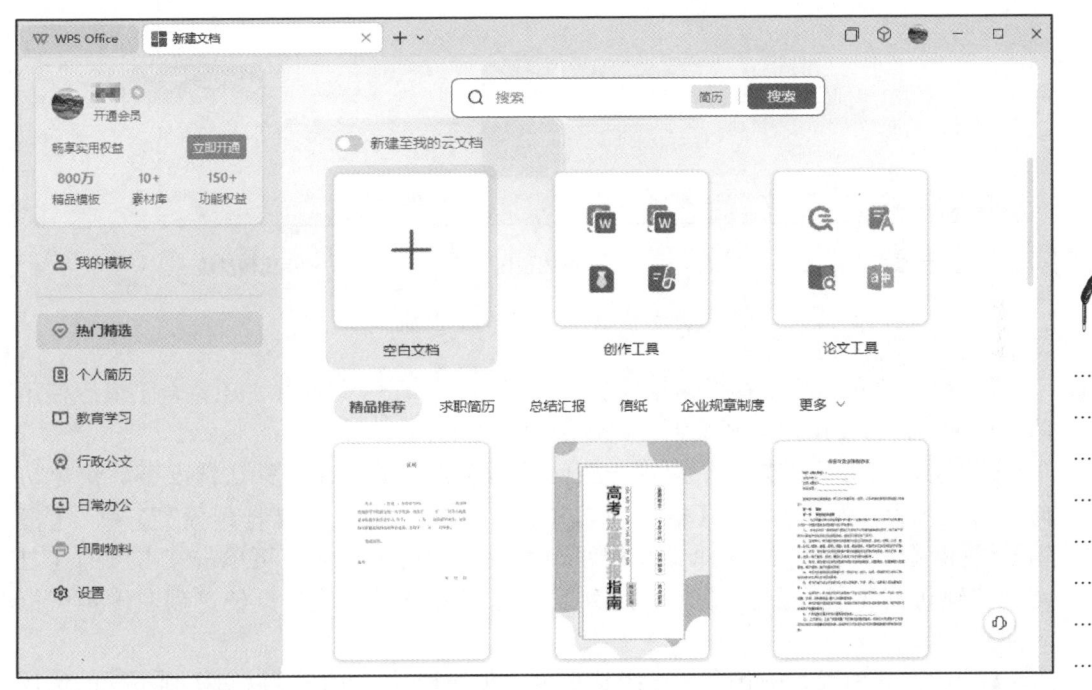

图 2-2　新建 WPS 文字文档

笔 记

📖**提示：**如果任务栏上有 WPS 文字的快捷图标 ，可单击它启动程序。也可以在资源管理器中双击某个 WPS 文字文档，启动 WPS Office 程序并打开该文档。

2. WPS 文字的工作窗口

启动 WPS 文字并新建文档后，显示 WPS 文字的工作窗口，其中包括标签栏、功能区、任务窗格、编辑区和状态栏等，如图 2-3 所示。

（1）标签栏

标签栏用于切换文档和窗口控制，包括标签区和窗口控制区。标签区用于访问/切换/新建文档、网页等。窗口控制区用于切换/缩放/关闭工作窗口、登录/切换/管理账号等。

（2）功能区

功能区承载了各类功能入口，包括文件菜单、快速访问工具栏（默认置于功能区内）、功能区选项卡、快捷搜索框、WPS AI 和分享按钮等。

图 2-3   WPS 文字的工作窗口

【文件】菜单中除了提供常用的新建、保存、打印等命令外，还整合了最近使用的文件列表，方便用户打开最近使用过的同类型文档。

【快速访问工具栏】用于放置一些使用频率较高的命令。默认情况下，快速访问工具栏包含【保存】、【输出为 PDF】、【打印】、【打印预览】、【撤销】和【恢复】共 6 个命令按钮。若要添加更多按钮，可单击其右侧的【自定义快速访问工具栏】按钮，从列表中选择要添加的选项，使选项左侧带✓标志即可。

【功能区选项卡】中包含了一组选项卡，单击选项卡标签可以切换到不同的选项卡功能面板，分别包含了不同的命令控件，当前被选择的选项卡称为【活动选项卡】。功能区选项卡分为【标准选项卡】和【上下文选项卡】。

（3）任务窗格

任务窗格中包含【样式和格式】【属性】等窗格，编辑文档时可以通过任务窗格设置样式和格式或选定对象的属性等。

（4）编辑区

编辑区用于输入和编排文档内容。在编辑区的左上角有一个不停闪烁的光标，被称为插入符，用于定位当前的编辑位置。在编辑区中每输入一个字符，插入符会自动向右移动一个占位符。

（5）状态栏

状态栏位于窗口的底部，其左侧显示了当前文档的状态和相关信息，右侧显示的是 WPS 文字视图按钮和显示比例滑块。右击状态栏空白处，在弹出的【自定义状态栏】快捷菜单中可以选择让哪些信息显示在状态栏中。

二、文本操作

文本操作是指对文档内容进行插入、修改、复制、移动和删除等基本操作，一般需要先选择文本再进行操作。

1. 选择文本

对文本进行复制、移动或设置格式等操作时，需要先选中要操作的文本。选择文本的方法如下。

① 选择连续的文本：将光标移到要选择文本的开始处，拖曳光标至要选择文本的结尾处。当要选择的文本区域跨度较大时，可以先单击要选择的文本的开始位置，按住 Shift 键，再单击要选择文本的结束位置。

② 选择不连续的多处文本：选择一处文本后，按住 Ctrl 键选择其他文本。

③ 选择一个词语：双击要选择的词语。

④ 选择一行：将光标移到窗口左侧选择栏，单击可选择光标右侧的行。

📖**提示**：选择栏是指页面左边界到文档内容左边界之间的空白区域，将光标放在此处时，光标将变为 ⬚ 形状。

⑤ 选择一段：在要选择的段落中三击；或者在要选择段落左侧的选择栏中双击；或按住 Ctrl 键，在要选的段落中单击。

⑥ 选择全文：按 Ctrl + A 组合键，或者在选择栏三击。

⑦ 选择一个矩形区域：将光标移到要选区域的一角，按住 Alt 键，拖曳光标至要选择区域的对角，释放鼠标。

⑧ 取消选择：单击文档内任意位置。

2. 编辑文本

选择文本后，用户可以使用【开始】选项卡中的按钮或者快捷键对选择的文本进行插入、移动、复制和删除等操作。

（1）插入文本

选择一种输入法后，便可以在 WPS 文字文档中输入文本，输入的文本自动出现在插入点所在位置。输入内容满行后会自动换到下一行开始，满页后会自动产生一个新的页面，并将插入点移到新的页中。输入文本的一些常用方法如下。

- 按 Enter 键输入一个段落标记↵，将插入点移到下一行并开始一个新段落。
- 按 Shift + Enter 键输入一个手动换行符↓，强制换行而不开始新段落。
- 按空格键可以输入空格。
- 在英文输入状态下，按住 Shift 键的同时按 "-" 键，可以输入下画线。
- 在文档页面空白内容区域的任意位置处双击，可以将插入点置于该处。

📖**注意**：默认情况下，新输入的字符插入到插入点处，插入点右侧的字符往右侧移动。按一下【Insert】键，状态栏的"插入"变为"改写"，此时输入的字符会覆盖插入点右侧的字符。

（2）移动文本

移动文本是指把文本从一个位置移动到另一个位置，操作方法如下。

方法 1：选择文本后，拖曳选择的文本到目标位置。

方法 2：选择文本后，右击所选择的文本，在快捷菜单中选择【剪切】命令，然后在目标位置右击，在弹出的快捷菜单中选择【粘贴】命令。

方法 3：选择文本后，按 Ctrl + X 组合键剪切，将插入点定位到目标位置，按 Ctrl + V 组合键粘贴。

（3）复制文本

复制文本可以创建重复出现的文本，提高工作效率。操作方法如下。

方法 1：选择文本后，按住 Ctrl 键，拖曳选择的文本到目标位置。

方法 2：选择文本后，右击所选择文本，在弹出的快捷菜单中选择【复制】命令，然后在目标位置右击，在弹出快捷菜单中选择【粘贴】命令。

方法 3：选择文本后，按 Ctrl + C 组合键复制，将插入点定位到目标位置，按 Ctrl + V 组合键粘贴。

注意：移动文本是将文本从原位置移动到新的位置，移动后文本从原位置消失；复制文本是在新位置创建一个副本，复制后，原位置和新位置上有相同的文本。

（4）删除文本

按一次 BackSpace 键可以删除光标左侧的一个字符，按一次 Delete 键可以删除光标右侧的一个字符。如果要批量删除文本，可以批量选择文本后，按 Delete 键。

三、字体格式

微课 2-3
设置字体格式

为了使文档版面美观、增加文档的可读性、突出标题和重点等，经常需要为文档中的文本设置字体格式，包含字体、字号、字形、颜色、删除线、下画线、着重号、上标、下标、文本效果等。WPS 文字文档中的字号可以用中文字号八号～初号，英文磅值 5 磅～72 磅表示。中文字号的数字越大，文本越小；阿拉伯数字字号以磅为单位，数字越大文本越大。可以通过功能区工具、浮动工具栏和字体对话框等方式设置字体格式。

1. 功能区工具

功能区的【开始】选项卡中包含有最基本、最常用的设置字体格式的工具，如图 2-4 所示，在【字体】和【字号】组合框中选择或输入所需的字体和字号，即可快速设置文本的字体和字号，在选择过程中可以实时预览效果。

提示：如果不知道功能区中某个命令按钮的作用，可将光标移至该命令按钮上停留片刻，即可显示该命令的名称和作用。

2. 浮动工具栏

选择文本后会出现浮动工具栏，如图 2-5 所示。浮动工具栏中收集了一些常用的字体格式工具。

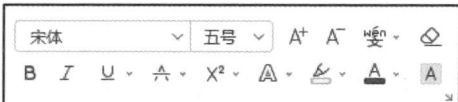

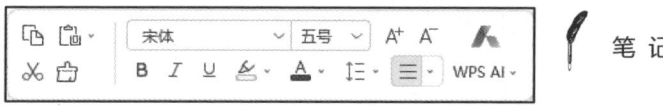

图 2-4　【开始】选项卡中的字体格式工具　　　　　图 2-5　浮动工具栏

3. 字体对话框

在【开始】选项卡中，单击【字体】对话框按钮可以打开【字体】对话框，如图 2-6 所示。在【字体】选项卡中可进行字体、字形、字号、颜色等效果设置，在【字符间距】选项卡中可设置字符间距与位置等。

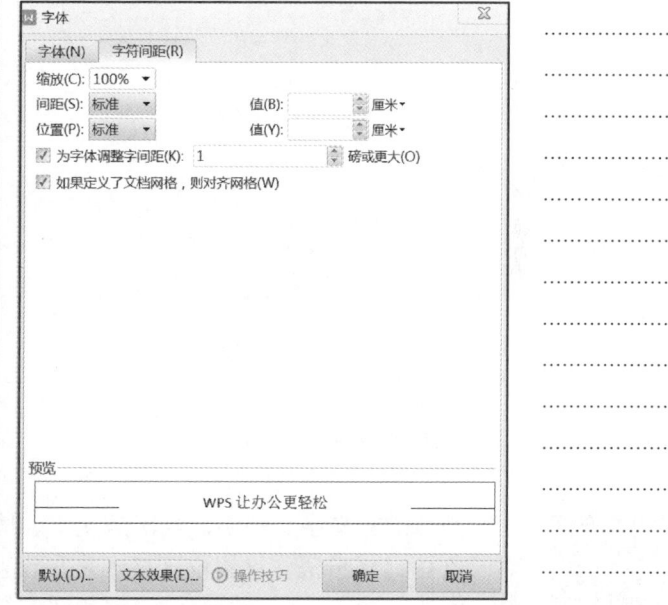

图 2-6　【字体】对话框

📖 **提示：** 如果需要对文本中的中文字符和西文字符分别应用不同的字体，可以选择文本后在【字体】对话框【中文字体】和【西文字体】组合框中选择需要的字体，WPS文字会自动区分中文字符和西文字符并应用对应的字体。

4. 文本效果

除了对字体进行基本的格式设置外，还可以设置文本效果，包括设置文本的轮廓、阴影和发光效果等，设置文本效果方法如下。

在【开始】选项卡中，单击【文本效果】下拉按钮 A⁻，在文本效果列表中选择预设的文本效果，如图 2-7 所示。如果对预设的文本效果不满意，可以在【文本效果】下拉菜单中单击【更多设置】，在【属性】任务窗格中进行自定义设置，如图 2-8 所示。

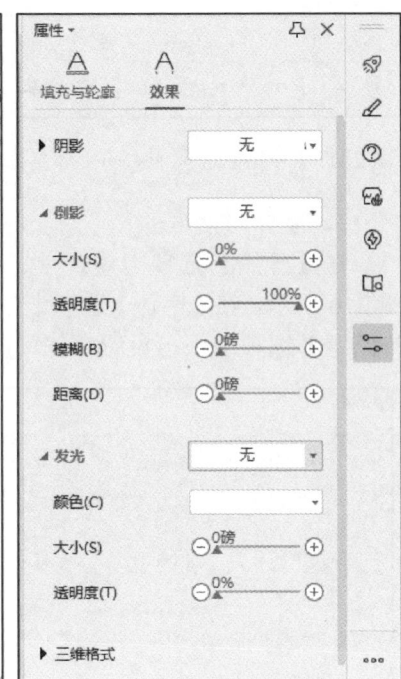

图 2-7 【文本效果】列表　　　　图 2-8 【设置文本效果】任务窗格

四、段落格式

微课 2-4
设置段落格式

在 WPS 文字文档中，段落是文本、图形、对象及其他项目的集合，各段落之间以段落标记 ↵ 分隔。设置段落格式是指设置整个段落的外观，包括段落对齐方式、缩进、间距、行距、项目符号、边框和底纹等。在 WPS 文字文档中，可以使用功能区【开始】选项卡中段落格式工具按钮和【段落】对话框，以及标尺上的图标来设置段落格式。

1. 功能区工具

在功能区的【开始】选项卡中包含有常用的设置段落格式的工具，如图 2-9 所示，单击其中的工具按钮可快速设置段落的项目符号、编号、对齐方式、行距、制表位、边框和底纹等。

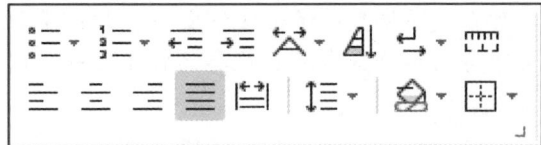

图 2-9 【开始】选项卡中的段落格式工具

2. 使用水平标尺

在【视图】选项卡中选中【标尺】复选框，可以在文档的上方和左侧分别显示水平标尺和垂直标尺。水平标尺上有【首行缩进】【悬挂缩进】【左缩进】和【右缩进】4 个缩进标记，如图 2-10 所示，其作用对应【段落】对话框【缩进】栏中的相应选项，可以直接拖曳这些标记设置段落的缩进格式。

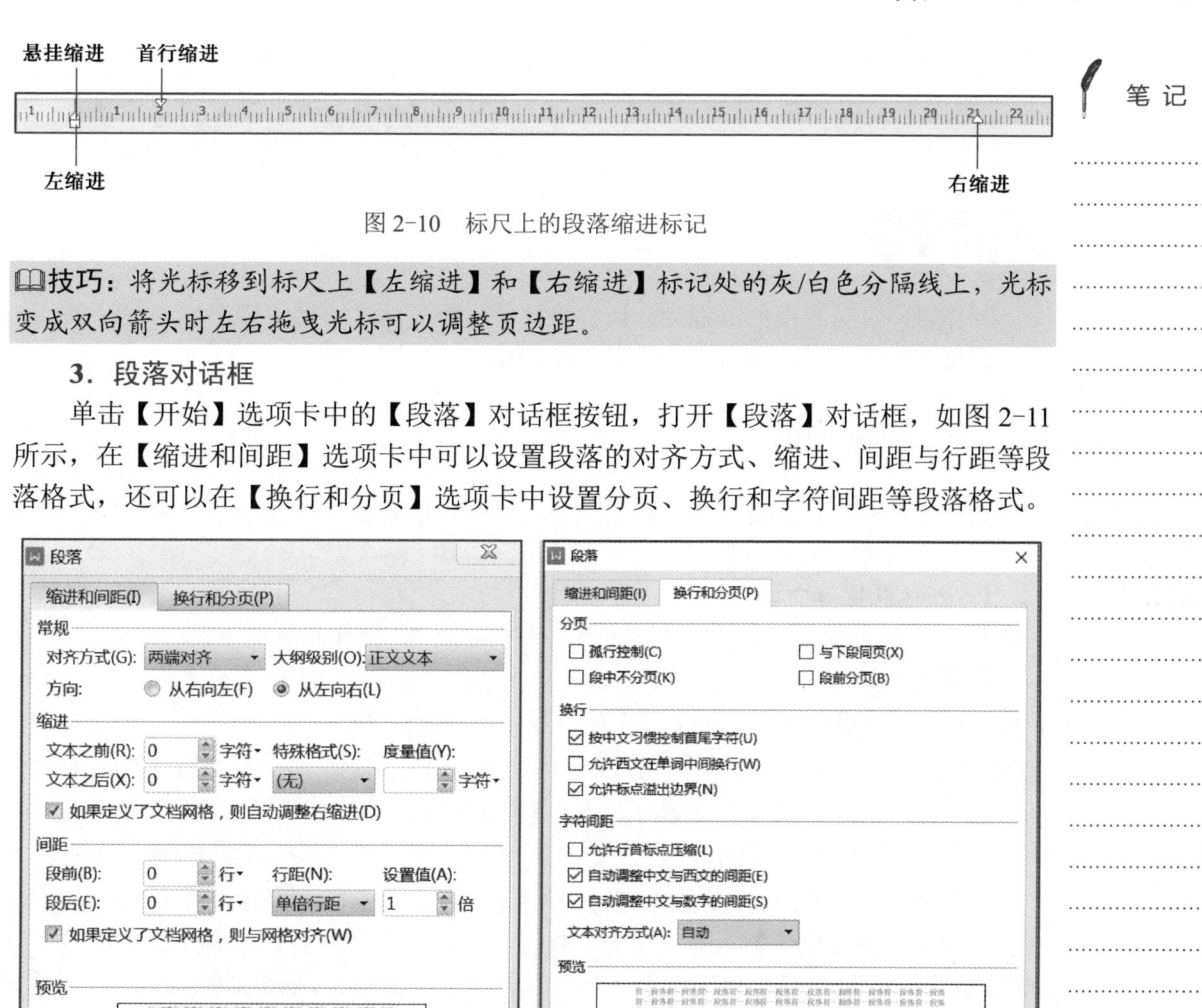

悬挂缩进　首行缩进

左缩进　　　　　　　　　　　　　　　　　　　　　　　　　右缩进

笔 记

图 2-10　标尺上的段落缩进标记

📖**技巧**：将光标移到标尺上【左缩进】和【右缩进】标记处的灰/白色分隔线上，光标变成双向箭头时左右拖曳光标可以调整页边距。

3．段落对话框

单击【开始】选项卡中的【段落】对话框按钮，打开【段落】对话框，如图 2-11所示，在【缩进和间距】选项卡中可以设置段落的对齐方式、缩进、间距与行距等段落格式，还可以在【换行和分页】选项卡中设置分页、换行和字符间距等段落格式。

图 2-11　【段落】对话框

五、撤销和恢复操作

在编辑文档时难免会出现错误的操作，例如，不小心删除、替换或移动了某些文本内容。此时可利用 WPS 文字的【撤销】和【恢复】功能，迅速纠正错误。

1．撤销操作

按 Ctrl + Z 组合键，或单击快速访问工具栏中的【撤销】按钮↶可以撤销上一步操作；连续按 Ctrl + Z 组合键或单击【撤销】按钮↶可撤销多步操作。

单击【撤销】按钮↶下拉按钮，打开历史操作记录，从中选择要撤销的操作，则该操作及其以后的所有操作都将被撤销。

2．恢复操作

按 Ctrl + Y 组合键，或单击快速访问工具栏中的【恢复】按钮↻，可以恢复上一次撤销的操作；连续按 Ctrl + Y 组合键或单击【恢复】按钮↻可恢复多个被撤销的操作。

项目实施

制作讲座宣传海报的流程为：新建文档并设置页面，编辑海报文本，设置字体格式，设置段落格式，制作日程安排表，制作报名流程图。

一、设置海报页面

微课 2-5
设置页面和
文档属性

制作文档时，首先建立一个新文档，并用直观清晰的文件名保存。然后根据印刷需求设置页面大小、页边距和页面背景等页面参数。

1．新建和保存文档

新建一个文档，并保存为"讲座宣传海报.docx"，操作步骤如下。

步骤 1：在 WPS 文字窗口中，依次单击【文件】|【新建】|【新建】命令，或者按 Ctrl + N 组合键创建一个名为"文字文稿 1"的空白文档。

📖**提示**：如果没有启动 WPS 文字，可以单击【开始】按钮⊞，在程序列表中单击【WPS Office】选项，进入 WPS Office 首页，单击【新建】|【文字】，打开【新建文档】页面，单击【空白文档】打开 WPS Office 工作窗口，并创建一个名为"文字文稿 1"的空白文档。

🖊 笔 记

步骤 2：单击【快速访问工具栏】上的【保存】按钮，打开【另存为】对话框，在左侧导航栏或【位置】组合框中选择保存路径，在【文件名】文本框中输入文件名"讲座宣传海报"，在【文件类型】组合框中选择【Microsoft Word 文件(*.docx)】选项，单击【保存】按钮。如图 2-12 所示。

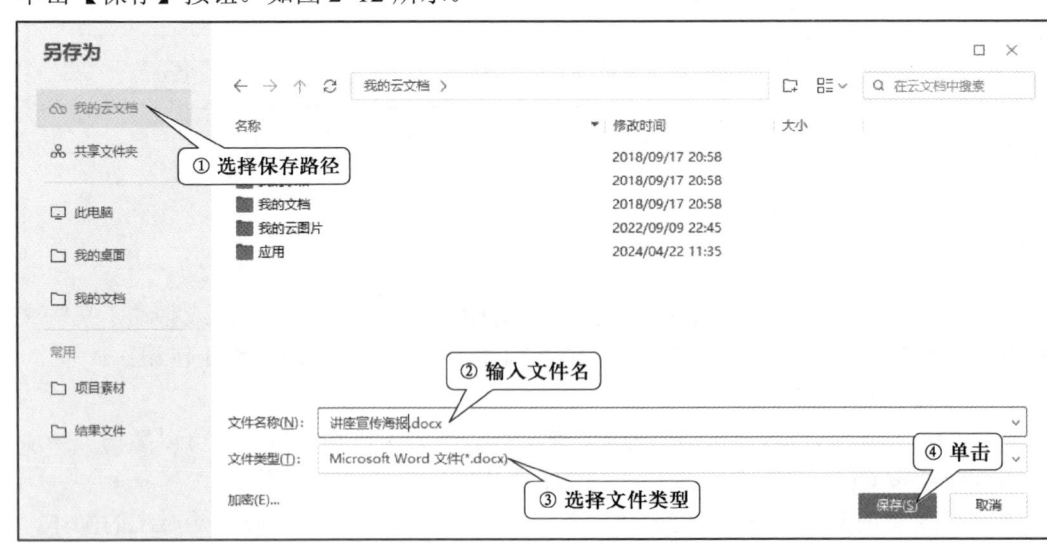

图 2-12 【另存为】对话框

> **提示：** 只有第一次保存新建的文档时才会打开【另存为】对话框，如果当前文档已经保存过，或者是从磁盘上打开的文档，单击【保存】按钮时就直接以现有文件名保存对文档的修改，不会再打开【另存为】对话框，在编辑过程中可以随时按 Ctrl + S 组合键保存文档。如果要将文档另存，可以单击【文件】|【另存为】命令。
>
> 此外，经过编辑修改后未保存的文档，在关闭时会弹出警告信息，询问用户是否保存对文档的修改，单击【保存】按钮即可保存。

2. 设置纸张和页边距

将文档的纸张大小设置为"A4"，上、下页边距设置为"3 厘米"，左、右页边距设置为"2.54 厘米"，操作步骤如下。

步骤 1：在【页面】选项卡单击【页面设置】对话框按钮，打开【页面设置】对话框。

步骤 2：单击【纸张】选项卡，在【纸张大小】列表中选择"A4"，如图 2-13 所示。

步骤 3：单击【页边距】选项卡，设置上、下页边距为"3 厘米"，左、右页边距为"2.54 厘米"，纸张方向为"纵向"，单击【确定】按钮，如图 2-14 所示。

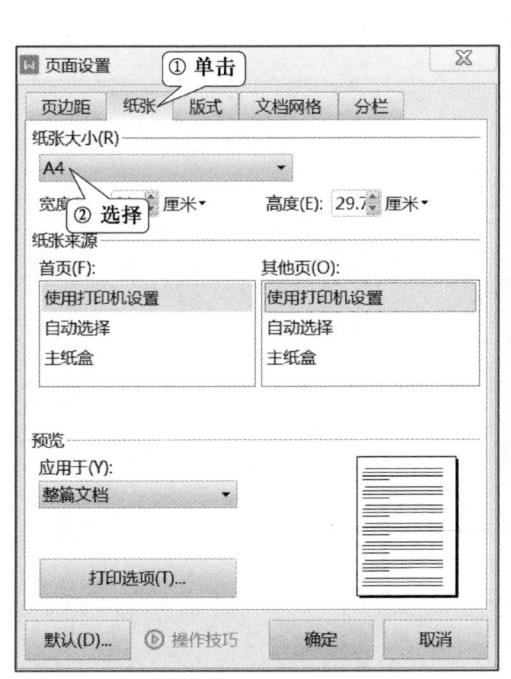

图 2-13　设置纸张

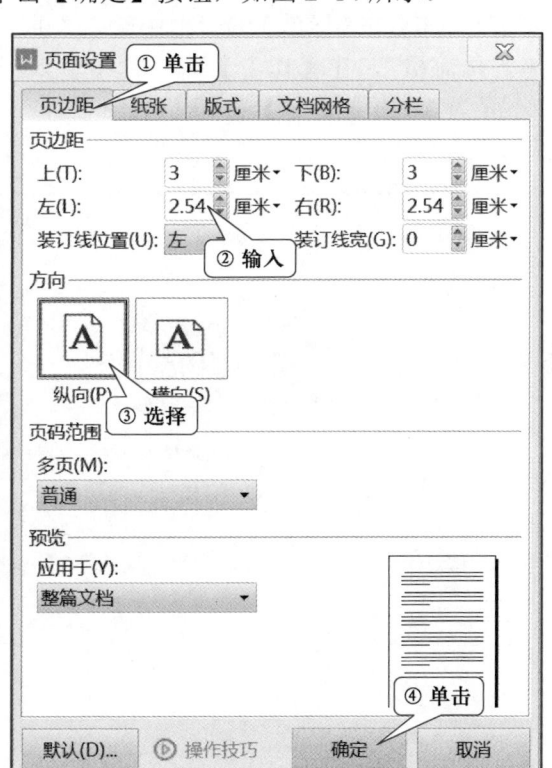

图 2-14　设置页边距

3. 设置页面背景

设置文档背景为图片"海报背景图片.jpg"，操作步骤如下。

步骤1：在【页面】选项卡中，单击【背景】|【图片背景】|【本地图片】命令。

步骤2：在【填充效果】对话框中单击【图片】选项卡，单击【选择图片】按钮，如图 2-15 所示。

步骤3：在【选择图片】对话框中打开图片所在的文件夹，选择"海报背景图片.jpg"，单击【打开】按钮，如图 2-16 所示。返回【填充效果】对话框，单击【确定】按钮。

4．设置文档属性

设置文档属性摘要的标题为"讲座宣传海报"，作者为"小张"，操作步骤如下。

步骤1：在【文件】菜单中，单击【文档加密】|【属性】命令。

笔记

步骤2：在【属性】对话框中单击【摘要】选项卡，在【标题】编辑框中输入"讲座宣传海报"，在【作者】编辑框中输入"小张"，单击【确定】按钮，如图 2-17 所示。

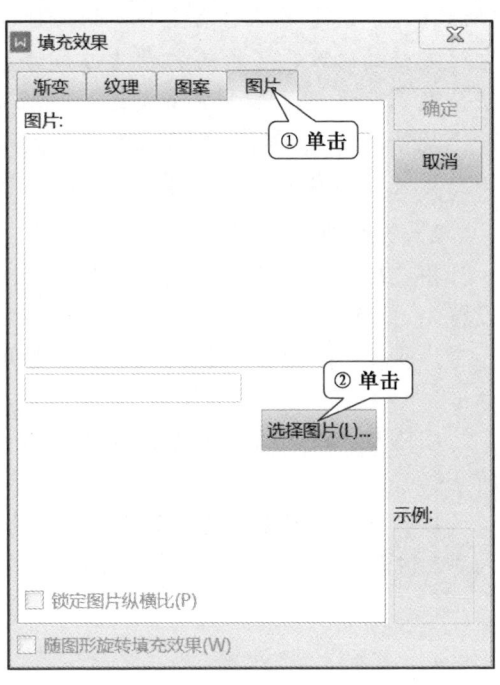

图 2-15　设置页面背景

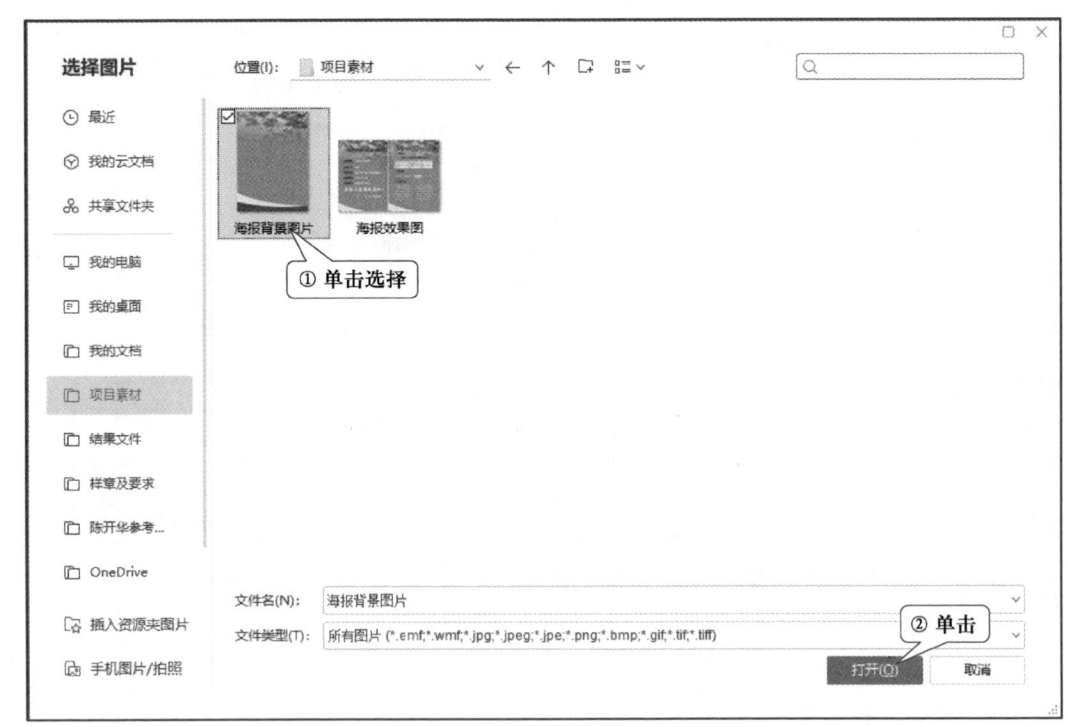

图 2-16　插入背景图片

46

图 2-17　设置文档属性

二、编辑海报文本

将"海报素材.docx"文件中的文字复制到"讲座宣传海报"中，并将文本中所有的"书法家"替换为"书画家"，操作步骤如下。

步骤 1：打开"海报素材.docx"文件，按 Ctrl + A 组合键全选，按 Ctrl + C 组合键复制。

步骤 2：切换到"讲座宣传海报"文档窗口，按 Ctrl + V 组合键粘贴文本。

步骤 3：在【开始】选项卡中单击【查找替换】|【替换】命令，或者按 Ctrl + H 组合键。

步骤 4：在【查找和替换】对话框的【查找内容】组合框中输入"书法家"，在【替换为】组合框中输入"书画家"，单击【全部替换】按钮。如图 2-18 所示。

微课 2-6
编辑海报文本

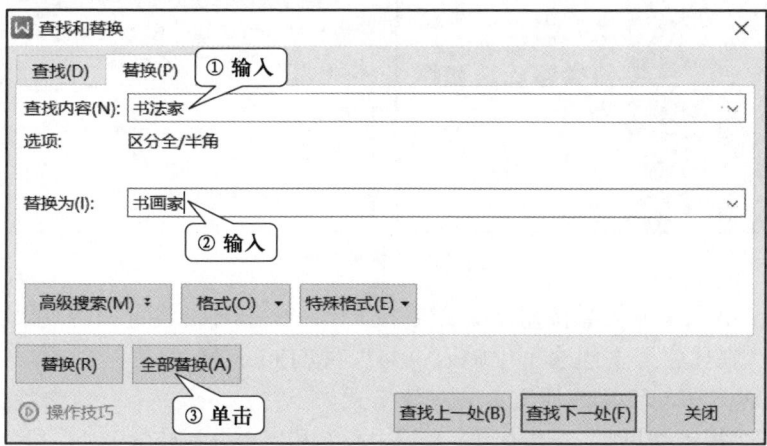

图 2-18　【查找和替换】对话框

笔 记

> 📖提示：若不需要全部替换，可以单击【替换】按钮替换当前文本，单击【查找下一处】按钮跳过当前文本并继续查找。在【查找和替换】对话框中单击【高级搜索】按钮，可以设置更多的查找和替换选项，例如区分英文大小写、区分全角和半角符号、使用通配符等。单击【格式】和【特殊格式】按钮可以查找替换格式和特殊格式。

三、设置字体格式

微课 2-7
设置海报字体
格式

✒ 笔 记

字体格式包含字体、字号、字形，颜色、删除线、下画线、着重号、上标、下标、文本效果、拼音指南、字符底纹等。

1. 设置标题字体

设置文档标题"'领慧讲堂'就业讲座"的字体格式为：微软雅黑、红色（红色255、绿色0、蓝色0）、加粗、44磅，操作步骤如下。

步骤1：选择标题"'领慧讲堂'就业讲座"。

步骤2：在【开始】选项卡【字体】组合框中选择"微软雅黑"。

步骤3：单击【字体颜色】下拉按钮 A·，在列表中单击【其他字体颜色】选项，打开【颜色】对话框。在对话框中单击【自定义】选项卡，设置红色为"255"、绿色为"0"、蓝色为"0"，单击【确定】按钮。如图 2-19 所示。

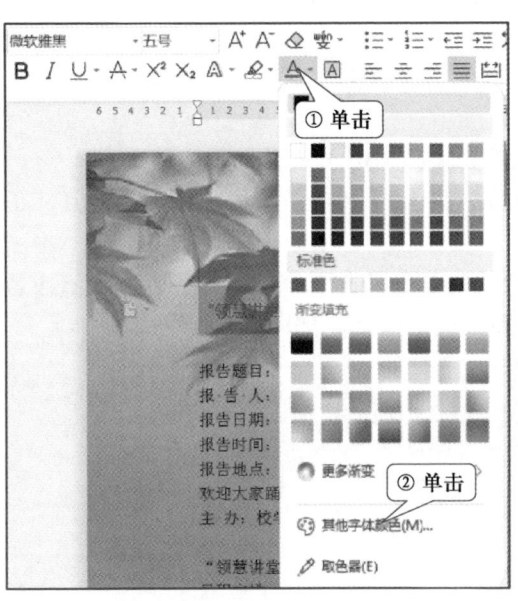
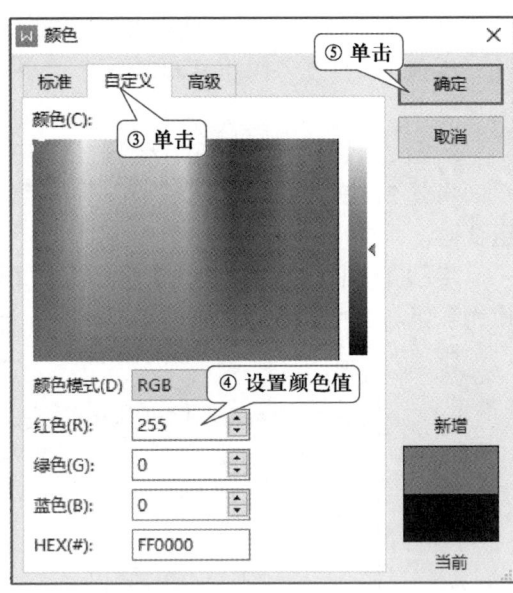

图 2-19　设置字体自定义颜色

步骤4：单击【加粗】按钮 B，或者按 Ctrl + B 组合键设置加粗效果。

步骤5：在【字号】组合框中输入"44"，按 Enter 键。

根据上述方法，设置其他文本的字体格式如下。

① 设置"报告题目："至"校国际会议中心"和"主办：校学工处"段落的字体格式为：微软雅黑、小一、加粗、深蓝（标准色），其中冒号后的文字颜色为"白色，背景1"。

② 设置"欢迎大家踊跃参加!"字体格式为：华文行楷、56 磅、加粗、白色。

③ 设置"领会讲堂就业讲座之大学生人生规划活动细则"字体格式为：微软雅黑、20 磅、加粗、红色（标准色）。

④ 设置"日程安排""报名流程""报告人介绍"字体格式为：微软雅黑、小二、加粗、深蓝。

⑤ 设置"'领慧讲堂'就业讲座之大学生人生规划日程安排"字体格式为：微软雅黑、四号、加粗、深蓝。

⑥ 设置"报告人介绍"正文字体格式为：微软雅黑、四号、"白色，背景 1"。

> 📖**技巧**：设置多处不连续的文本为相同格式时，可以按住 Ctrl 键选中需要设置相同格式的所有文本，再进行格式设置。也可以先设置其中一处文本的格式后将其选中，然后单击【开始】选项卡中的【格式刷】按钮 ⊔ 复制被选文本的格式，此时光标变成带刷子的形状 ⊿I，选择要粘贴格式的文本即可将格式粘贴过来。如需多次使用格式刷，则应双击【格式刷】按钮进行复制，粘贴完格式后再次单击【格式刷】按钮取消格式刷。

2. 制作加拼音文字

在计算机中安装了拼音输入法后，可以在 WPS 文字文档中为汉字加上拼音，以便于阅读。例如，为赵薡的薡（xùn）字加上拼音，操作步骤如下。

步骤 1：选择文本"薡"字，在【开始】选项卡中单击【拼音指南】按钮 ㄨㄣˊ。

步骤 2：在【拼音指南】对话框中自动显示所选文字的拼音，在【字号】组合框中输入"18"，单击【确定】按钮，如图 2-20 所示。

图 2-20　【拼音指南】对话框

📖**提示**：制作加拼音文字时，在拼音指南中的【对齐】组合框中选择【居中】选项，能够让拼音与对应的汉字居中对齐；在【字号】组合框中将字号的磅值调大，可以更清晰地显示拼音。

3. 设置文字边框和底纹

为"'领慧讲堂'就业讲座之大学生人生规划活动细则"设置 2.25 磅红色边框，浅绿 5%样式底纹，操作步骤如下。

步骤 1：选中文本"'领慧讲堂'就业讲座之大学生人生规划活动细则"。

步骤 2：在【开始】选项卡中单击【边框】下拉按钮⊞，从列表中选择【边框和底纹】选项。

步骤 3：在【边框和底纹】对话框【边框】选项卡的【设置】栏中单击【方框】，在【颜色】下拉菜单中选择"标准颜色-红色"，在【宽度】下拉菜单中选择"2.25 磅"，在【应用于】下拉菜单中选择"文字"。单击【底纹】选项卡，在【填充】下拉菜单中选择"标准颜色-浅绿"，在【图案】|【样式】下拉菜单中选择"5%"，在【应用于】下拉菜单中选择"文字"。单击【确定】按钮。如图 2-21 所示。

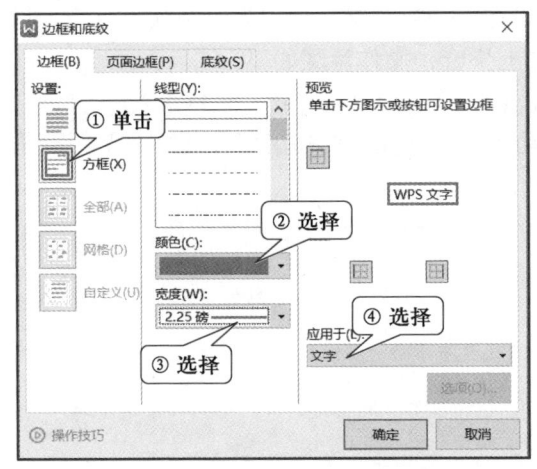 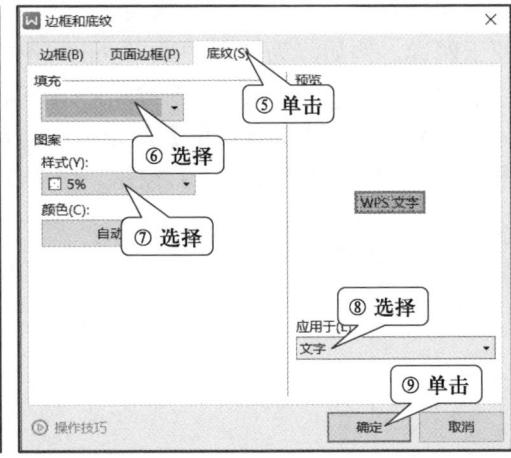

图 2-21 设置文字边框和底纹

📖**注意**：将边框和底纹应用于文字与应用于段落的效果是不同的，请尝试选择多段文字，分别将边框和底纹应用于文字和段落，然后观察文档格式的变化。另外还可以通过【页面边框】选项卡设置页面边框，观察其格式的不同之处。

微课 2-8
设置海报段落
格式

四、设置段落格式

段落格式包括对齐方式、缩进、间距与行距、项目符号和编号、边框和底纹等。可以使用【开始】选项卡中的命令按钮或【段落】对话框设置段落格式。

1. 调整宽度

将"报告人"的宽度设置为"4"，使冒号与前后段落中的冒号对齐。操作步骤如下。

步骤 1：选择"报告人"文本。

步骤 2：在【开始】选项卡中单击【中文版式】下拉按钮 ，在列表中单击【调整宽度】命令。

步骤 3：在【调整宽度】对话框【新文字宽度】数值框中输入"4"，单击【确定】按钮。如图 2-22 所示。

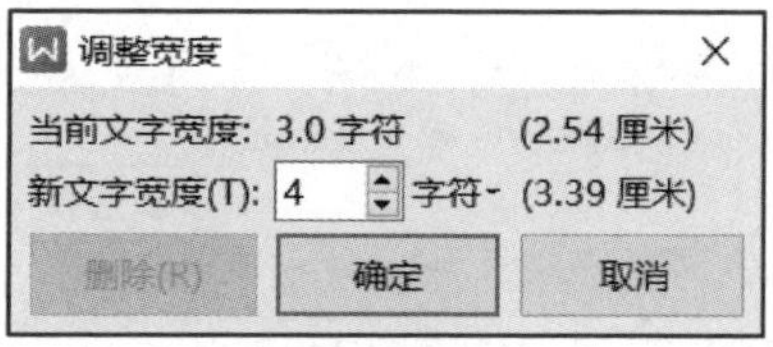

图 2-22　【调整宽度】对话框

2.设置段落对齐方式

WPS 文字提供了左对齐、居中对齐、右对齐、两端对齐和分散对齐 5 种段落对齐方式，默认为两端对齐。

将"'领慧讲堂'就业讲座"和"'领慧讲堂'就业讲座之大学生人生规划活动细则"居中对齐，将"主办：校学工处"右对齐，操作步骤如下。

步骤 1：选中"'领慧讲堂'就业讲座"和"'领慧讲堂'就业讲座之大学生人生规划活动细则"。

步骤 2：在【开始】选项卡中单击【居中对齐】按钮 。

步骤 3：选择"主办：校学工处"，在【开始】选项卡中单击【右对齐】按钮 。

📖**注意**：在段落对齐方式设置中，要区分左对齐，两端对齐和分散对齐的区别。只有在段落最后一行不满行时，分散对齐与两端对齐才会在最后一行有区别。

3.设置段落缩进

将"报告人介绍"中的正文内容设置为：首行缩进 2 字符，操作步骤如下。

步骤 1：选中"报告人介绍"中的正文内容。

步骤 2：在【开始】选项卡中单击【段落】对话框按钮 ，打开【段落】对话框。

步骤 3：在【缩进】选项组【特殊格式】组合框中选择"首行缩进"，调整【度量值】组合框的值为"2"，在【度量值】组合框中选择"字符"，单击【确定】按钮。如图 2-23 所示。

4.设置段间距和行间距

将"报告题目"至"主办：校学工处"的段落间距设置为段前 1 行，段后 1 行，行距 1.5 倍。操作步骤如下。

步骤 1：选中"报告题目"至"主办：校学工处"。

步骤 2：在【开始】选项卡中单击【段落】对话框按钮 ，打开【段落】对话框。

步骤 3：在【间距】选项组中，在【段前】和【段后】数值框中输入"1"，单位为"行"。在【行距】组合框中选择"1.5 倍行距"，单击【确定】按钮，如图 2-24 所示。

按照上述方法将"日程安排""报名流程"和"报告人介绍"的段落间距设置为段前 1 行，段后 1 行，行距为单倍行距；将"报告人介绍"下的正文段落设置为 1.5 倍行距。

笔记

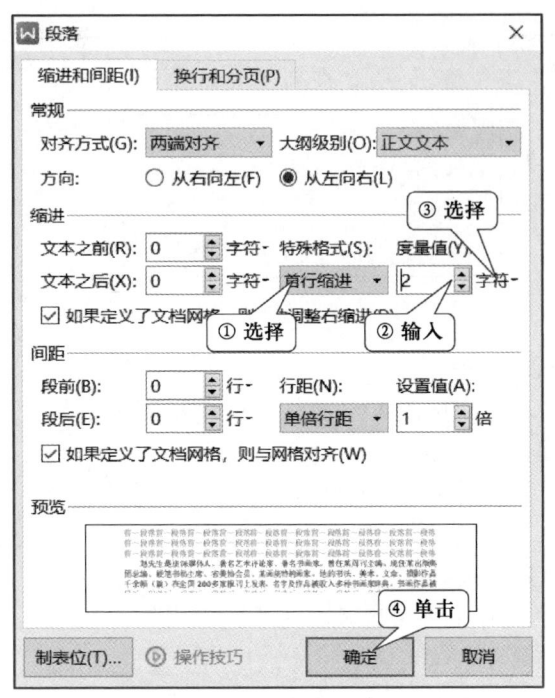

图 2-23　设置段落缩进　　　　　图 2-24　设置段间距和行间距

📖提示：如果要将行距设置为"1.2 倍"，应该在【行距】组合框中选择【多倍行距】选项，然后在【设置值】数值框中输入"1.2"；如果要将行距设置为"20 磅"，应该在【行距】组合框中选择【固定值】选项，然后在【设置值】数值框中输入"20"，单位为"磅"。

笔记

5. 设置自动编号

为"日程安排""报名流程""报告人介绍"设置自动编号，操作步骤如下。

步骤 1：选中段落"日程安排""报名流程"和"报告人介绍"。

步骤 2：在【开始】选项卡中，单击【编号】下拉按钮⿻，在【编号】列表中选择编号格式"一、二、三、"，如图 2-25 所示。

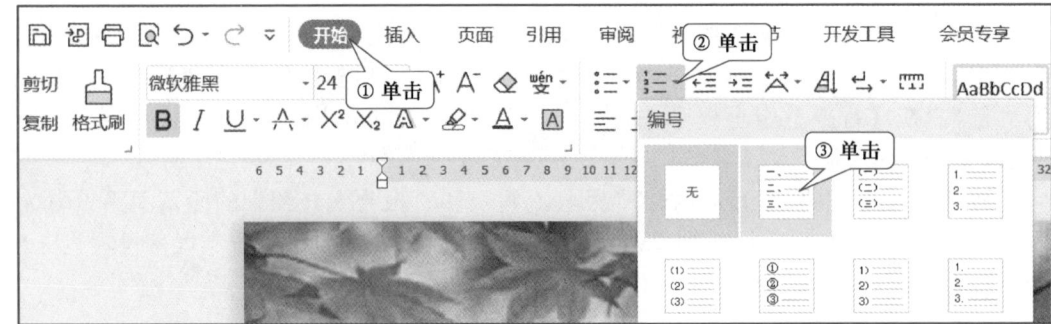

图 2-25　设置段落编号

📖**提示**：在输入文本时，如果当前段落以某一编号（如："1."、"一、"）开头，按 Enter 键开始新的段落时，会自动编号。如果不需要自动编号，可以按 Ctrl + Z 组合键撤销当次自动编号。

6. 设置首字下沉

将"报告人介绍"正文段落设置首字下沉 2 行，距正文 0.2 厘米，操作步骤如下。

步骤 1：将插入点定位在需要设置首字下沉的段落中。

步骤 2：在【插入】选项卡中单击【首字下沉】按钮。

步骤 3：在【首字下沉】对话框【位置】选项中单击【下沉】选项，在【下沉行数】数值框中输入"2"，设置【距正文】为"0.2 厘米"，单击【确定】按钮。如图 2-26 所示。

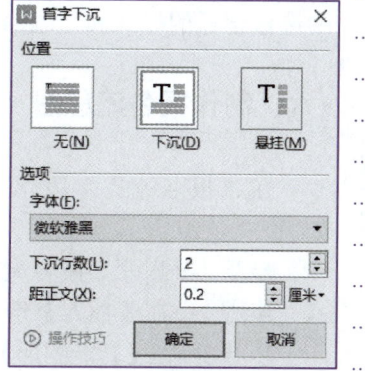

图 2-26　设置首字下沉

五、制作日程安排表

文档中已有日程安排的文本内容，各项内容之间用制表符（Tab）分隔，要用这些文本制作日程安排表，可以使用 WPS 文字的"文本转换为表格"功能将其转换成表格，然后应用表格样式。

1. 文本转换为表格

将"日程安排"下的文字转换成一个 5 行 3 列的表格，操作步骤如下。

步骤 1：选中要转换成表格的 5 行文本。

步骤 2：在【插入】选项卡中单击【表格】下拉按钮，在列表中单击【文本转换成表格】选项，打开【将文字转换成表格】对话框，保持默认设置，单击【确定】按钮，如图 2-27 所示。

微课 2-9
制作日程安排表

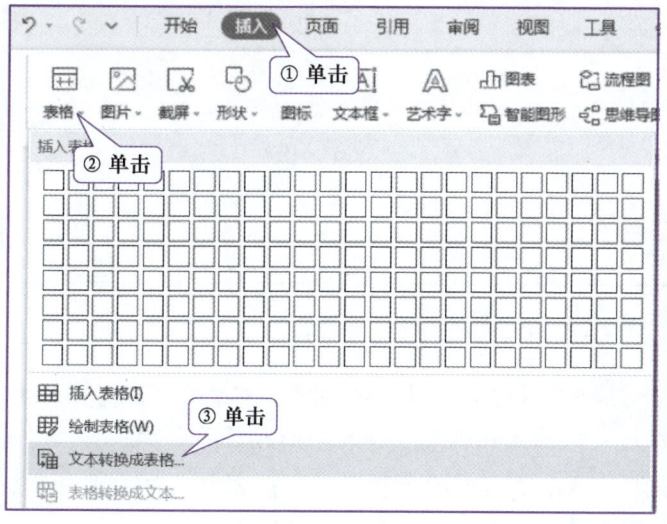

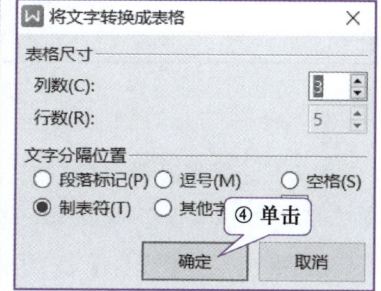

图 2-27　文本转换成表格

2. 设置表格样式

WPS 文字内置了很多表格样式，这些样式预设了表格的边框和底纹格式，可以根据需要选择使用，设置日程安排表的样式操作方法如下。

单击表格左上角的表格选择按钮⊞选中表格。在【表格样式】选项卡【样式】库中选择合适的样式和主题颜色。

六、制作报名流程图

微课 2-10
制作报名
流程图

✎ 笔 记

在"报名流程"段落下，利用智能图形制作本次活动的报名流程，操作步骤如下。

步骤 1：删除"报名流程"段落下的文字。

步骤 2：在【插入】选项卡中单击【智能图形】按钮 。

步骤 3：在【智能图形】对话框中，单击【SmartArt】|【基本流程】选项，如图 2-28所示。

步骤 4：依次单击智能图形，输入文本。

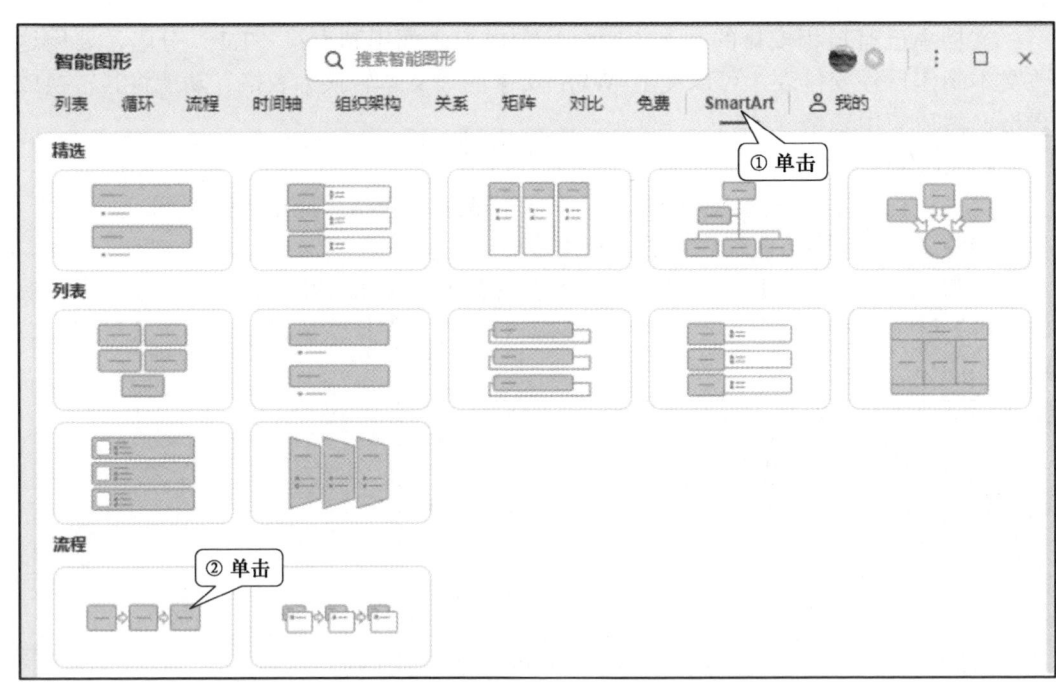

图 2-28　插入智能图形

📖 提示：当智能图形中的项目不够时，可以选择其中一个项目，在【设计】选项卡中，单击【添加项目】下拉按钮，在列表中选择在当前项目的前面或后面添加项目。

步骤 5：在【设计】选项卡中，单击【系列配色】按钮，在列表中单击【彩色】列表中的色彩组合，在【样式】库中选择一种样式，如图 2-29 所示。

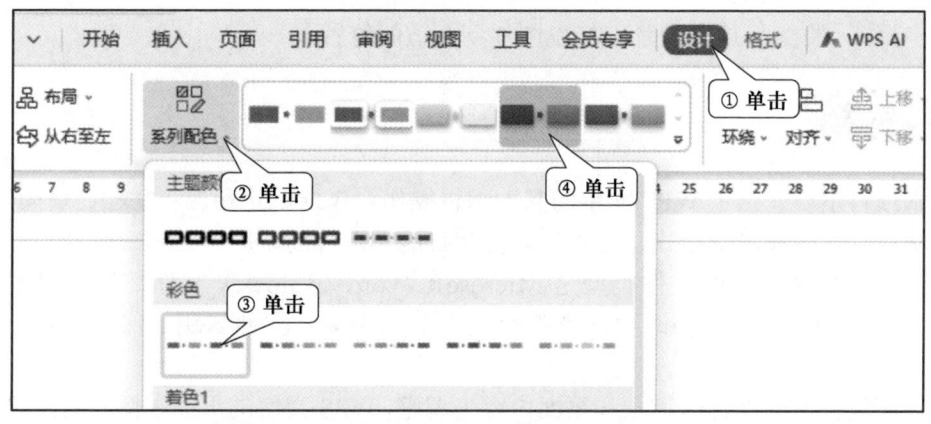

图 2-29 设置智能图形颜色和样式

步骤 6：将光标移到智能流程图下边框中间的控制点，当光标变成双向箭头时，向上拖曳，改变智能图形至合适的大小。

七、编辑报告人照片

在"报告人介绍"正文右侧插入报告人照片，调整照片的高度为 5.5 厘米，宽度为 6.2 厘米，将照片裁剪为椭圆形，设置照片的发光效果，移动照片到合适的位置。操作步骤如下。

步骤 1：将光标定位在"报告人介绍"正文段落中，在【插入】选项卡中单击【图片】|【本地图片】按钮，打开【插入图片】对话框，找到并选择"报告人照片.jpg"文件，单击【打开】按钮。

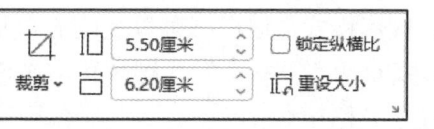

图 2-30 设置图片大小

步骤 2：选中图片后功能区会显示【图片工具】选项卡，单击【环绕】下拉按钮，在列表中单击【四周型环绕】选项。

步骤 3：清空【锁定纵横比】复选框，在高度和宽度编辑框中分别输入"5.50 厘米"和"6.20厘米"，如图 2-30 所示。

步骤 4：单击【裁剪】下拉按钮，在列表中单击【椭圆】按钮，将图片裁剪为椭圆形。

步骤 5：单击【效果】下拉按钮，在列表中单击【更多设置】选项，打开【属性】任务窗格，在【发光】列表中选择"巧克力黄，18 pt 发光，着色 2"，在【颜色】列表中选择"深蓝"色，设置【透明度】为"60%"，如图 2-31 所示。

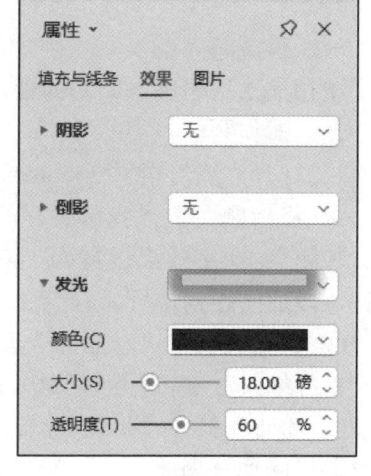

图 2-31 设置图片发光效果

微课 2-11
编辑报告人
照片

笔记

步骤 6：将光标放在图片上拖曳图片到合适的位置。

项目总结

本项目主要介绍了 WPS 文字的基本编辑操作，包括新建和保存文档、页面设置、编辑文本、字体和段落格式、文本转表格和智能图形等简单应用。

保存文档时默认的文件类型是 Microsoft Word（*.docx）文件，可以根据需要选择文档类型。保存文档时要注意保存文件的三要素：文件名称、保存位置、保存类型。

页面设置要根据打印需求和页面内容来调整，WPS 文字的页面视图具有所见即所得的效果，页面设置完成后可以预览打印效果，如果不满意，可以再次进行调节，直到满意为止。

文本输入时普通文本可以通过键盘直接输入，输入时注意中/英文输入法中标点符号的区别，注意配合 Shift 键的使用。键盘上没有的符号，可以通过插入符号或软键盘输入。

字体格式包括字体、字号、字形、颜色、字符边框和底纹等内容，段落格式包括段落对齐方式、段落缩进、段落间距与行距、项目符号和编号等。设置字体和段落格式时通常需要先选择要设置格式的文本和段落，再进行格式设置，即先选择，后操作。

当需要使文档中某些文字或段落的格式相同时，可以使用格式刷来复制字体和段落格式，这样既可以使排版风格一致，又可以提高排版效率。使用格式刷时，要注意单击、双击格式刷按钮的不同作用，熟练使用格式刷可以减少排版过程中的重复工作。

项目练习

一、客观题
请扫描二维码进入即测即评。

项目 2
客观题

文本：
参考答案

素材文件

二、操作题
1. 打开"练习素材 2-1.docx"，完成如下操作。

① 将标题文字"我国实行渔业污染调查鉴定资格制度"设置为"三号黑体、红色、加粗"；文字效果设置为"阴影"效果中的"透视-靠下"；段落对齐方式为居中对齐，段后间距为 1 行。

② 将正文文字"农业部今天向……技术途径。"字体格式设置为"四号、隶书"；段落首行缩进 2 字符，行距为 1.5 倍行距。

③ 将正文第 3 段"农业部副部长……技术途径。"分为等宽的两栏，栏宽为 16 字符，栏间加分隔线。

2．打开"练习素材 2-2.docx"，完成如下操作。

① 将标题文字"冻豆腐为什么会有许多小孔？"设置为"小二号、红色、黑体、波浪下画线"，段落对齐方式为居中对齐，并为文字添加绿色底纹。

② 将正文第 4 段文字"当豆腐冷到……压缩成网络形状。"移至第三段文字"等到冰融化时……许多小孔。"之前，并将两段合并。

③ 将正文文字"你可知道……许多小孔。"设置为"小四号、宋体"；各段落左右各缩进 1 字符、悬挂缩进 2 字符、段前间距 0.5 行，行距为 1.8 倍行距。

④ 将文档页面的纸张大小设置为"16 开（18.4 厘米×26 厘米）"、左右边距各为 3 厘米；为文档页面添加内容为"生活常识"的文字水印。

3．收集素材，制作一份国潮风宣传海报。

笔 记

项目3 制作求职简历

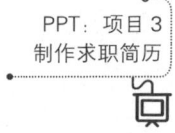
学习目标

1. 知识目标

① 认识图片、图形、艺术字等对象及常用属性。

② 理解图形对象的层叠关系和文字环绕方式。

③ 掌握图形对象的格式设置方法。

2. 能力目标

① 能够在文档中正确插入图片、图形、艺术字等对象。

② 能够熟练地对图片、图形、艺术字等对象进行编辑和美化。

3. 素养目标

① 具有精益求精的质量意识和极致追求的工匠精神。

② 通过真实填写简历信息，增强诚信意识。

项目分析

1. 项目情境

张静是一名大学三年级学生，经多方面了解分析，她希望在暑期去一家公司实习。为了能获得实习机会，她打算利用 WPS 文字精心制作一份简洁而醒目的求职简历。

2. 项目要求

使用素材文件夹（项目3\项目素材）中的素材制作个人简历，如图 3-1 所示，要求如下。

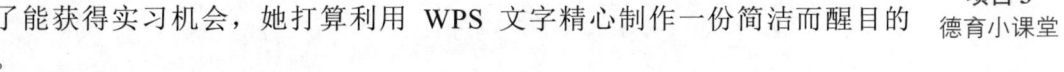
① 插入填充色为橙色和白色的两个矩形，层叠后作为简历的背景。

② 利用文本框、艺术字和图片制作个人信息。

③ 利用形状、文本框和图片制作实习经验。

④ 利用段落制表位对齐个人风采中的文本。

3. 解决方案

利用 WPS 文字提供的图形、图片、艺术字、文本框等图形元素制作个人简历，可以在制作过程中灵活运用【绘图工具】和【文本工具】选项卡中的工具对图形、图片、艺术字、文本框等元素进行格式设置。

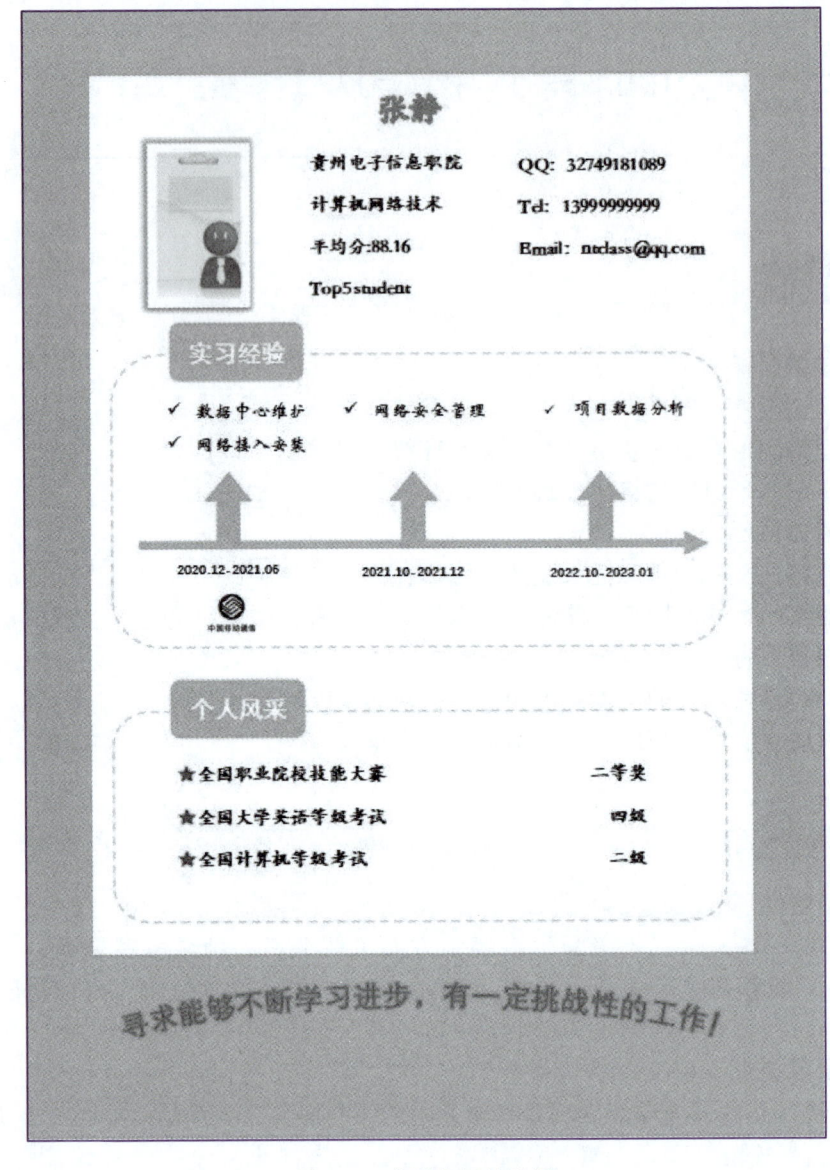

图 3-1　求职简历效果图

预备知识

　　利用【插入】选项卡中的按钮，可以在文档中插入形状、文本框、艺术字、图片、智能图形、表格、图表等对象，并设置这些对象的格式以丰富文档内容，使文档更加美观。

一、编辑和美化形状

在 WPS 文字文档中，形状、文本框和艺术字都属于形状，可以在其中插入文本和图片等，并作为一个整体排列在文档的任何位置，不受段落行距和间距的影响。

1．插入形状、文本框和艺术字

（1）插入形状

在【插入】选项卡中，单击【形状】按钮 <svg>，在列表中选择【矩形】，如图 3-2 所示，然后在文档中拖曳光标，释放鼠标后即可绘制出矩形。如果要在形状中插入文本，可以右击形状后在弹出的快捷菜单中选择【编辑文字】命令，然后输入文本。

微课 3-1
编辑和美化
形状

笔记

图 3-2　插入矩形

📖**提示：** 绘制图形时，按住 Shift 键拖曳光标可绘制规则图形。例如，按住 Shift 键，绘制矩形时可画出正方形；绘制椭圆时，可画出正圆。如果要将多个图形集中排列，可以在【形状】列表底部单击【新建绘图画布】选项新建一张画布，然后在画布中绘制形状。

（2）插入文本框

除了采用【形状】列表中的【文本框】按钮 <svg>和【垂直文本框】按钮 <svg>绘制文本框之外，还可以在【插入】选项卡中单击【文本框】下拉按钮，在【预设文本框】列表中单击合适的文本框样式，即可在文档中插入该样式的文本框，然后根据需要改变文本框中的内容。

（3）插入艺术字

在【插入】选项卡中单击【艺术字】按钮 <svg>，在【艺术字】列表中提供了预设的艺术字样式，单击合适的样式，即可插入艺术字占位符，然后根据需要输入艺术字文本内容。

2. 编辑形状

插入形状、文本框和艺术字后，可以通过鼠标、功能区中的工具按钮和【属性】窗格对形状进行编辑和美化。

（1）通过鼠标编辑形状

选择形状后，形状周围会出现 8 个白色控制点、1 个旋钮和 1 个或多个黄色控制点，拖曳其中任意白色控制点可以改变形状大小，拖曳旋钮可以旋转形状，拖曳黄色控制点可以改变形状。把光标移到形状的边缘，当光标变成四向箭头时，拖曳光标可以移动形状的位置。如图 3-3 所示。

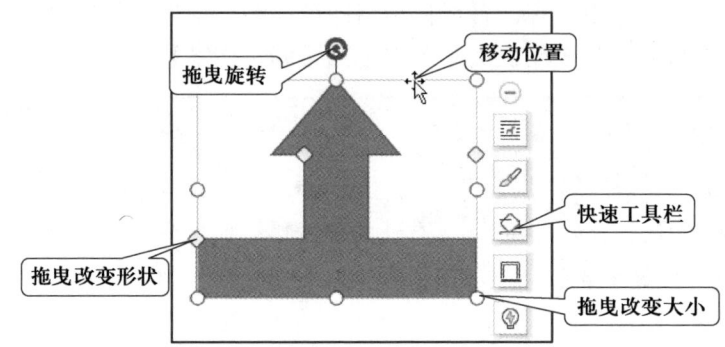

图 3-3　用鼠标操作形状

（2）通过功能区中的工具按钮编辑形状

选择形状后，功能区会自动显示【绘图工具】选项卡，如图 3-4 所示。选项卡中各组工具的作用如下。

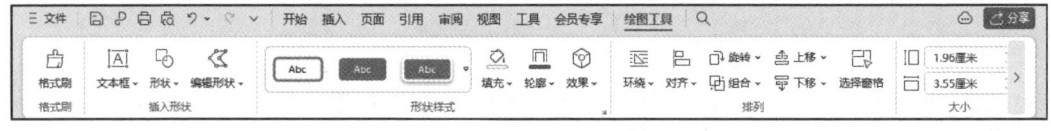

图 3-4　【绘图工具】选项卡

- 【插入形状】组：选择某个形状，可在编辑区拖曳光标绘制该形状；单击【编辑形状】下拉按钮，从列表中单击【编辑顶点】选项后，拖曳形状边框和顶点可以改变形状的外形。
- 【形状样式】库：提供一组系统预设的形状样式，单击其中的样式可快速将样式应用到当前选择的形状；也可利用【形状填充】【形状轮廓】和【形状效果】按钮自定义所选形状的填充、轮廓和三维效果等。
- 【排列】组：设置所选形状内文字环绕方式、叠放次序、对齐方式、组合、旋转等。
- 【大小】组：设置所选形状的位置、高度和宽度等。
- 【艺术字样式】组：可利用该组中的选项设置形状内文本的艺术字效果，也可利用【填充】【轮廓】【效果】按钮设置所选形状内文本的格式。

如果所选形状中有文本，功能区会自动显示【文本工具】选项卡，如图 3-5 所示。选项卡中各组工具的作用如下。

笔 记

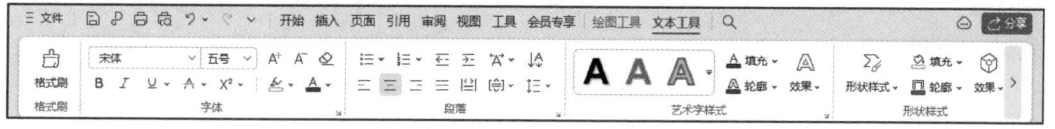

图 3-5 【文本工具】选项卡

📖**技巧**：如果需要将多个形状作为一个整体，统一调整其位置、大小、线条和填充效果时，可以按住 Shift 键，依次选择图形，单击【绘图工具】选项卡中的【组合】下拉按钮，在列表中选择【组合】命令将它们组合为一个整体。

（3）通过【属性】窗格编辑形状

选择形状后，在【绘图工具】选项卡中单击【设置形状格式】按钮，打开【属性】窗格，如图 3-6 所示。其中包含【形状选项】和【文本选项】两个选项卡。

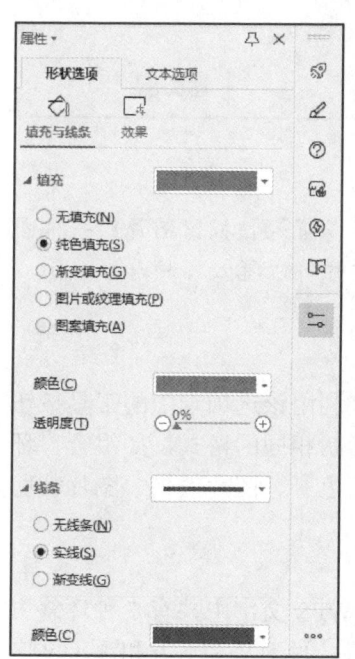
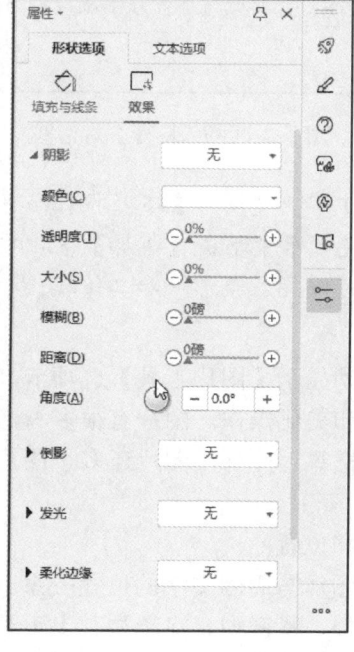
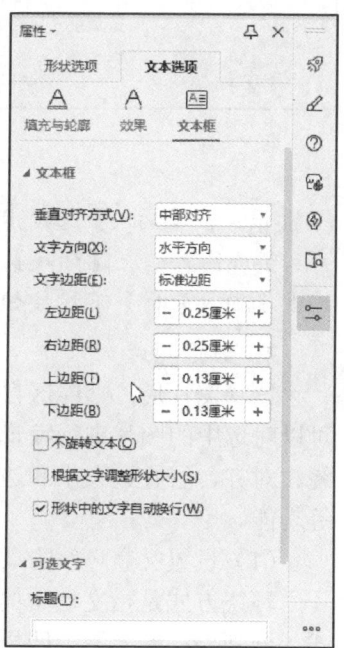

图 3-6 形状【属性】窗格

二、编辑和美化图片

在编排文档时，可根据需要插入符合主题的图片，从而使文档更加生动形象。图片和形状相似，不同之处是图片中不可以直接插入文本，如果要在图片中插入文本，可以借助于文本框。

1.插入图片

在【插入】选项卡中单击【图片】|【本地图片】按钮，打开【插入图片】对话框，如图 3-7 所示，选择需要插入的本地图片，单击【打开】按钮即可将选择的图片插入到插入点处。

图 3-7 【插入图片】对话框

提示： 在【插入】选项卡中单击【图片】下拉按钮，可以插入扫描仪图片、手机图片和稻壳图片，在【插入】选项卡中单击【截屏】下拉按钮可以插入各种屏幕截图，单击【更多素材】下拉按钮可以插入条形码和二维码。

2.编辑图片

选择图片后，功能区自动显示【图片工具】选项卡，利用该选项卡中的工具按钮可以对选中的图片进行编辑和美化操作。图片有很多与形状相同的格式，如组合、环绕、对齐、层叠、大小和边框等。此外，图片还多了图片色彩、图片效果、图片裁剪等功能。

（1）设置文字环绕方式和位置

环绕方式是指文档中的图片与周围文字的位置关系。WPS 文字中共有 7 种环绕方式，分别为：嵌入型、四周型、紧密型、穿越型、上下型、衬于文字下方和浮于文字上方。设置图片文字环绕方式和位置的方法如下。

选择图片后，在【图片工具】选项卡中，单击【环绕】按钮 ，在列表中单击需要的文字环绕方式即可。

提示： 如果要设置更多的布局选项，可以右击图片，在快捷菜单中单击【文字环绕】|【其他布局选项】命令，打开【布局】对话框。如图 3-8 所示。在其中的【文字环绕】和【位置】选项卡中进行设置。

微课 3-2
编辑和美化
图片

笔 记

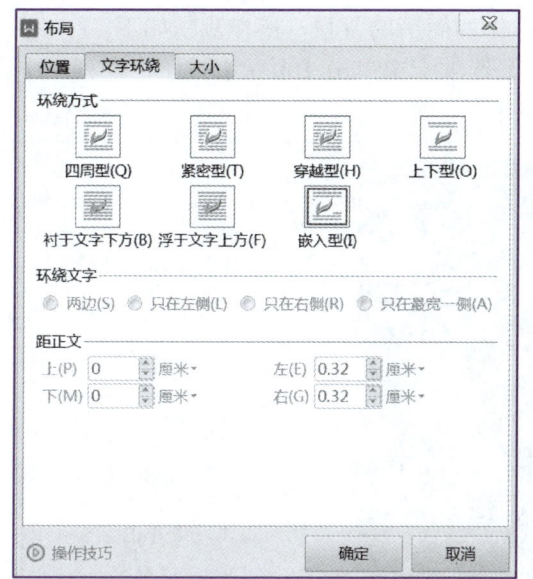
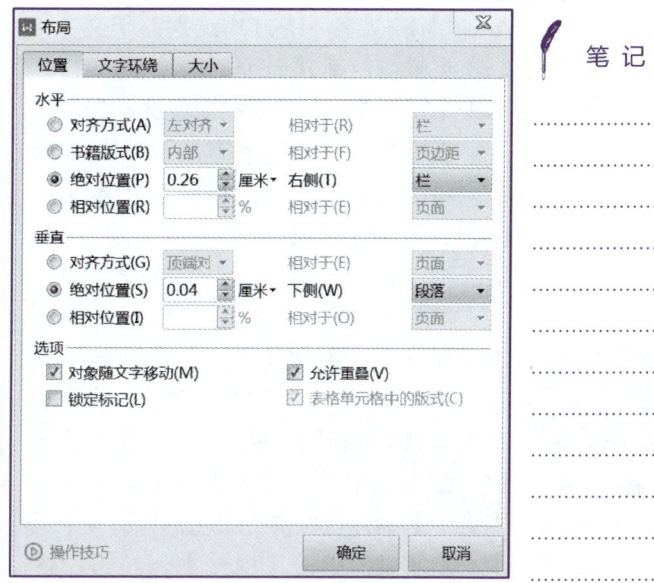

图 3-8　设置图片环绕方式和位置

（2）调整图片

选择图片后，在【图片工具】选项卡中，单击对应的按钮，如图 3-9 所示，可以对图片进行抠除背景，设置透明色、效果等设置。如果对设置不满意可以单击【重设样式】按钮还原图片。

图 3-9　图片调整工具按钮

（3）裁剪图片

选择图片后，在【图片工具】选项卡中单击【裁剪】按钮 ⬚，图片四周会显示黑色加粗裁剪线，拖曳裁剪线到合适的位置，按 Enter 键完成裁剪。单击【裁剪】下拉按钮 裁剪▾ ，可以在列表中选择按比例裁剪或按形状裁剪。

📖 **提示：**裁剪图片后，被剪掉的部分依然保存在图片中，只是不显示。如果需要显示，可以再次单击【裁剪】按钮，调整裁剪线即可。如果要彻底删除剪掉的区域，可以单击【压缩图片】按钮，在【图片压缩】对话框中选择【删除图片的剪裁区域】选项，单击【完成压缩】按钮。

项目实施

制作个人简历的一般流程为：设置简历版式，编辑个人基本信息，编辑实习经验，编辑个人风采。

一、设置简历版式

根据页面布局需要，插入填充色为橙色和白色的两个矩形。其中，橙色矩形占满

65

A4 幅面，文字环绕方式设为浮于文字上方。作为简历的背景，操作步骤如下。

步骤 1：新建一个空白文档，在【插入】选项卡中单击【形状】按钮，在列表中单击【矩形】，在文档中拖曳光标绘制一个矩形。

步骤 2：单击选中矩形，单击矩形右上角的【布局选项】按钮，在【文字环绕】组中选择【浮于文字上方】，如图 3-10 所示。

步骤 3：选中矩形，在【绘图工具】选项卡【高度】和【宽度】框中分别输入"29.7 厘米"和"21 厘米"，使矩形大小与 A4 纸相同。单击【对齐】下拉按钮，在列表中单击【水平居中】和【垂直居中】命令，使矩形覆盖页面。

步骤 4：单击【填充】下拉按钮，在列表中单击"标准色-橙色"。单击【轮廓】下拉按钮，在列表中选择【无边框颜色】，如图 3-11 所示。

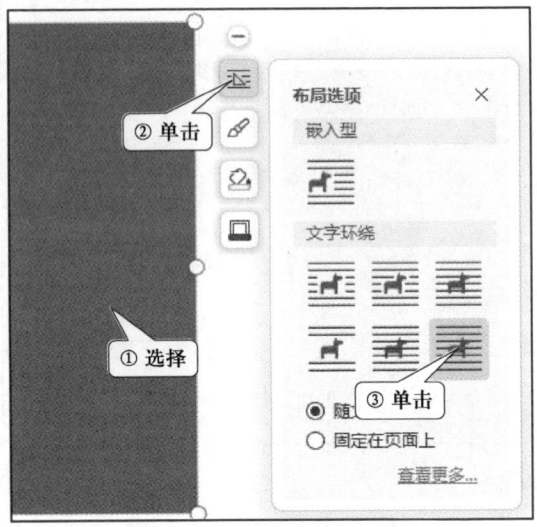

图 3-10　设置形状布局

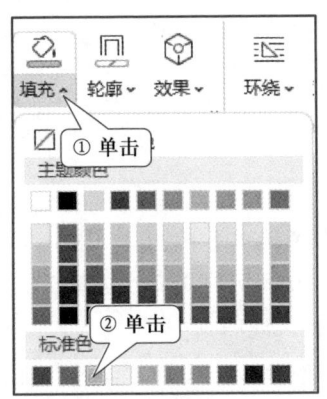 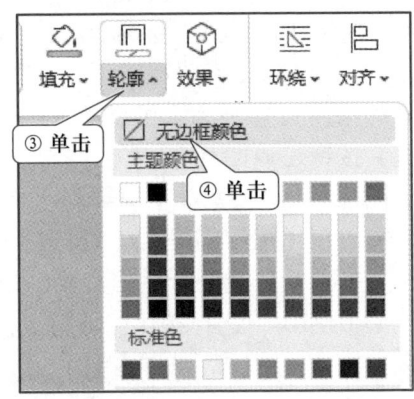

图 3-11　设置形状填充和轮廓

步骤 5：再次插入一个矩形，在【绘图工具】选项卡中，单击【填充】下拉按钮，在列表中单击"主题颜色-白色，背景 1"。单击【轮廓】下拉按钮，在列表中单击【无边框颜色】。拖曳矩形到合适的位置。

二、编辑简历基本信息

简历基本信息由个人照片、姓名艺术字、学历信息和联系方式组成。

1. 插入和编辑照片

插入素材文件中的图片"1.png"，并进行裁剪和编辑，操作步骤如下。

步骤 1：在【插入】选项卡中单击【图片】|【本地图片】按钮，在【插入图片】

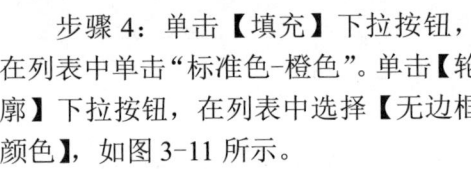

微课 3-3
设置简历版式

笔记
....
....
....
....
....
....
....
....
....
....

微课 3-4
编辑简历基本信息

对话框中，选择"1.png"，单击【打开】按钮。

步骤2：在【图片工具】选项卡中单击【环绕】按钮，在列表中单击【四周型环绕】。

步骤3：单击【裁剪】按钮☐，图片四周显示黑色加粗裁剪线，拖曳黑色裁剪线到所需的位置。调整裁剪后的图片到合适的大小和位置。

步骤4：单击【效果】按钮☐，在列表中单击【发光】|【发光变体】|【深灰绿，5 pt 发光，着色 3】。

2．插入和编辑艺术字

将"张静"和"寻求能够不断学习进步，有一定挑战性的工作！"设置为艺术字，设置"寻求能够不断学习进步，有一定挑战性的工作！"的文本效果为"跟随路径-上弯弧"，操作步骤如下。

步骤1：在【插入】选项卡中单击【艺术字】按钮，在列表中选择【轮廓-着色 1】，如图 3-12 所示。在艺术字文本框中输入"张静"，拖曳艺术字到合适位置。

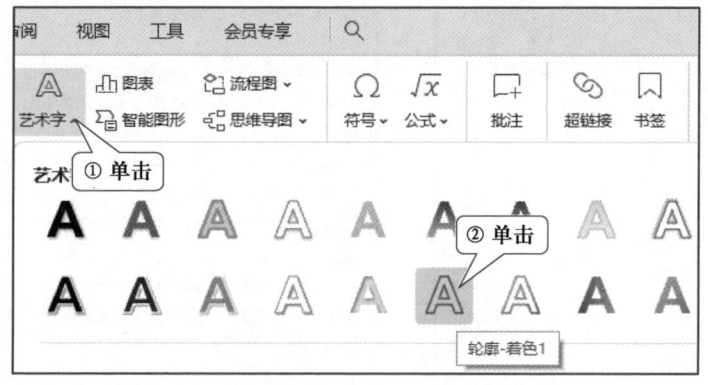

图 3-12 插入艺术字

步骤2：选中艺术字，在【开始】选项卡中选择字体格式为"楷体"，字号为"小一"。切换到【文本工具】选项卡，单击【文本填充】按钮△ 文本填充，在列表中选择"巧克力黄，着色 2，深色 25%"，如图 3-13 所示。

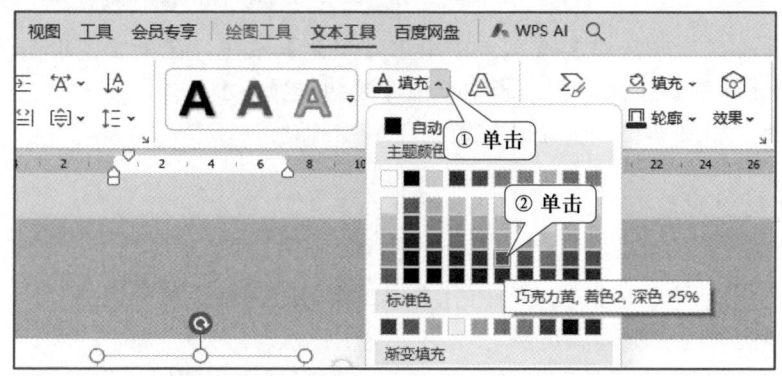

图 3-13 设置艺术字文本填充色

步骤 3：插入艺术字"寻求能够不断学习进步，有一定挑战性的工作！"并设置文本填充颜色。在【文本工具】选项卡中单击【效果】按钮，从列表中选择【转换】|【跟随路径】中的"上弯弧"选项。如图 3-14 所示。根据需要调整艺术字位置和大小。

3．插入和编辑个人信息

为了方便调整文字在文档中的位置，需要将基本信息置于文本框中，操作步骤如下。

步骤 1：在【插入】选项卡中单击【文本框】按钮，绘制两个文本框，并在文本框中输入文字。

步骤 2：选中文本框，在【开始】选项卡中，设置字体格式为"华文楷体，加粗，14 磅"。单击【段落】对话框按钮，设置段落文本前后缩进为"0"，特殊格式为"无"。如图 3-15 所示。

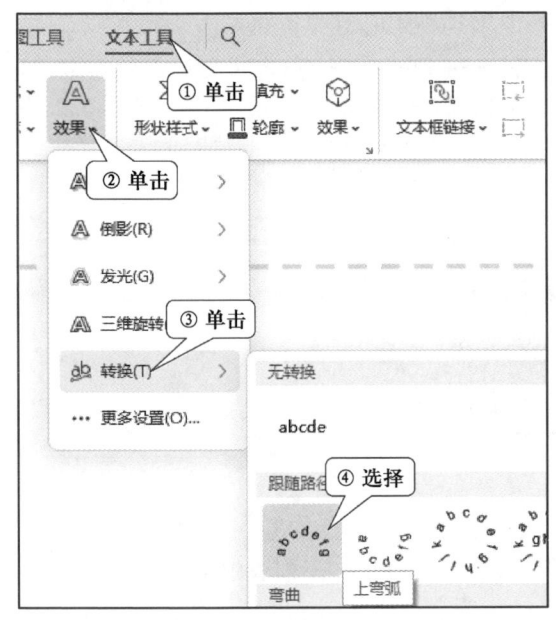

图 3-14　设置艺术字文本效果

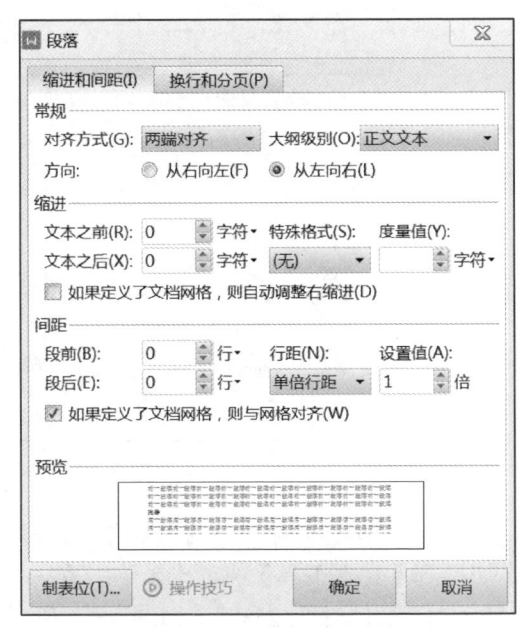

图 3-15　设置文本框段落格式

步骤 3：在【绘图工具】选项卡中单击【填充】按钮，在列表中单击【白色，背景 1】。单击【轮廓】按钮，在列表中单击【无边框颜色】。

步骤 4：调整文本框的大小和位置。

三、编辑实习经验

实习经验由标题和边框、实习内容文本、实习时间轴 3 部分组成。

1．制作实习经验标题和边框

插入一个填充色为橙色的圆角矩形，并添加文字"实习经验"，插入一个轮廓为短划线虚线的圆角矩形框，操作步骤如下。

步骤 1：绘制一个圆角矩形，设置填充颜色为"标准色-橙色"，轮廓为"无边框

微课 **3-5**
编辑实习经验

颜色"。

步骤 2：右击圆角矩形，在快捷菜单中单击【添加文字】命令，在圆角矩形中输入"实习经验"。设置字体格式为"18 磅，黑体，加粗"。段落对齐方式为"居中"，文本前后缩进为"0"，特殊格式为"无"。

步骤 3：插入一个圆角矩形，设置填充为无填充，轮廓线型为"1.5 磅"，虚线线型为"短划线"，轮廓颜色"橙色，着色 4，浅色 40%"。

步骤 4：右击虚线圆角矩形，在快捷菜单中单击【置于底层】行中的【下移一层】按钮。使其不遮挡"实习经验"形状。根据需要调整形状的大小和位置。

2．制作实习内容文本

步骤 1：在【插入】选项卡中单击【文本框】按钮，在虚线矩形框中合适的位置绘制一个文本框，并输入文字"数据中心维护，网络接入安装"。

步骤 2：在【开始】选项卡中设置字体格式为"华文新魏，14 磅"。

步骤 3：单击【项目符号】下拉按钮，从项目符号库中选择 ✓。单击【段落】对话框按钮，设置段落的文本前后缩进为"0"，行距为"固定值，25 磅"。如图 3-16所示。

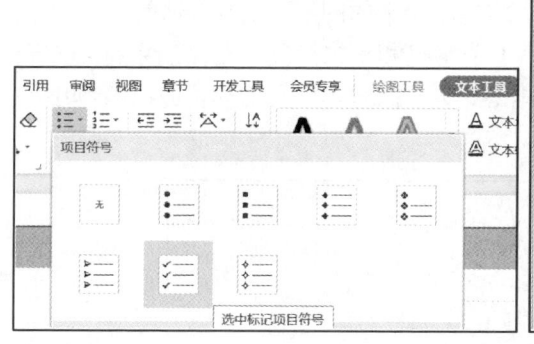
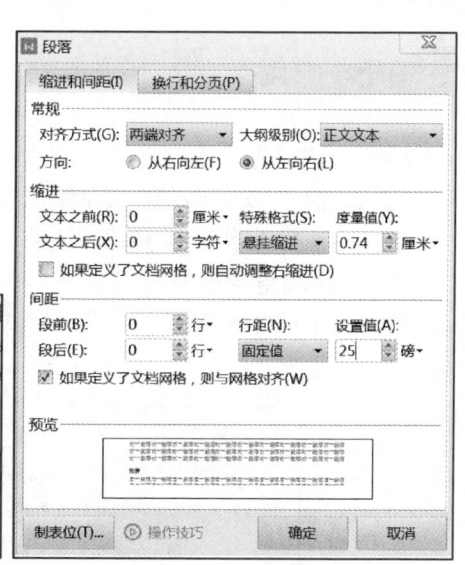

图 3-16   设置项目符号和段落格式

步骤 4：在【绘图工具】选项卡中单击【填充】按钮，在列表中单击【白色，背景 1】。单击【轮廓】按钮，在列表中单击【无边框颜色】。

步骤 5：单击文本框，按 Ctrl + C 组合键复制，再按两次 Ctrl + V 组合键粘贴出两个相同的文本框。

步骤 6：拖曳其中一个文本框至页面右侧，按住 Shift 键，同时选中 3 个文本框。在【绘图工具】选项卡中，单击【对齐】按钮，在列表中选择【垂直居中】和【横向分布】命令。

步骤 7：修改文本框的文本内容。

3．制作实习时间轴

步骤1：在【插入】选项卡中单击【形状】按钮，在列表中选择【线条】组中的【箭头】，按住 Shift 键，在合适的位置绘制一个水平箭头。在【绘图工具】选项卡中设置【轮廓】颜色为"橙色"，线型为"6 磅"。

步骤2：绘制一个【上箭头】，设置【填充】为"橙色"，【轮廓】为"无边框颜色"。

步骤3：选中上箭头，按 Ctrl＋C 组合键复制，按 Ctrl＋V 组合键粘贴出两个相同的上箭头。

步骤4：设置 3 个上箭头的对齐方式为"垂直居中"和"横向分布"。

步骤5：插入 3 个实习时间段文本框，设置文本框的字体格式为"宋体，10 磅，加粗"。段落对齐方式为"居中"，段落文本前后缩进为"0"，特殊格式为"无"。调整文本框大小和位置。

步骤6：插入图片"2.jpg""3.jpg""4.jpg"，设置图片文字环绕方式为"四周型"，调整图片大小和位置。

步骤7：选择实习时间轴上的所有图形，单击浮动工具栏中的【组合】按钮 ⬚，将选中的图形组合为一个整体。

四、编辑个人风采

微课 3-6
编辑个人风采

✎ 笔 记

利用制表位对齐个人风采中的文本，操作步骤如下。

步骤1：选择"实习经验"圆角矩形框，按住 Ctrl 键，单击虚线圆角矩形框，再依次按 Ctrl＋C 和 Ctrl＋V 组合键复制和粘贴，将复制出来的图形调整到合适的大小和位置。

步骤2：在圆角矩形中编辑文字，第 1 个字符和"二等奖"左侧的字符是制表位，可以通过键盘上的 Tab 键录入，设置字体格式为"四号，华文楷体，加粗"。如图 3-17 所示。

个人风采

全国职业院校技能大赛 二等奖

全国大学英语等级考试 四级

全国计算机等级考试 二级

图 3-17　个人风采文本

步骤3：选中"个人风采"虚线圆角矩形，在【开始】选项卡中单击【制表位】按钮 ⬚，打开【制表位】对话框。

步骤4：在【制表位位置】编辑框中输入"3"，选择【左对齐】，单击【设置】按钮，重复此操作设置制表位位置 36，右对齐，如图 3-18 所示，单击【确定】按钮，文本自动对齐。

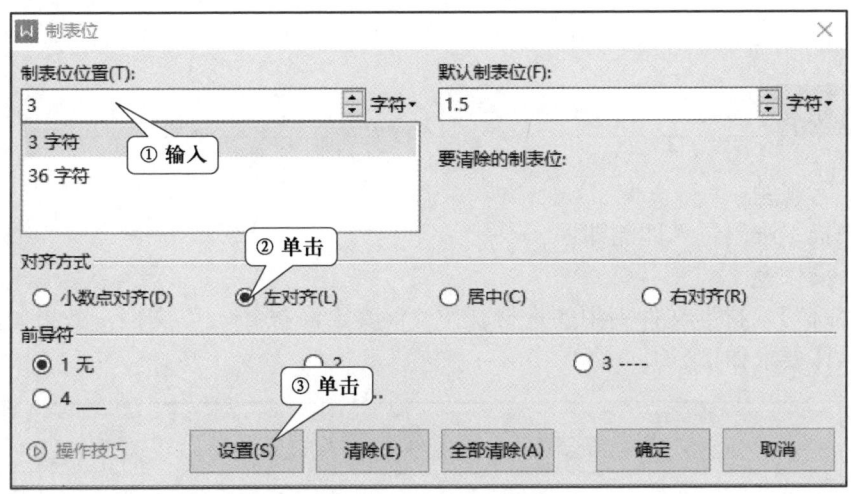

图 3-18 设置个人风采段落制表位

步骤 5：在输入法面板上单击【软键盘】图标▦，显示软键盘，单击软键盘右上角的【键盘】图标显示特殊符号软键盘如图 3-19 所示。

步骤 6：将光标置于"个人风采"正文中第一行开头，单击软键盘上的实心五角星，或者按键盘上的【R】键，输入一个实心五角星符号，将五角星符号的字体颜色设置为红色。

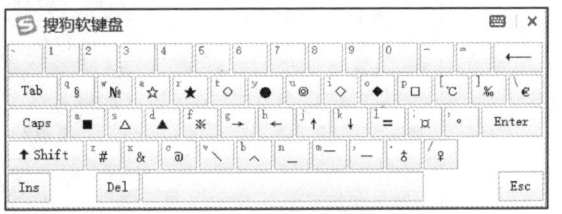

图 3-19 软键盘

步骤 7：将红色实心五角星符号复制粘贴到第 2 行和第 3 行的起始位置。

项目总结

本项目通过求职简历的制作，学习了在 WPS 文字文档中插入和编辑形状、文本框、艺术字、图片等对象，以及制表位的应用。

在 WPS 文字文档中插入形状、文本框、艺术字、图片等对象并选中后，功能区会显示关联的工具选项卡，对这些对象的编辑和美化都可以通过工具选项卡中的命令按钮完成。

除了图片之外，其余图形均可以添加文字，图形中的文字也可以利用【开始】选项卡中的命令来设置字符格式、段落格式、项目符号、编号及边框和底纹等。

当需要将多个形状作为一个整体，统一调整其位置、大小、线条和填充效果时，可以按住 Shift 键，依次选择图形，单击【绘图工具】选项卡中的【组合】|【组合】按钮将它们组合为一个图形组合。

当需要绘制多个外观一致，大小相同，只是文本不同的形状时，可以先绘制一个并设置格式，然后选中它，复制出多个，根据需要修改文本，并排列位置即可。

WPS 文字提供了强大的图片编辑功能，包括裁剪、改变颜色、抠除背景、设置艺术效果等。

项目练习

一、客观题

请扫描二维码进入即测即评。

二、操作题

项目 3
客观题

用"练习素材"文件夹中的素材制作"演奏会海报.docx"文档，效果如图 3-20 所示，具体要求如下。

文本：
参考答案

素材文件

图 3-20　演奏会海报

笔　记

① 启动 WPS 文字，创建一个新文档，设置纸张大小为"A4"，上下页边距为"1 厘米"，左右页边距为"2.5 厘米"，纸张方向为"横向"。

② 设置标题字体格式为"黑体、小初"，段落对齐方式为"居中对齐"，文本效果为"阴影-外部-向右偏移"。副标题字体格式为"黑体、一号"，段落对齐方式为"居中对齐"。

③ 绘制一个横卷轴图形，设置颜色为"橙色"，将其置于底层，衬于标题文本之下。

④ 复制出两个横卷轴，调整大小，在其中添加文字"节目单"和"演出成员"，设置字体格式为"黑体、加粗、三号"。

⑤ 绘制"节目单"和"演出成员"文本框，输入文本后设置字符格式为"华文楷体、四号、加粗"；段落格式为"左对齐，无缩进，段间距为0，行间距为单倍行距"。调整大小和位置。

⑥ 绘制"地点"文本框，输入文本后设置字符格式为"华文楷体、小四号"。

⑦ 插入"枫叶.jpg"和"小提琴.jpg"图片，调整图片大小和位置，"小提琴.jpg"图片的环绕方式为"衬于文字下方"。

项目4　制作家长会通知单

PPT: 项目4
制作家长会
通知单

项目4
德育小课堂

素材文件

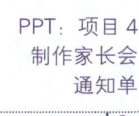

学习目标

1. 知识目标
① 理解表格属性在表格布局中的作用。
② 理解文档页面参数、打印参数的含义和作用。
③ 理解邮件合并功能的应用场景及操作要点。

2. 能力目标
① 能够在文档中插入、编辑、美化表格，并能对数据进行计算和排序。
② 能熟练使用邮件合并功能批量制作具有统一外观的文档。
③ 能够根据需要进行打印设置和文档打印。

3. 素养目标
① 具有精益求精的质量意识和极致追求的工匠精神。
② 具有绿水青山就是金山银山的生态环保意识，厉行勤俭节约。

项目分析

1. 项目情境

期中考试结束，班主任老师找小张帮忙制作家长会通知单，要求根据提供的资料及示例，完成通知单的制作。通知单中除了通知正文，还需要制作每个同学的成绩单和参会回执表。

2. 项目要求

使用素材文件夹（项目4\项目素材）中的素材制作家长会通知单，如图4-1所示效果图，要求如下。

① 设置文档页面参数以便用A4纸打印。
② 参照效果图设置字体格式、段落缩进和对齐方式。
③ 参照效果图制作成绩报告单和家长会回执表。
④ 在"尊敬的"和"学生家长"之间插入学生姓名，在"期中考试成绩报告单"的相应单元格中分别插入学生姓名、学号、各科成绩、总分和班级平均分。学生姓名、学号、成绩等信息见素材"学生成绩表.xls"。

家 长 会 通 知

尊敬的 张三 学生家长：您好！

时光荏苒，转眼间本学期已经过去一半。首先感谢您多年来对学校工作的信任、理解和大力支持。

为了您的孩子在学校得到更好的发展，同时使您能够全面了解孩子在校的学习情况及行为表现，以便配合学校做好教育工作，我校准备 5 月 10 日（周六）上午 8:30 在学校教学楼四楼多媒体室召开年级家长会，由年级组长向家长介绍本学期的工作情况。会后将回到各班教室开班级会，分别由班主任和任课老师与家长进行进一步交流沟通。

参会回执请于 4 月 27 日之前交回给班主任。

温馨提示：学校处于繁华路段的十字路口，为了减轻交通压力，学校建议采用公共交通出行。

顺祝

身体健康，万事如意！

向阳路中学

2023 年 04 月 24 日

期中考试成绩报告单

姓名	张三		学号		C121401
科目	语文	数学	英语	物理	化学	总分
成绩	99	88	85	94	76	442
班级平均分	92.91	97.84	91.41	88.20	75.70	446.07

家长会通知回执

学生姓名		所在的班级	
家长姓名		与学生关系	
是否参加	是（　）　　否（　）	联系电话	

家长签名：_____　　　　年　　月　　日

意见及建议	

图 4-1　家长会通知单完成效果

笔 记

⑤ 打印家长会通知单。

3. 解决方案

由于每个学生的通知单主体是相同的，只有学生姓名和各科目成绩不同，因此，可以制作一个统一的模板，运用 WPS 文字的邮件合并功能将"学生成绩表.xlsx"中的姓名和成绩数据合并到模板中，批量生成每个学生的家长会通知单。制作思路如下。

① 将"家长会通知素材.docx"文档另存为"家长会通知单模板.docx"。

② 根据需要设置页面布局、字体格式和段落格式。

③ 插入成绩报告单表格，设置表格格式。

④ 将文档最后 6 行文本转换为表格，根据需要合并单元格，设置表格格式。

⑤ 运用邮件合并功能批量生成每名学生的家长会通知单。

预备知识

家长会通知单中除了文本和段落格式设置外，还要用到 WPS 文字的表格和邮件合并功能，在项目实施前，首先需要掌握 WPS 文字中表格的创建和编辑方法以及邮件合并功能的应用。

一、创建和编辑表格

表格是由水平的行和垂直的列组成的，行与列交叉形成的方框称为单元格。可以在单元格中输入文字、插入图形等对象。表格在文档处理中占有十分重要的地位。在日常办公中常常需要制作各式各样的表格，如日程表、课程表和申请表等。

微课 4-1
创建和编辑
表格

1. 创建表格

在 WPS 文字中，可以插入表格，也可以将特定分隔符分隔的文本转换为表格。

（1）插入表格

在【插入】选项卡中单击【表格】按钮⊞，在列表中单击【插入表格】，打开【插入表格】对话框，分别在【列数】和【行数】编辑框输入列数和行数，单击【确定】按钮即可按照设置的行数和列数创建表格，如图 4-2 所示。

📖提示：选择【固定列宽】选项后，可在右侧的编辑框中指定表格的列宽。选择【自动列宽】选项，表格的宽度与文档正文的宽度一致。

（2）文本转换为表格

选定用特定分隔符（如制表符、空格、逗号等）分隔的文本，在【插入】选项卡中单击【表格】按钮，在列表中选择【文本转换成表格】命令，在【将文本转换成表格】对话框中选择分隔符号，单击【确定】按钮即可将选定文本转换成表格。

2. 选定表格和单元格

对表格进行编辑操作前，应先选中要编辑的单元格、行、列或整个表格。选择单元格、行、列与单元格的方法见表 4-1。

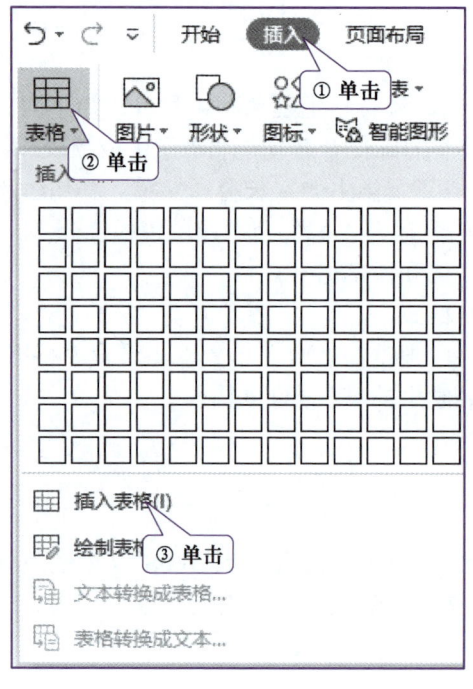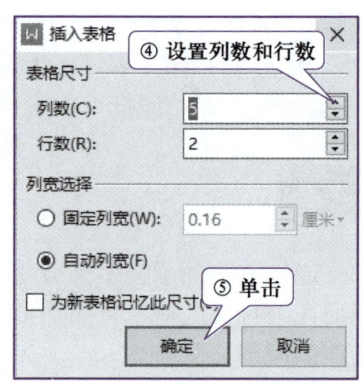

图 4-2　插入表格

表 4-1　选择表格、行、列与单元格的方法

选择对象	操作方法
选择整个表格	将光标移至表格区域，此时表格左上角将显示✥控制柄，单击控制柄即可选中整个表格，拖曳控制柄可以移动表格
选择行	将光标移至待选行的左侧，待光标变成◿形状后，单击选择当前行。上下拖曳光标可选择连续的多行
选择列	将光标移至待选列的顶端，待光标变成↓形状后，单击选择当前列。左右拖曳光标可选择连续的多列
选择单个单元格	将光标移至待选单元格左下角，待光标变成➤形状时，单击选中该单元格
选择连续的单元格区域	将光标移至待选区域的第一个单元格左下角，待光标变成➤形状时，拖曳光标至对角单元格。或选择第一个单元格后，按住 Shift 键再选择对角单元格
选择不连续的单元格或区域	选择第一个单元格或单元格区域后，按住 Ctrl 键，然后依次选择其他单元格或单元格区域

3.　调整表格结构

插入表格后可以调整表格结构。例如，插入行、列、单元格，删除行、列、单元格或表格，合并或拆分单元格以及拆分表格等。

创建表格后，单击表格中的任意一个单元格，功能区中自动显示【表格工具】选项卡，如图 4-3 所示，当屏幕无法显示所有工具按钮时，可以单击右侧的滚动按钮显示被隐藏的工具按钮。利用【表格工具】选项卡中的工具按钮，可以对表格、行、列或单元格进行插入、删除、拆分、合并、设置单元格大小和对齐方式等操作。

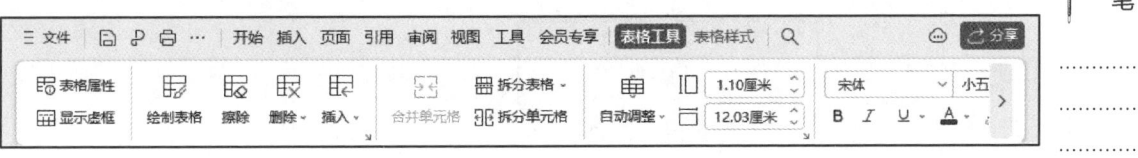

图 4-3　【表格工具】选项卡

（1）插入行和列

将光标移到表格左边框要插入行的分隔线上，会显示插入按钮⊕，单击即可在当前位置插入行。将光标移到表格行尾的段落标记前，按 Enter 键在当前行下方插入一行。将光标移到表格上边框要插入列的分隔线上，会显示插入按钮⊕，单击即可在当前位置插入列。

技巧：选中多行或多列，在浮动工具栏或快捷菜单中执行插入操作，可以快速插入与选中行或列相同数量的行或列。

（2）插入单元格

右击要插入单元格的位置，在快捷菜单中单击【插入】|【单元格】命令，打开【插入单元格】对话框，选择活动单元格的移动方向，单击【确定】按钮，如图 4-4 所示。

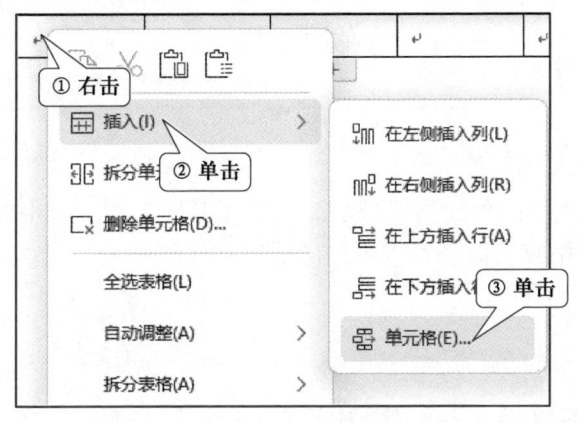
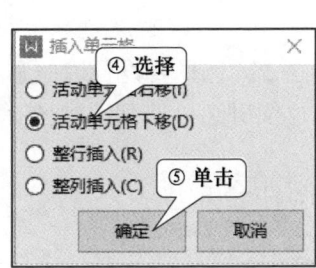

图 4-4　插入单元格

（3）删除行、列、单元格和表格

选择要删除的行、列或单元格，在【表格工具】选项卡中，单击【删除】按钮，在列表中单击对应的命令，即可删除。

注意：在插入单元格时会导致活动单元格下移或右移，在删除单元格时会导致下方单元格上移或右侧单元格左移，从而破坏原有数据的对应关系，因此在插入和删除单元格时要格外谨慎。

（4）拆分单元格

右击要拆分的单元格，在快捷菜单中单击【拆分单元格】命令，打开【拆分单元

笔 记

格】对话框，设置拆分后的行数和列数，单击【确定】按钮。如图 4-5 所示。

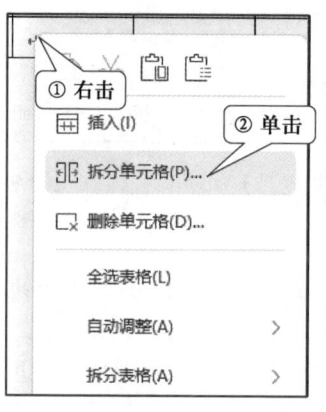
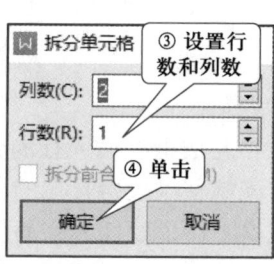

图 4-5　拆分单元格

4. 设置表格边框和底纹

方法 1：选择要设置边框和底纹的单元格区域后，功能区中自动显示【表格样式】选项卡，如图 4-6 所示，利用【表格样式】选项卡中的按钮设置表格的边框和底纹，也可以应用预设的表格样式。

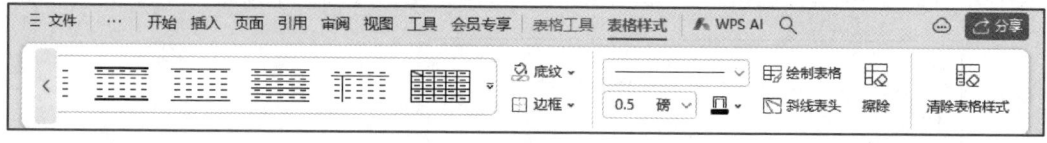

图 4-6　【表格样式】选项卡

方法 2：选择要设置边框和底纹的单元格区域后，单击【开始】选项卡中的【边框】下拉按钮 ⊞·，在列表中选择相应的命令设置表格的边框和底纹。

二、邮件合并

微课 4-2
邮件合并

邮件合并可以在编辑好的模板文档（主文档）中插入一组不同的数据，合并成格式相同的多份文档。插入的数据可以来自 WPS 表格、Word 表格、Excel 表格、Access数据表等数据源，从而大幅提高工作效率。邮件合并功能经常用于制作风格统一的学生证、借书证、成绩单、信函、标签和邀请函等。进行邮件合并的一般步骤如下。

步骤 1：创建主文档，即制作文档中固定不变的部分。

步骤 2：创建数据源表格，即制作文档中变化的部分。

步骤 3：通过【邮件合并】选项卡中的【打开数据源】按钮，建立主文档与数据源的关联。

步骤 4：通过【插入合并域】按钮将数据源中的列插入到主文档中指定的位置。

步骤 5：通过【查看合并数据】按钮预览合并后的页面效果。

步骤 6：完成合并，生成合并文档或直接合并到打印机进行打印。

项目实施

制作家长会通知单可以先打开"家长会通知素材.docx"文档，另存为"家长会通知单模板.docx"，再设置字体格式和段落格式，插入成绩报告单表格，制作家长会通知回执表，合并学生成绩数据，预览打印通知单。

一、设置字体和段落格式

首先根据打印需要设置文档页面，再根据行文规范设置字体和段落格式。

1. 设置文档页面

打开"家长会通知素材.docx"文档，另存为"家长会通知单模板.docx"，设置文档页面纸张为"A4"，上、下边距为"2.5 厘米"，左、右边距为"3 厘米"。

2. 设置字体格式

将标题"家长会通知"的字体格式设置为"二号、楷体、加粗，红色，字符间距加宽 2 磅"，操作步骤如下。

步骤 1：选中标题"家长会通知"，单击【开始】选项卡中的【字体】对话框按钮。

步骤 2：在【字体】选项卡中的【中文字体】组合框中选择"楷体"选项，在【字形】列表中选择"加粗"，在【字号】列表中选择"二号"，在【字体颜色】列表中选择"标准色-红色"。单击【字符间距】选项卡，在【间距】组合框中选择"加宽"，在【值】数值框中输入"2"，在【单位】列表中选择"磅"，单击【确定】按钮，如图 4-7 所示。

微课 4-3
设置字体和
段落格式

笔 记

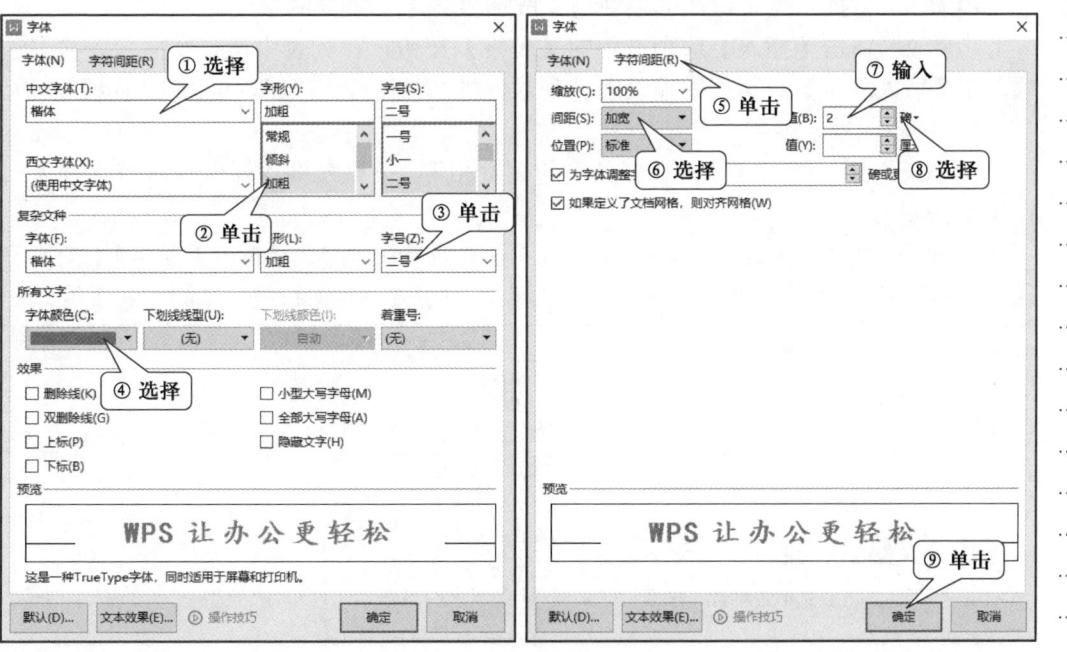

图 4-7　设置字体格式

3. 设置段落格式

将"家长会通知"的段落格式设置为"居中对齐，段前间距 0 行，段后间距 0.5 行"；将"时光荏苒……万事如意！"的段落格式设置为"首行缩进 2 字符"；将"向阳路中学"和日期两段文字的段落格式设置为"居中对齐，首行缩进 24 字符"；将"期中考试成绩报告单"的段落格式设置为"居中对齐"，操作步骤如下。

步骤1：选中段落"家长会通知"，单击【开始】选项卡中的【段落】对话框启动按钮，在【段落】对话框中，设置【对齐方式】为"居中"，【段前间距】为"0 行"、【段后间距】为"0.5 行"，设置完成后单击【确定】按钮。

步骤2：选中段落"时光荏苒……万事如意！"，在【段落】对话框中，设置【特殊格式】为"首行缩进"，【度量值】为"2 字符"，设置完成后单击【确定】按钮。

步骤3：选中段落"向阳路中学"和日期，在【开始】选项卡中，单击【居中对齐】按钮，按住 Alt 键，从水平标尺上拖动【首行缩进】滑块至 24 字符的位置。

步骤4：选中段落"期中考试成绩报告单"，单击【开始】选项卡的【居中对齐】按钮。

二、编辑成绩报告单

编辑成绩报告单可以先插入一个 4 行 7 列的表格，再调整表格结构，输入表格内容并设置格式，为表格添加边框和底纹。

1. 插入成绩报告单

插入一个 4 行 7 列的表格，操作步骤如下。

步骤1：将插入点定位在"期中考试成绩报告单"下方的空行。

步骤2：单击【插入】选项卡中的【表格】按钮，在列表中选择【插入表格】选项，在【插入表格】对话框中输入表格列数为"7"，行数为"4"，单击【确定】按钮。

2. 编辑成绩报告单

调整表格第 1 行为 4 列并设置各列的列宽相等，设置表格各行行高为"0.8 厘米"。操作步骤如下。

步骤1：选中表格第 1 行，在【表格工具】选项卡中，单击【拆分单元格】按钮，在【拆分单元格】对话框中修改【列数】为"4"，单击【确定】按钮，如图 4-8 所示。

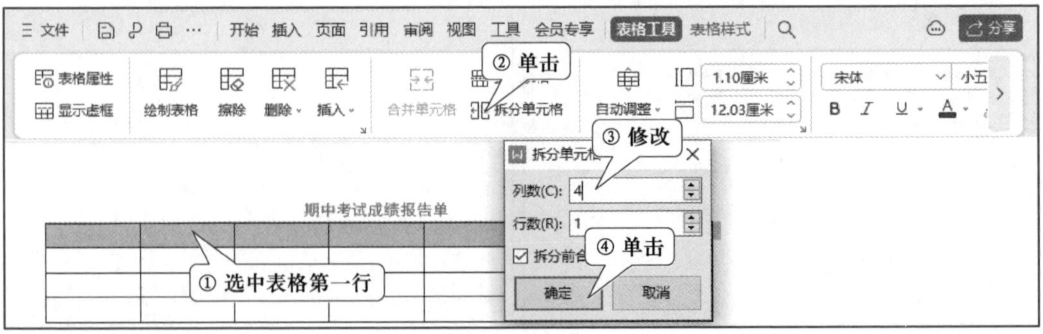

图 4-8 拆分单元格

步骤 2：在表格中输入文字。

提示： 输入文字时可以单击来定位插入点位置，按 Tab 键可以切换到右侧单元格。也可以用键盘上的 4 个方向键 "←、→、↑、↓" 来移动插入点位置。

步骤 3：拖曳表格第 1 列第 2～4 行单元格的右侧框线或水平标尺中的滑块调整单元格宽度，如图 4-9 所示。使文字 "班级平均分" 能容纳在一行中。

步骤 4：选中整个表格，在【表格工具】选项卡【高度】数值框中输入 "0.8 厘米"，按 Enter 键确认。如图 4-10 所示。

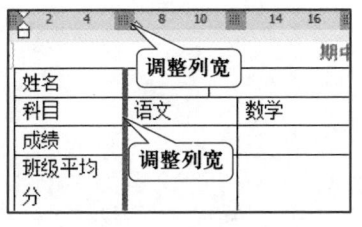

图 4-9　拖动改变列宽

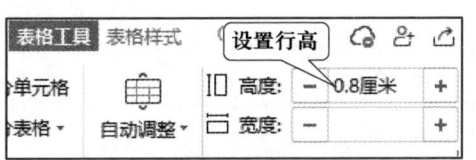

图 4-10　直接输入行高

步骤 5：选中表格中从 "语文" 到 "总分" 的 6 列 3 行单元格区域。在【表格工具】选项卡中单击【自动调整】下拉按钮，在列表中单击【平均分布各列】，使这 6 列的列宽相等。

步骤 6：选中整个表格，在【表格工具】选项卡中单击【垂直居中】和【水平居中】按钮，如图 4-11 所示，使单元格中的文字居中。效果图 4-12 所示。

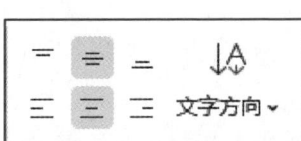

图 4-11　设置单元格对齐

期中考试成绩报告单						
姓名			学号			
科目	语文	数学	英语	物理	化学	总分
成绩						
班级平均分						

图 4-12　成绩报告单效果

三、编辑家长会通知回执

由于家长会回执中的文本已经存在于文档中，可以通过文本转换成表格功能直接将其转换成表格，再对单元格进行合并和格式设置，即可完成回执表制作。

1. 文本转换成表格

将文中最后 6 行文本转换成表格，操作步骤如下。

步骤 1：选中文档中最后 6 行文字，在【插入】选项卡中单击【表格】|【文本转换成表格】。

微课 4-5
编辑家长会
通知回执

步骤2：在【将文本转换成表格】对话框中设置【文字分隔位置】为"制表符"，单击【确定】按钮，如图4-13所示。

2. 编辑表格

参照图4-1效果图，对表格中的单元格进行合并，调整表格列宽和行高。设置单元格对齐方式和文字方向，效果如图4-14所示。操作步骤如下。

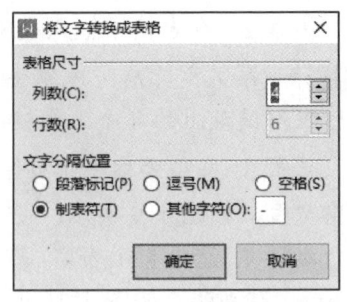

图4-13　文本转换成表格

家长会通知回执			
学生姓名		所在的班级	
家长姓名		与学生关系	
是否参加	是（ ）　　否（ ）	联系电话	
家长签名：_____　　　年　月　日			
意见及建议			

图4-14　家长会通知回执效果

步骤1：参照图4-14所示的效果，对表格中的单元格进行合并，调整各列的列宽。

提示：在合并单元格时，单击【表格样式】选项卡中的【擦除】按钮，在要删除的分隔线上单击即可擦除线条。此外，单击【绘制表格】按钮，在表格中拖曳光标可以按设定的线型绘制横线、竖线或斜线等表格框线。

步骤2：选中表格第1～5行，在【表格工具】选项卡中，设置行高为"1厘米"。选中表格第6行，设置行高为"3厘米"。

步骤3：选中表格第1行，在【表格工具】选项卡中，设置字体格式为"四号、黑体、加粗"。

步骤4：单击表格左上角的【全选】按钮，选中整个表格。在【表格工具】选项卡中单击【垂直居中】和【水平居中】。

步骤5：选中"意见及建议"单元格，拖动单元格右边框改变单元格列宽。在【表格工具】选项卡中单击【文字方向】|【垂直方向从左往右】，使文字垂直排列。

3．设置表格边框和底纹

参照图 4-1 效果图，设置表格的边框和底纹，操作步骤如下。

步骤 1：选中表格第 1 行，在【表格样式】选项卡中单击【边框】下拉按钮 田边框·，从列表中单击【无框线】。

步骤 2：仍选中表格第 1 行，在【线型】列表中选择"点划线"，在【粗细】列表中选择"1.5 磅"，在【边框颜色】列表中选择"黑色，文本 1"，单击【边框】下拉按钮，从列表中单击【上框线】，如图 4-15 所示。

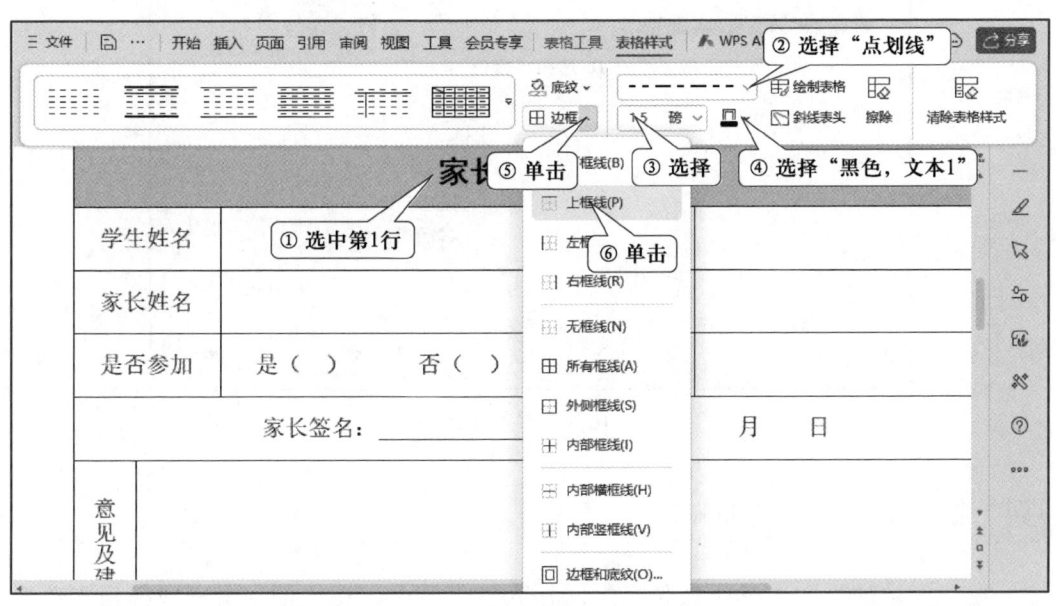

图 4-15　设置表格边框

步骤 3：选中表格第 2~6 行，在【表格样式】选项卡【线型】列表中选择需要的线型，在【边框颜色】列表中选择"标准色-紫色"，单击【边框】下拉按钮，从列表中选择【外侧框线】。在【线型】列表中选择"单实线"，在【粗细】列表中选择"1.5 磅"，在【边框颜色】列表中选择"标准色-紫色"，单击【边框】下拉按钮，从列表中选择【内部框线】。

提示：在设置表格边框时，如单击【内部框线】选项后表格内部框线消失，再次单击"内部框线"选项即可显示表格的内部框线。

步骤 4：选择"学生姓名"单元格后，按住 Ctrl 键，再选择其他不需要家长填写的单元格，在【表格样式】选项卡中单击【边框】|【边框和底纹】。

步骤 5：在【边框和底纹】对话框中，单击【底纹】选项卡，在【图案】组【样式】列表中选择"25%"，在【颜色】列表中选择"紫色"，单击【确定】按钮。如图 4-16 所示。

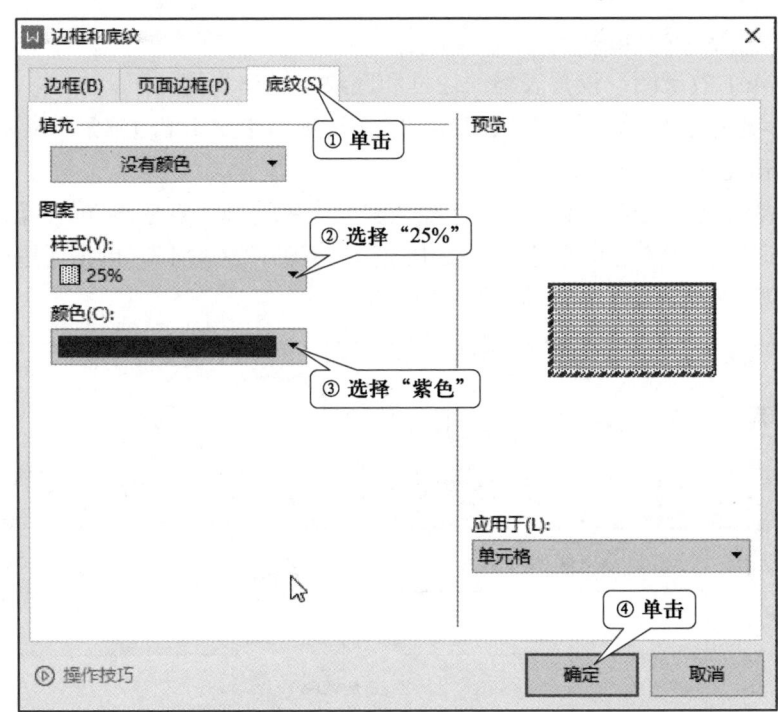

图 4-16 设置单元格底纹

四、批量生成家长会通知单

微课 4-6
批量生成家长
会通知单

在"尊敬的"和"学生家长"之间插入学生姓名，在"期中考试成绩报告单"
的相应单元格中分别插入学生姓名、学号、各科成绩、总分和班级平均分。操作步
骤如下。

步骤 1：打开素材文件"学生成绩表.xls"，将 C46:H46 单元格区域中的各科平均
分复制到"期中考试成绩报告单"表格第 4 行第 2～7 列的 6 个单元格中。

步骤 2：关闭"学生成绩表.xls"。

步骤 3：在 WPS 文字的【引用】选项卡中单击【邮件合并】按钮，显示【邮件合
并】选项卡。

步骤 4：在【邮件合并】选项卡中单击【打开数据源】按钮，在【选取数据源】
对话框中，选择"学生成绩表.xls"文件，单击【打开】按钮。在【选择表格】对话框
中选择"成绩表"，单击【确定】按钮。

步骤 5：将插入点定位在"尊敬的"和"学生家长"之间，在【邮件合并】选项
中，单击【插入合并域】按钮，在【插入域】对话框的【域】列表中单击"姓名"，
单击【插入】按钮，如图 4-17 所示。重复该操作，依次插入"姓名""学号"，各科
目和"总分"合并域。完成后效果如图 4-18 所示。

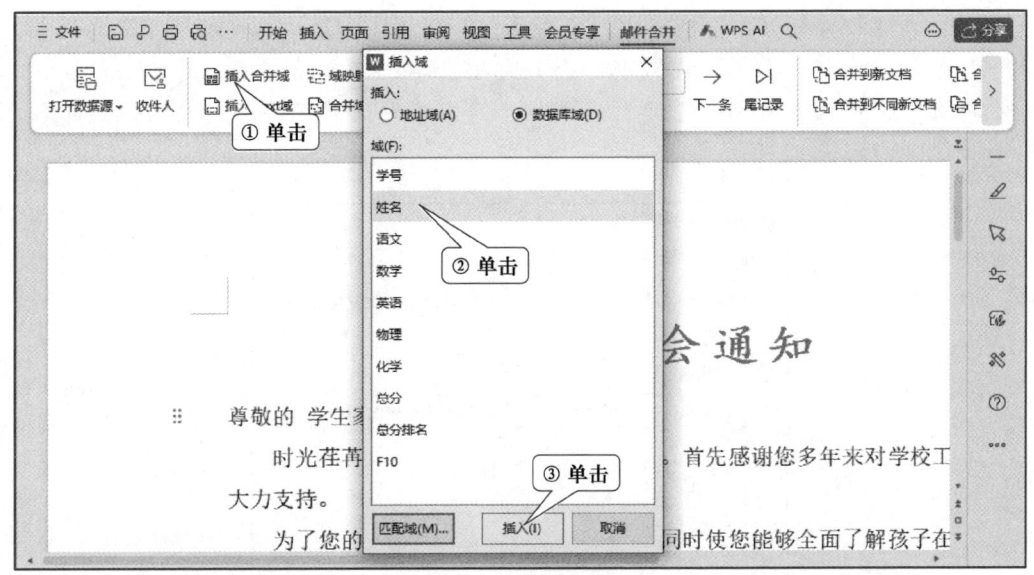

等级考试真题
字处理 2

图 4-17　插入合并域

期中考试成绩报告单					
姓名		《姓名》	学号		《学号》
科目	语文	数学	英语	物理	化学	总分
成绩	《语文》	《数学》	《英语》	《物理》	《化学》	《总分》
班级平均分	92.91	97.84	91.41	88.20	75.70	446.07

图 4-18　插入合并域后的效果

步骤 6：在【邮件合并】选项卡中单击【查看合并数据】按钮 ⓐ，可以预览合并效果，单击导航栏中的按钮，可以预览第一条、上一条、下一条和最后一条。

步骤 7：在【邮件合并】选项卡中单击【合并到新文档】按钮，在【合并到新文档】对话框中设置合并记录为 1 到 44，单击【确定】按钮，如图 4-19 所示。生成一个"文字文稿 1.doc"文档。

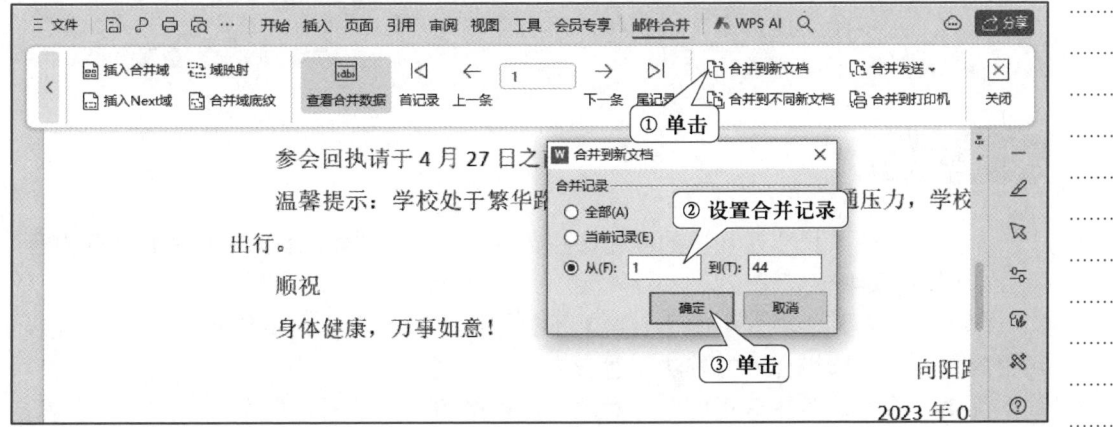

图 4-19　合并到文档

提示：在【邮件合并】选项卡中，单击【合并到打印机】按钮可以将指定的记录直接合并到打印机打印，而不生成新的合并文档；单击【合并到不同的文档】按钮，可以将每一条记录合并为一个单独的文档，并以指定的域名作为新文档的文件名，如图 4-20 所示。

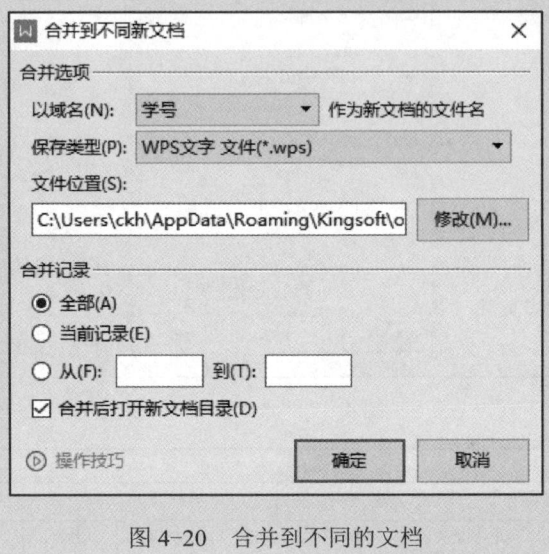

图 4-20　合并到不同的文档

五、预览和打印通知单

文档编辑完成后可以将其打印出来。为防止出错，一般在打印文档之前，要先预览打印效果，以便及时调整版面，避免纸张浪费。

切换到"文字文稿 1.docx"文档，单击【文件】|【打印】，或者单击【快速访问工具栏】中的【打印预览】按钮，进入文档的打印界面，即可打印文档。

注意：由于"文字文稿 1.docx"文档是通过邮件合并生成的，其中的每一页都是一个单独的节，不能直接指定页码打印，要打印指定页面，需要在数字前面加字母 s。如 s1-s3 表示第 1~3 节。

项目总结

本项目通过家长会通知单的制作，主要学习表格的创建、编辑和邮件合并等内容。

1．创建和编辑表格

单击【插入】选项卡中的【表格】下拉按钮时，列表中有多种创建表格的方法，可根据实际情况选择合适的方法创建表格。

编辑表格时，要注意正确选择对象。对表格的整体编辑包括表格的移动、设置表格属性、应用表格样式和删除表格等操作；对单元格的编辑包括单元格的插入、删除、移动、复制、合并、拆分，设置单元格的高度、宽度和对齐方式等。

可以通过【边框和底纹】对话框和【表格样式】选项卡中的按钮设置表格的边框和底纹。

2．邮件合并

邮件合并用于批量生成风格统一，数据不同的学生证、借书证、成绩单等文档。邮件合并的一般步骤如下。

步骤 1：创建主文档，即制作文档中固定不变的部分。

步骤 2：创建数据源表格，即制作文档中变化的部分。

步骤 3：通过【邮件合并】选项卡中的【打开数据源】按钮，建立主文档与数据源的关联。

步骤 4：通过【插入合并域】按钮将数据源中的列插入到主文档中指定的位置。

步骤 5：通过【查看合并数据】按钮预览合并后的页面效果。

步骤 6：完成合并，生成合并文档或直接合并到打印机进行打印。

需要注意的是：在数据合并到新文档之前，主文档是带有合并域的文档，其中包含数据源信息。在下次打开主文档时，一定要保证数据源文件仍然存在于原来的文件夹中，否则不能顺利打开数据源。合并生成的新文档不再包含合并域，不会再随数据源数据的变化而改变。

笔 记

项目练习

一、客观题

请扫描二维码进入即测即评。

二、操作题

1．打开"练习素材 4-1.docx"，完成如下操作。

① 将文中后 6 行文字转换为一个 6 行 4 列的表格，表格居中；并按"卖出价"降序排列表格内容。

② 设置表格列宽为"2.5 厘米"，表格框线为"0.75 磅浅蓝（标准色）单实线"；表格中所有文字设置为"小五号宋体"，表格第 1 行文字水平居中，其余各行文字中第 1 列文字中部两端对齐、其余列的文字中部右对齐。

2．打开"练习素材 4-2.docx"，完成下面操作。

① 在表格最后一行之下增加 3 个空行。在表格的上方添加表格标题"通讯录"，并设置字体格式为"四号、居中、加粗"，字符间距设为"加宽、1 磅"，字符位置为"提升，4 磅"。

② 设置表格列宽：第 1、2 列为"2 厘米"，第 3、4 列为"3.2 厘米"，第 5 列为"3.8 厘米"；将表格外部框线设置成"蓝色（标准色）、3 磅"，表格内部框线为"蓝色（标准色）、1 磅"；为表格第 1 行添加"钢蓝、着色 1、浅色 60%"底纹。

项目 4
客观题

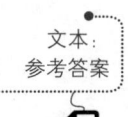
文本
参考答案

素材文件

项目 5　编排毕业论文

PPT：项目 5
编排毕业论文

学习目标

1. 知识目标

① 熟悉文档不同视图和导航窗格的使用。

② 熟悉分隔符、注释、页眉、页脚、页码的作用。

③ 理解模板、样式的功能和应用。

2. 能力目标

① 能熟练应用导航窗格和文档视图。

② 能在文档编排中熟练使用分隔符、注释、页眉、页脚、页码。

③ 能熟练创建模板并使用模板和样式快速统一文档格式。

④ 能应用多级编号对长文档的各级标题进行自动编号。

3. 素养目标

① 具有主动遵守学术规范，抵制学术不端的科研诚信意识。

② 具有不怕挫折、勇于实践、奋力创新的拼搏精神。

项目 5
德育小课堂

笔 记

项目分析

1. 项目情境

林小南同学即将毕业，在老师的指导下完成了毕业设计，并根据毕业设计完成了论文初稿，现在需要制作一个毕业论文模板以便分享给全班同学使用，并使用毕业论文模板对论文初稿做进一步的排版处理。

2. 项目要求

（1）创建毕业论文模板，并按下列要求设置格式。

① 设置模板页边距为对称页边距，内侧边距为 "3.2 厘米"，外侧和上、下边距为 "2.5 厘米"。

② 按表 5-1 所示的要求修改和新建样式。

表 5-1　样式格式和编号对应表

样式名称	格式	多级编号
标题 1	宋体、四号、加粗，段前 0.5 行、段后 0.5 行，单倍行距，居中对齐	第 1 章
标题 2	宋体、小四号、加粗，段前 0.5 行、段后 0.5 行，单倍行距	1.1、1.2
标题 3	宋体、五号、加粗，段前 0.5 行、段后 0.5 行，单倍行距	1.1.1、1.1.2
标题 4	宋体、五号，段前 0.5 行、段后 0.5 行，单倍行距	1.1.1.1、1.1.1.2
正文	宋体、五号，段前 0.5 行、段后 0.5 行，单倍行距，两端对齐，首行缩进 2 字符	无编号
目录标题	宋体、四号、加粗，段前 0.5 行、段后 0.5 行，单倍行距，居中对齐	无编号

（2）基于毕业论文模板创建"毕业论文.docx"，并插入素材文件（项目 5\项目素材\毕业论文初稿.docx）中的内容，按下列要求进行排版，最终效果如图 5-1 所示。

素材文件

笔 记

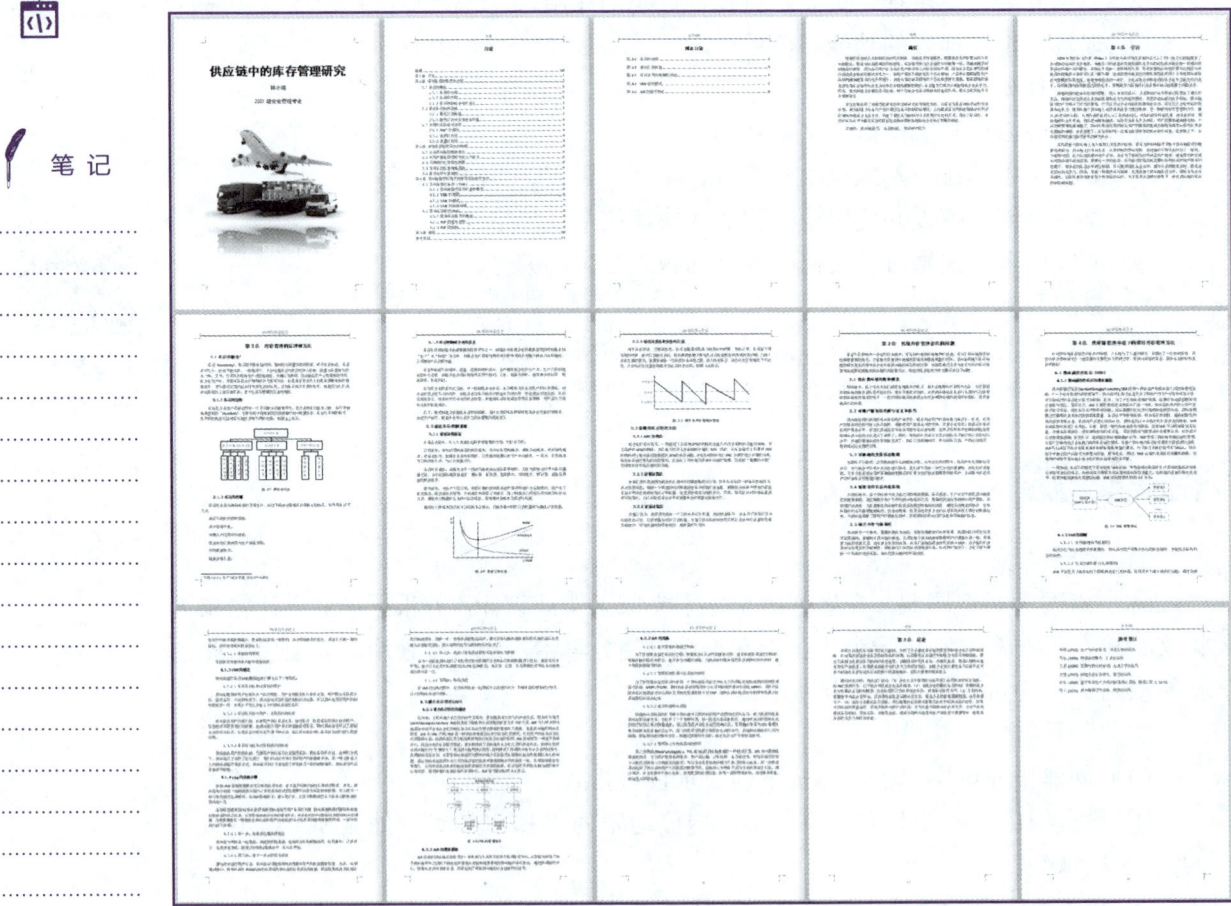

图 5-1　毕业论文排版效果

① 创建论文封面：将论文题目、作者姓名和作者专业放置在文本框中，文本居

中对齐；在页面的下侧插入图片"图片 1.jpg"，并应用一种倒影效果。整体效果如图 5-1 第 1 页所示。

② 将文中标注"（标题一）"至"（标题四）"的段落分别应用"标题 1"至"标题 4"样式；将文中"目录""图表目录""摘要""参考书目"标题应用"目录标题"样式。

③ 对文档内容进行分节，使得"封面""目录""图表目录""摘要""参考书目"和正文的每个章节的内容都位于独立的节中，且每节都从新的一页开始。

④ 为"2.1 库存的概念"添加脚注："李四. 生产与运作管理[M]. 北京：华北大学出版社，2012."，修改论文中图片下方的编号，以使其编号可以自动更新，编号样式为"图 1-1""图 2-1""图 2-2"……，其中，"图 1-1"表示第 1 章第 1 幅图，"图 2-1"表示第 2 章第 1 幅图。修改图片上方正文中对于图片标题编号的引用，以使这些引用能够在图片标题的编号发生变化时可以自动更新。

⑤ 在"目录"节中插入目录，目录中包含 1～3 级标题和"摘要""参考书目"。其中"摘要""参考书目"在目录中和标题 1 同级别。在"图表目录"节中插入图目录。

⑥ 在论文中插入页眉。其中，封面无页眉，目录、图表目录、摘要和参考书目的页眉插入本页标题，正文奇数页页眉插入章标题，偶数页插入"××学院毕业论文"；在文档的页脚居中位置插入页码。其中，封面无页码，目录、图表目录和摘要部分使用"Ⅰ,Ⅱ,Ⅲ, …"格式，正文以及参考书目部分使用"1,2,3, …"格式。

3．解决方案

创建毕业论文模板对页面、标题和正文样式进行设置，并使用模板对论文进行格式化排版。在论文封面中插入文本框，输入论文题目、作者姓名和专业，设置字体格式。在页面下方插入图片，设置图片效果；运用分节符对论文进行分节；通过修改样式快速设置段落格式；使用题注功能对图片进行自动编号，以便建立图表目录；使用交叉引用功能将文档图片题注与相关正文的说明文字建立联系，以实现同步更新；利用具有大纲级别的标题自动生成目录；运用插入选项卡中的插入页眉和页脚功能设置论文的页眉页脚。

预备知识

在毕业论文等长文档编排中，经常需要用到模板、样式、分页符和分节符、页眉和页脚、目录、注释、多级编号等高级排版功能。在项目实施前，首先了解模板、样式、目录、分隔符、页眉页脚、域等相关知识。

一、模板

模板是指 WPS 文字中内置的包含固定格式设置和版式设置的文件，用于帮助用户快速生成特定类型的文档。例如，在 WPS 文字中新建空白文档时，就是利用空白

笔 记

文档模板创建一个空白文档。除了空白文档模板之外，WPS 文字还为会员用户提供了很多常用的文档模板，用户可以根据需要下载使用。

当需要对同一类文档设置统一的格式时，可以在空白文档模板的基础上，对模板的页面设置参数和样式所包含的格式进行修改，或新建样式，然后将文档保存为模板文件（*.wpt 或*.dotx），使用时打开模板文件即可以用该模板创建一个新文档。

微课 5-1
长文档中的
相关概念

笔记

●二、样式

样式是指一组命名的字符和段落格式的集合，将一种样式应用于选定的段落或字符上，所选定的段落或字符便具有这种样式定义的格式，使用样式可以快速统一或更新文档的格式。

字符样式提供字符的字体、字号、字符间距和特殊效果等格式设置。字符样式只能用于选定的字符。如果需要突出段落中的部分字符，可以定义和使用字符样式。

段落样式提供字体、段落、制表位、边框、编号等格式设置。创建某种段落样式后，可以将其包含的格式应用到段落。

系统默认模板中自带的样式为内置样式，当内置样式不能满足用户需求时，可以修改内置样式的格式，也可以创建新的样式，称为自定义样式。内置样式和自定义样式在使用和修改时完全相同。用户可以删除自定义样式，不能删除内置样式。一旦修改了某个样式，所有应用了该样式的内容会自动更新为新样式的格式。

单击【任务窗格工具栏】中的【样式和格式】按钮 ✐，在【样式和格式】任务窗格中，单击【新样式】按钮可以新建样式；单击样式名右侧的下拉按钮，再单击【修改】命令即可在【修改样式】对话框中修改样式。

●三、目录

目录是长文档必不可少的组成部分，由各级标题和页码组成。如果文档中的段落设置了大纲级别，就可以引用段落中的内容自动生成目录。

自动生成目录的基础是段落的大纲级别，WPS 文字使用层次结构来组织文档，大纲级别就是段落所处层次的级别编号，段落的大纲级别在【段落】对话框的【常规】选项中设置，最多可以设置 9 级大纲级别。WPS 文字的目录提取是基于大纲级别的，空白文档模板提供了内置标题样式，命名为"标题 1""标题 2"……"标题 9"，分别对应大纲级别 1～9 级。对段落应用内置标题样式或设置大纲级别后，在【引用】选项卡中单击【目录】按钮 🗐 可以自动生成目录。

●四、分隔符

在 WPS 文字文档中输入文本时系统会根据页面设置自动换行、分页和分栏。如果要在文档的特定位置进行手动换行、分页或分栏，就需要插入分隔符。分隔符的类型有分页符、换行符、分栏符和分节符。在文档中插入这些分隔符的操作如下。

将插入点定位于要设置分隔符的位置，在【页面】选项卡中单击【分隔符】按钮，在列表中单击要插入的分隔符即可，如图 5-2 所示。各分隔符的作用如下。

- 分页符：插入分页符后，插入点以后的内容强制转到下一页，相当于按 Ctrl + Enter 组合键。
- 分栏符：插入分栏符后，插入点以后的内容强制转到下一栏。
- 换行符：插入分行符后，插入点以后的内容强制转到下一行，相当于按 Shift + Enter 组合键。
- 下一页分节符：插入一个分节符，新节从下一页开始。
- 连续分节符：插入一个分节符，新节从下一行开始。
- 偶数页分节符：插入一个分节符，新节从下一个偶数页开始。

图 5-2　插入分隔符

- 奇数页分节符：插入一个分节符，新节从下一个奇数页开始。

> **提示：** 通过为文档插入分节符，可将文档分为多个节。节是文档格式化的最大单位，分节符是一个节的结束符号。默认情况下，WPS 文字将整个文档视为一节，整篇文档只能应用相同的页面设置。只有插入分节符将文档分成多节，才能为文档中的每节设置不同的页面参数，如页眉、页脚、页边距、文字方向、分栏等。当把页面设置和分栏应用于文档中的选定内容时，会自动插入连续分节符。

五、页眉和页脚

页眉和页脚分别位于页面的顶部和底部，常用来插入页码、文章名、作者姓名或公司徽标等内容。可以统一为文档设置相同的页眉和页脚，也可分别为首页、偶数页、奇数页或不同的"节"设置不同的页眉和页脚。

双击文档上边距或下边距中的空白位置即可进入页眉和页脚的编辑状态，并在功能区显示【页眉页脚】选项卡。如图 5-3 所示。

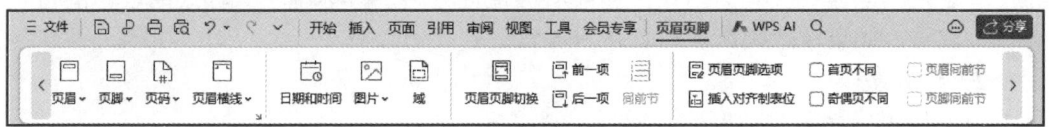

图 5-3　【页眉页脚】选项卡

- 单击【页眉】【页脚】或【页码】下拉按钮，在列表中可以快速选择系统预设的页眉、页脚和页码样式。
- 单击【日期和时间】【图片】按钮，可以在页眉和页脚中插入日期、时间和图片。
- 单击【同前节】按钮，当按钮处于选中状态时，可以使当前编辑的内容与前一节相同。再次单击取消选中状态，则可以设置与前一节不同的页眉或页脚。
- 选中【首页不同】和【奇偶页不同】复选框，编辑区域可以分别设置首页、奇数页和偶数页的页眉和页脚，否则只能设置统一的页眉和页脚。

● 单击【关闭】按钮，或双击文档正文，退出页眉和页脚编辑。

📖**注意**：默认情况下，一个文档就是一节，在任意一页的页眉页脚编辑区输入内容后，整个文档的页面都会添加相同的页眉页脚。如果要为某些页面设置不同的页眉页脚，可以用分节符把这些页面与其前后的页面分开，使其成为单独的节。

六、域

使用域可以自动完成许多较为复杂的工作，比如：自动编页码、图表的题注、脚注、尾注的号码；按不同格式插入日期和时间并自动更新；通过链接与引用在活动文档中插入其他文档的内容；自动创建目录、关键词索引、图表目录；插入文档属性信息；实现邮件自动合并与打印；执行加、减等数学运算；创建数学公式等。

1. 域的概念

域是引导 WPS 文字在文档中自动插入文字、图形、页码或其他信息的一组代码，每个域都有一个唯一的名字。下面以"STYLEREF 域"为例，说明有关域的基本概念。

● 域代码：形如"{ STYLEREF "标题 1" \n * MERGEFORMAT }"的关系式，在 WPS 文字中称为域代码，它是由域特征字符、域名称、域指令和选项开关组成的字符串。

● 域特征字符：包含域代码的大括号"{}"，不过它不是使用键盘直接输入的普通字符，而是按下 Ctrl + F9 组合键输入的域特征字符。

● 域名称：以上关系式中的"STYLEREF"被称为"STYLEREF 域"。

● 域指令：上式中的"标题 1"是要引用的样式的名称。

● 域选项开关：域通常有一个或多个可选的开关，多个开关之间使用空格进行分隔。"\n"以无后续句点形式显示被引用段落的完整的段落编号；"* MERGEFORMAT"是控制域代码的结果在更新时保留原格式。

● 域结果：即域的显示结果，域的结果会根据文档的变动或相应因素的变化自动更新。上述域代码的结果是当前所在位置应用了"标题 1"样式的段落的自动编号，如果域代码所在位置是第 5 章，则显示"第 5 章"。

2. 插入域

（1）使用【域】对话框插入域

WPS 文字将常用的域代码集成到【域】对话框中，使用【域】对话框插入上述域代码的步骤如下。

步骤 1：把光标定位到需要插入域的位置。

步骤 2：在【插入】选项卡中单击【文档部件】|【域】命令，打开【域】对话框。

步骤 3：在【域名】列表中选择"样式引用"，在【样式名】组合框中选择"标题 1"，勾选【插入段落编号】和【更新时保留原格式】复选框，单击【确定】按钮，如图 5-4 所示。

笔记

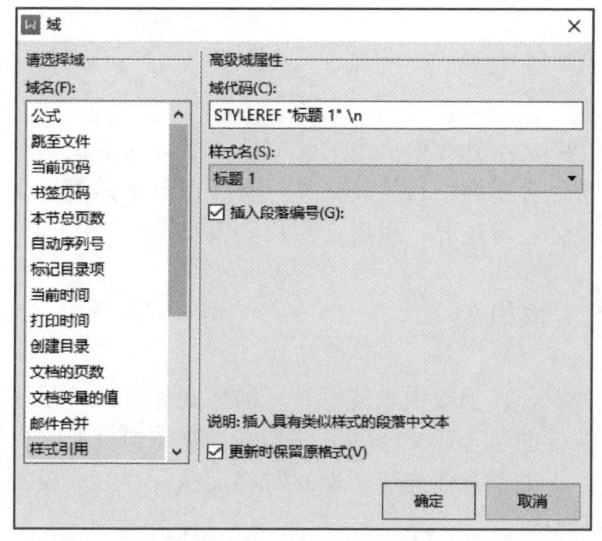

图 5-4　【域】对话框

📖提示：选中已经插入的域代码并右击，在快捷菜单中选择【编辑域】命令，对域代码进行修改，修改完成后按 F9 键更新域，或者按 Shift + F9 组合键显示域结果。

（2）使用键盘插入

如果对域代码比较熟悉，或者需要引用他人设计的域代码，使用键盘直接输入会更加快捷。操作步骤如下。

步骤 1：把光标定位到需要插入域的位置，按 Ctrl+F9 组合键插入域特征字符"{ }"。

步骤 2：将光标定位到域特征代码中间，按顺序输入域名称、域指令、域选项开关等。

步骤 3：按 F9 键更新域，或者按 Shift + F9 组合键显示域结果。

（3）使用功能命令插入

有些域的域指令和域选项开关非常多，采用上面两种方法很难控制。为此，WPS文字把经常用到的一些功能以按钮的形式集成在功能区选项卡中，例如"拼音指南""带圈字符""合并字符"等。用户可以将其作为普通 WPS 文字命令来使用。

3．修改域

修改域和编辑域的方法相同，如果对域的结果不满意可以直接修改域代码，从而改变域结果。操作方法是：按 Alt + F9（对整个文档生效）组合键或 Shift + F9（对选中的域生效）组合键，显示域代码，直接对域代码进行编辑，完成后再次按下 Shift+ F9组合键查看域结果。

4．解除域链接

如果文档中的域不再需要更新，可以选中域，按 Ctrl + Shift + F9 组合键解除域的链接，用域结果代替域代码。

项目实施

论文编排是 WPS 文字处理中典型的长文档排版，这类长文档如手册、书籍等具有相似的结构，通常包含封面、目录及正文，有时在目录前面还会有扉页、文档最后有附录等。文档中还会包含注释、引用、页眉和页脚。

一、创建毕业论文模板

微课 5-2
创建毕业论文
模板

创建毕业论文模板，在模板中设置好统一的样式和格式，以便分享给其他同学使用。创建模板的方法与创建普通文档的方法相同，在编辑模板时只编辑模板的页面设置、样式和格式等，不编辑具体内容，保存时将文档保存为模板文件。

1．创建和保存模板

创建"毕业论文模板"并设置模板页边距为对称页边距，内侧边距为"3.2 厘米"，外侧和上、下边距为"2.5 厘米"。操作步骤如下。

步骤 1：启动 WPS Office，单击【新建】|【文字】|【空白文档】。

步骤 2：在功能区中依次单击【页面】|【页边距】|【自定义页边距】，在【页面设置】对话框的【多页】下拉列表中选择"对称页边距"选项。设置内侧边距为"3.2 厘米"，外侧和上、下边距为"2.5 厘米"，如图 5-5 所示。

📝 笔 记

步骤 3：单击【快速访问工具栏】上的【保存】按钮 📁，在【另存为】对话框左侧导航窗格中选择保存位置为【我的云文档】，在【文件名】文本框中输入文件名"毕业论文模板"，在【文件类型】组合框中选择【Microsoft Word模板文件(*.dotx)】，单击【保存】按钮。

2．修改样式

根据表 5-1 所示的格式要求修改模板中标题 1～标题 4 以及正文样式的格式，操作步骤如下。

步骤 1：单击【任务窗格工具栏】中的【样式和格式】按钮 ✎，显示【样式和格式】任务窗格。

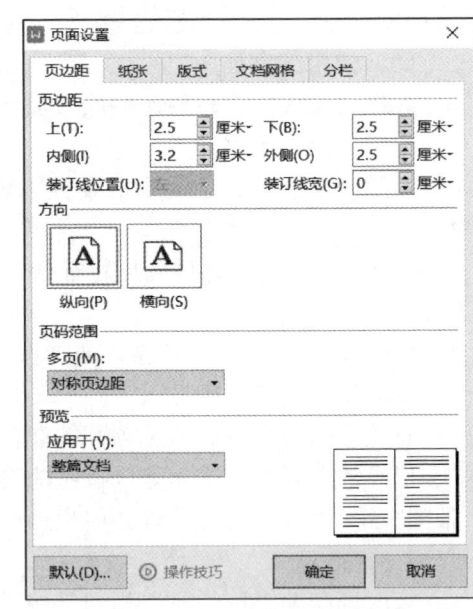

图 5-5　设置页边距

步骤 2：在【样式和格式】任务窗格中单击"标题 1"右侧的下拉按钮，在列表中单击【修改】命令，在【修改样式】对话框中设置字体格式为"宋体、四号、加粗"，如图 5-6 所示。

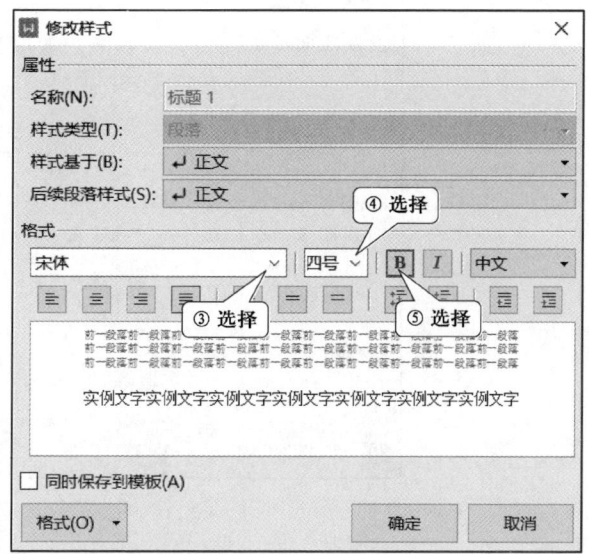

图 5-6 修改样式

步骤 3：在【修改样式】对话框中单击【格式】按钮，在列表中单击【段落】命令。在【段落】对话框中设置【对齐方式】为"居中对齐"，【段前间距】为"0.5 行"，【段后间距】为"0.5 行"，【行距】为"单倍行距"，单击【确定】按钮。

步骤 4：根据要求按上述方法修改标题 2～标题 4 以及正文样式的格式。

3．新建样式

新建目录标题样式，格式为"宋体、四号、加粗，段前 0.5 行、段后 0.5 行，单倍行距，居中对齐，无编号"，操作步骤如下。

步骤 1：在【样式】任务窗格中，单击【新样式】按钮。

步骤 2：在【新建样式】对话框的【名称】文本框中输入样式名"目录标题"，在格式栏中设置字体格式为"宋体、四号、加粗"。

步骤 3：单击【格式】|【段落】，在【段落】对话框的【对齐方式】组合框中选择"居中对齐"，设置段前和段后间距为"0.5 行"，行距为"单倍行距"，单击【确定】按钮。

4．定义多级编号列表

定义多级编号列表：设置"标题 1"的编号为"第 1 章,第 2 章,…"，"标题 2"的编号为"1.1、1.2"，"标题 3"的编号为"1.1.1、1.1.2"，"标题 4"的编号为"1.1.1.1、1.1.1.2"。操作步骤如下。

步骤 1：在【开始】选项卡中依次单击【编号】|【自定义编号】。

步骤 2：在【项目符号和编号】对话框中单击【多级编号】选项卡。在编号样式中选择一个与需求最接近的编号样式，单击【自定义】按钮，如图 5-7 所示。

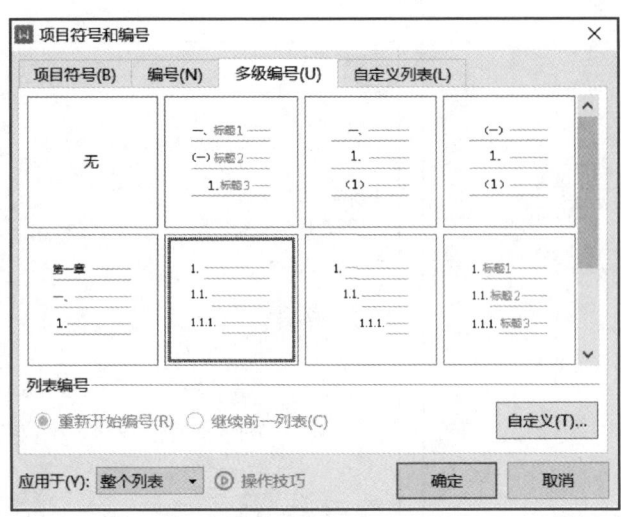

图 5-7　选择多级编号

步骤 3：在【自定义多级编号列表】对话框中，单击要修改的级别"1"，在【编号样式】组合框中选择"1，2，3"选项，将【编号格式】文本框中的"①"修改为"第①章"，单击【高级】按钮，在【将级别链接到样式】组合框中选择"标题 1"选项，在【编号之后】组合框中选择"空格"选项。如图 5-8 所示。

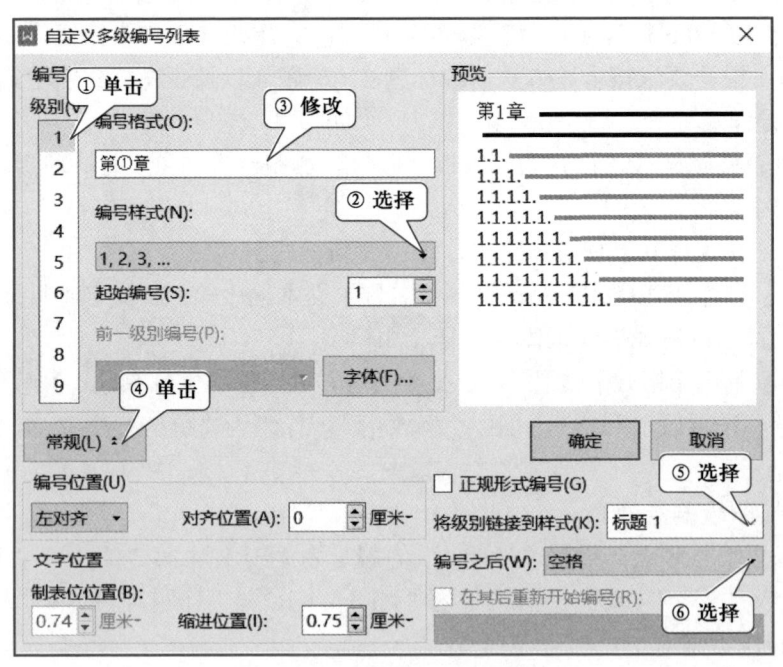

图 5-8　自定义多级编号列表

步骤 4：重复步骤 3，将级别"2""3""4"分别链接到"标题 2""标题 3""标题 4"样式，在【编号格式】编辑框中删除最后的圆点，在【编号之后】组合框中选择"空格"选项。单击【确定】按钮。

二、设置论文结构

微课 5-3
设置论文结构

论文的结构由各级标题和正文组成，使用毕业论文模板创建一个空白文档，插入毕业论文初稿中的内容，然后将各级标题内容应用对应的标题样式，插入分节符将论文分节。

1. 使用模板创建文档

使用毕业论文模板创建"毕业论文.docx"，并插入"毕业论文初稿.docx"文档中的内容，操作步骤如下。

步骤 1：在【我的云文档】中双击"毕业论文模板.dotx"，即可基于该模板创建一个"文字文稿 1"的空白文档。

步骤 2：在【插入】选项卡中，单击【附件】|【文件中的文字】，在【插入文件】对话框中选择"毕业论文初稿.docx"，单击【打开】按钮。

步骤 3：单击【快速访问工具栏】上的【保存】按钮，将文件保存为"毕业论文.docx"。

2. 应用样式

将文中标注了"（标题一）"至"（标题四）"的段落分别应用"标题 1"至"标题 4"样式，将文中"目录""图表目录""摘要""参考书目"标题应用"目录标题"样式。操作步骤如下。

步骤 1：按 Ctrl + H 组合键打开【查找和替换】对话框。

步骤 2：在【查找内容框】中输入"标题一"，单击【替换为】编辑框将光标定位其中，单击【格式】按钮，在列表中单击【样式】命令，在【替换样式】对话框中，找到并选择"标题 1"样式，单击【确定】按钮。返回【查找和替换】对话框，单击【全部替换】按钮，如图 5-9 所示。

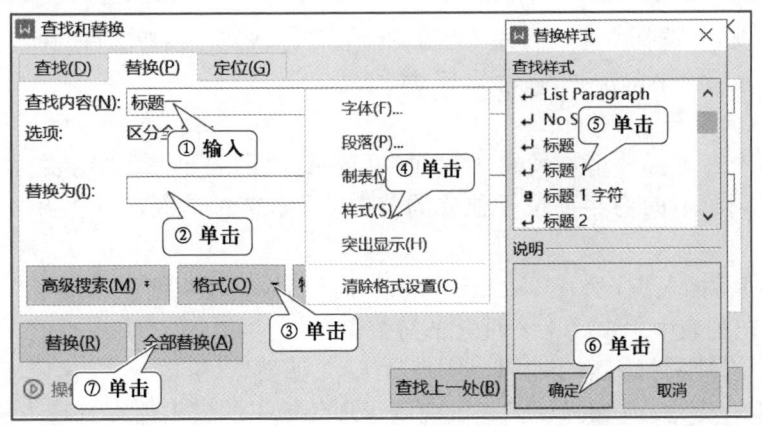

图 5-9　替换样式

步骤 3：重复步骤 2，替换标注"标题二""标题三""标题四"段落的样式。

步骤 4：在【查找内容框】中输入"（标题?）"，单击【替换为】编辑框将光标定位在其中，单击【格式】|【清除格式设置】；单击【高级搜索】按钮，选择【使用通配符】复选框，单击【全部替换】按钮，如图 5-10 所示，将标注内容"（标题一）"

至"（标题四）"删除。

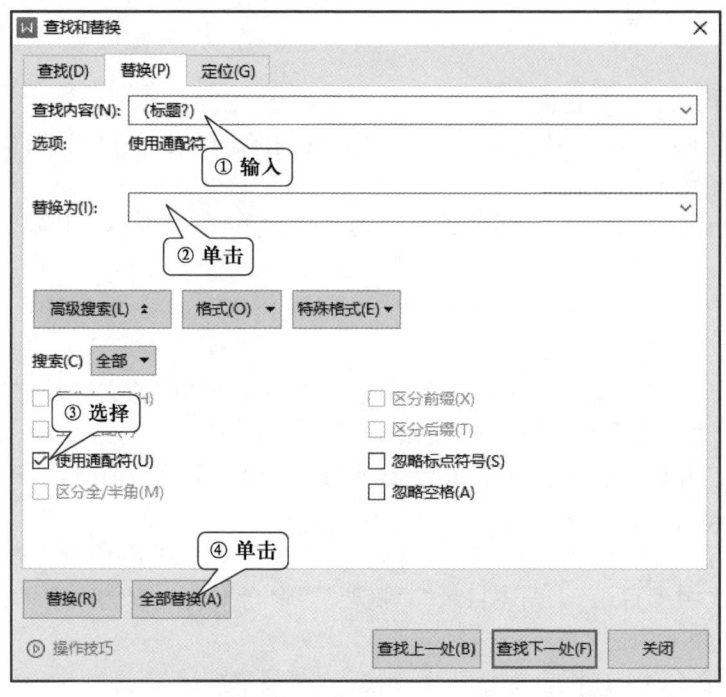

图 5-10　使用通配符替换

📖**注意**：在【查找内容框】中输入"（标题?）"时，"（"和"）"要在全角状态下输入，因为在选择【使用通配符】复选框状态下，半角的"（"也被作为通配符表达式；"?"必须在半角状态下输入，因为这里的"?"是通配符，代表任意单个字符。

步骤 5：依次选择文中"目录""图表目录""摘要""参考书目"标题，在【样式和格式】任务窗格中单击"目录标题"样式。

3．插入分节符

对文档内容进行分节，使得"封面""目录""图表目录""摘要""参考书目"和正文的每个章节的内容都位于独立的节中，且每节都从新的一页开始，操作步骤如下。

步骤 1：将插入点定位在"目录"的前面，切换到【页面】选项卡，单击【分隔符】按钮，在列表中单击【下一页分节符】命令。

步骤 2：分别将插入点定位在"图表目录""摘要""引言""库存管理的原理和方法""传统库存管理存在的问题""供应链管理环境下的常用库存管理方法""结论"和"参考书目"前面，插入"下一页分节符"。

4．使用导航窗格

在【视图】选项卡中单击【导航窗格】按钮，使其处于选中状态，窗口左侧会显示文档目录。单击目录中的条目，可以使右侧编辑窗口中的光标跳转到对应的位置；在目录中拖动条目，可以改变对应内容在文中的位置；右击目录中的条目，在

笔　记

弹出的快捷菜单中选择【删除】命令可以删除对应条目的标题和内容，如图 5-11 所示。

图 5-11　使用【导航窗格】操作文档

三、制作论文封面

论文封面由文字和图片组成，为了方便调整位置，可以将文字置于文本框中。插入图片后对图片进行格式设置，使页面布局合理。

1. 插入和编辑文本框

将论文题目，作者姓名和作者专业放置在文本框中，并居中对齐；文本框在页面中的对齐方式为水平居中。操作步骤如下。

步骤 1：把插入点定位在封面页，单击【插入】选项卡中的【文本框】按钮，当光标变成十字形状时在封面页拖曳光标绘制一个文本框，输入文本"供应链中的库存管理研究""林小南"和"2021 级企业管理专业"。

步骤 2：选中"供应链中的库存管理研究"文本，在【开始】选项卡中，设置字体格式为"黑体，小初，加粗"。选中"林小南"和"2021 级企业管理专业"文本，设置字体格式为"小三号，黑体"。

步骤 3：选中文本框中的所有文本，设置段落对齐方式为"居中对齐"，左右缩进为 0，无特殊缩进。调整文本框大小和位置。

步骤 4：选中文本框，在【绘图工具】选项卡中，单击【轮廓】按钮，在列表中选择【无边框颜色】选项。

微课 5-4
制作论文封面

2. 插入和编辑图片

在页面中插入"图片 1.jpg"，图片环绕方式为"浮于文字上方"，对齐方式为"水平居中"，并应用一种倒影效果，操作步骤如下。

步骤 1：把光标定位在封面页，在【插入】选项卡中，单击【图片】|【本地图片】按钮，打开【插入图片】对话框，找到并选择"图片 1.jpg"，单击【打开】按钮。

步骤 2：单击图片右上角的【布局选项】按钮 🔳，在列表中选择【浮于文字上方】选项。调整图片的大小和位置。

步骤 3：选中图片，在【图片工具】选项卡中，单击【对齐】|【水平居中】。

步骤 4：右击图片，在快捷菜单中单击【设置对象格式】命令。

步骤 5：在【属性】任务窗格中单击【效果】选项卡，单击【倒影】下拉按钮，在列表中选择【紧密倒影，接触】，如图 5-12 所示。

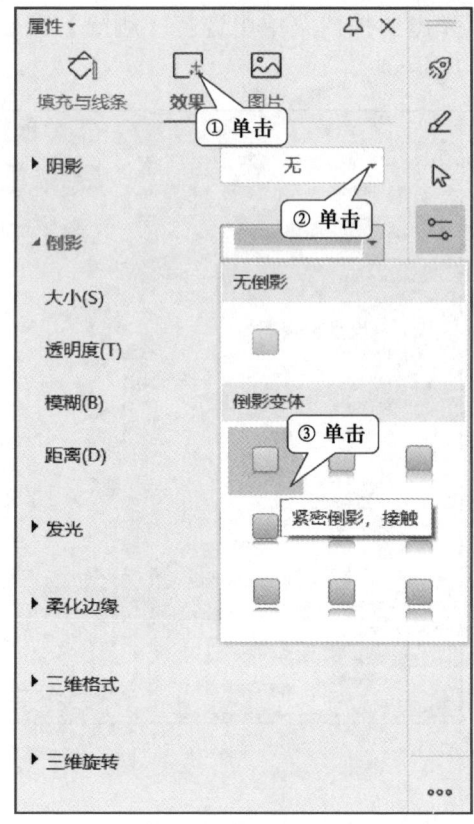

图 5-12　设置图片格式

四、使用注释和引用

在长文档中，经常使用脚注、尾注和题注等注释功能。在文档中插入脚注、尾注或题注后，可以在文档的其他位置对其进行交叉引用，还可以为文档中的脚注、尾注或题注创建目录。

1. 插入脚注

微课 5-5
使用注释和
引用

脚注和尾注是对文档中的内容进行补充说明，如单词解释、备注说明或提供文档的引文来源等。脚注位于页面底端，用来说明当前页中要注释的内容；尾注位于文档末尾，用来集中解释文档中要注释的内容。脚注和尾注可以相互转换。

为"2.1 库存的概念"添加脚注："李四. 生产与运作管理[M]. 北京：华北大学出版社，2012."，编号为带圈数字格式，操作步骤如下。

步骤 1：将插入点定位在"2.1 库存的概念"右侧。

步骤 2：在【引用】选项卡中单击【脚注和尾注】对话框按钮，打开【脚注和尾注】对话框，在【编号格式】组合框中选择"①,②,③,…"选项，单击【插入】按钮，插入点自动移到脚注区，输入文本"李四. 生产与运作管理[M]. 北京：华北大学出版社，2012."。如图 5-13 所示。

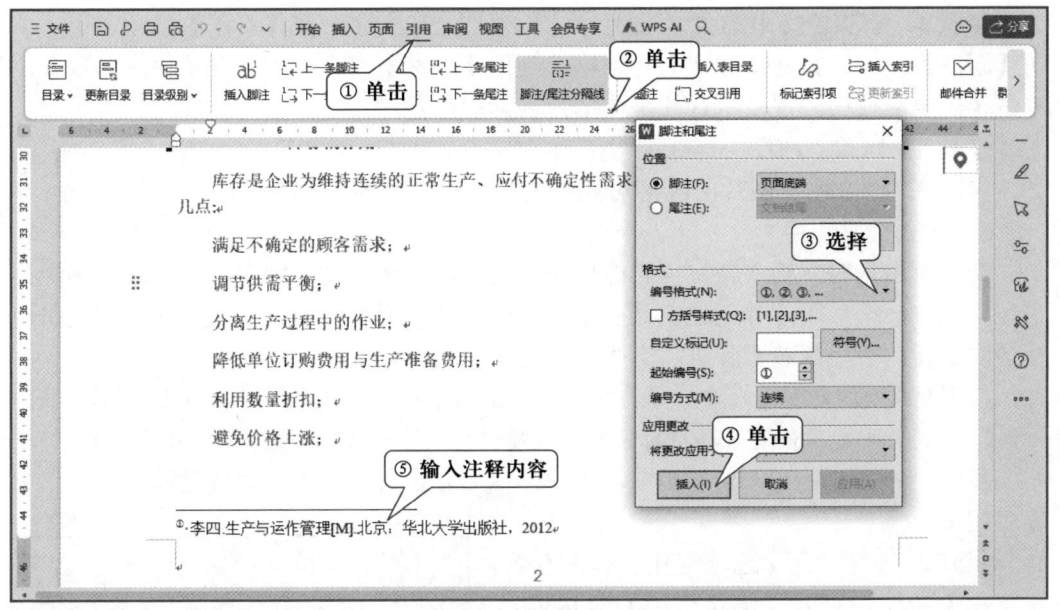

图 5-13 插入脚注

📖**提示：右击脚注，在弹出的快捷菜单中选择【转换至尾注】命令可以将脚注转换成尾注。**

2．插入题注

题注是指给图片、表格、图表、公式等项目添加的名称和自动编号，方便读者查找和阅读。当移动、插入或删除题注时，WPS 文字可以自动更新题注编号。

使用题注功能修改论文中图片下方的编号，以使其编号可以自动更新，编号样式为"图 1-1""图 2-1""图 2-2"……。其中，"图 1-1"表示第 1 章第 1 幅图，"图 2-1"表示第 2 章第 1 幅图。操作步骤如下。

步骤 1：删除论文中第 1 幅图片下方的"图 1"文字。

步骤 2：在【引用】选项卡中，单击【题注】按钮 🖾，打开【题注】对话框。

步骤 3：在【标签】组合框中选择"图"选项，单击【编号】按钮打开【题注编号】对话框，选中【包含章节编号】复选框，单击【确定】按钮，返回【题注】对话框，单击【确定】按钮，如图 5-14 所示。

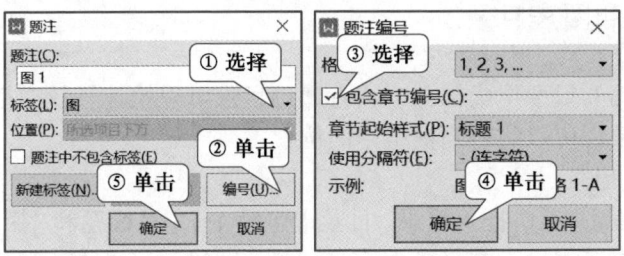

图 5-14 插入题注

📖**提示：如果在【标签】组合框中没有"图"选项，可以单击【新建标签】按钮，打开【新建标签】对话框，在【标签】文本框中输入"图"，单击【确定】按钮即可。**

步骤 4：删除论文中第 2 幅图片下方的"图 2"文字，在【引用】选项卡上，单击【题注】按钮，打开【题注】对话框。确保【标签】组合框中选择了"图"选项，单击【确定】按钮。重复执行此操作插入后续图片题注。

步骤 5：修改"题注"样式的段落对齐方式为"居中对齐"，无缩进。

步骤 6：修改所有图片的段落对齐方式为"居中对齐"，无缩进。

3．插入交叉引用

交叉引用是对文档中特定内容的引用，在 WPS 文字文档中可以为标题、脚注、书签、题注、编号段落等创建交叉引用。创建交叉引用后，引用源被修改时交叉引用会自动更新，引用源被删除时，交叉引用会发生错误。

使用交叉引用功能，修改图片上方正文中对于图片标题编号的引用（已经用黄色底纹标记），以便这些引用能够在图片标题的编号发生变化时可以自动更新，操作步骤如下。

步骤 1：找到论文中第 1 幅图，删除图片上方正文中对于图片标题编号的引用文字"图 1"。

步骤 2：在【引用】选项卡中，单击【交叉引用】按钮，打开【交叉引用】对话框。

步骤 3：在【引用类型】组合框中选择"图"，在【引用内容】组合框中选择"只有标签和编号"，在【引用哪一个题注】列表框中选择"图 2-1 库存的分类"，单击【插入】按钮，如图 5-15 所示。

步骤 4：找到"图 2"位置，删除正文中的黄底文字"图 2"，在【交叉引用】对话框的【引用哪一个题注】列表框中选择"图 2-2 最优订货批量"，单击【插入】按钮。重复执行此操作插入后续引用。

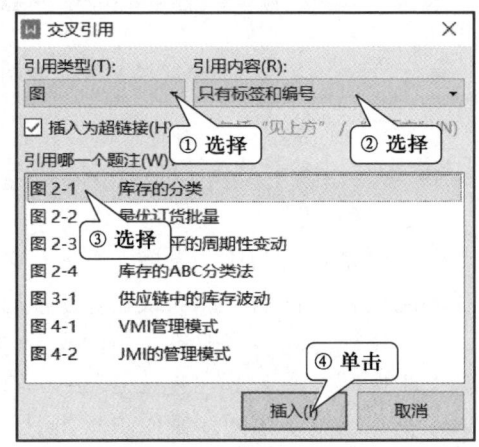

图 5-15　插入交叉引用

📖**提示**：如果插入交叉引用时，在【交叉引用】对话框中勾选【插入为超链接】复选框，插入完成后，按住 Ctrl 键同时单击交叉引用即可跳转到被引用的位置。

五、制作目录和图表目录

目录是长文档的重要组成部分，读者通过目录可以快速了解文档结构，按住 Ctrl 键单击目录中的条目可以跳转到被引用的位置。

1．插入正文目录

在论文的"目录"节中插入目录，目录中包含 1～3 级标题和"摘要""参考书目"。其中，"摘要""参考书目"在目录中需和标题 1 同级别。操作步骤如下。

步骤 1：选中"摘要"，拖曳垂直滚动条找到"参考书目"位置，按住 Ctrl 键单击选中"参考书目"。

步骤 2：右击文档页面，在快捷菜单中单击【段落】命令，打开【段落】对话框，

笔记

在【大纲级别】组合框中选择"1 级"选项。

步骤 3：在【引用】选项卡中，单击【目录】按钮，在列表中选择一种目录样式，如图 5-16 所示。

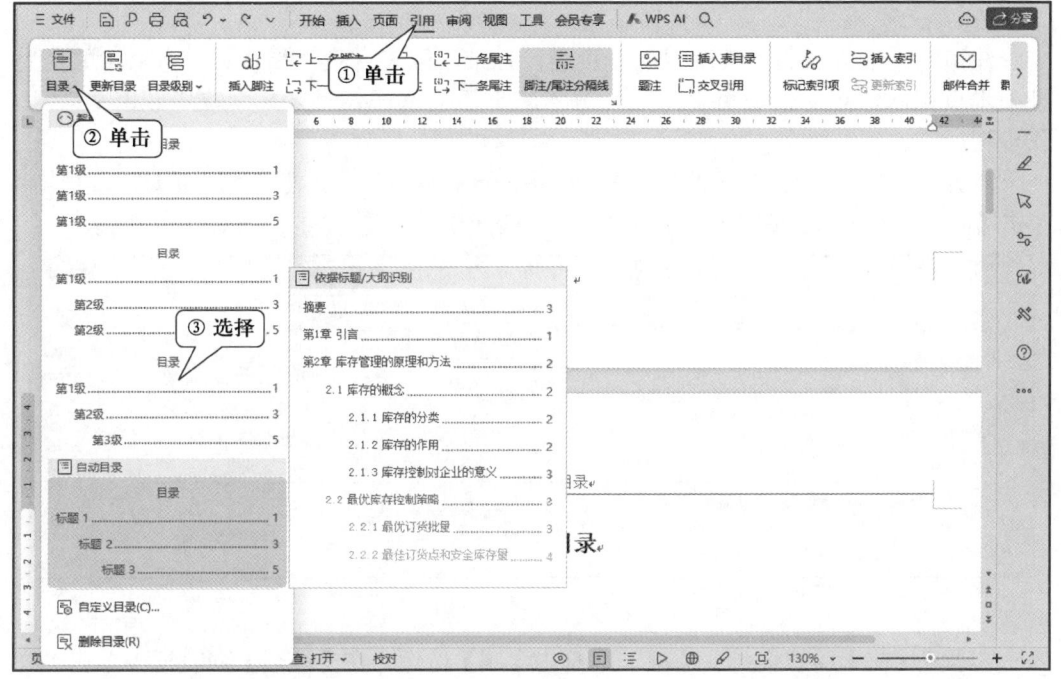

图 5-16　插入目录

步骤 4：删除黄底文字"请在此插入目录！"和重复的"目录"字样。

📖提示：步骤 2 中将"摘要""参考书目"段落的大纲级别设置为"1 级"的目的就是要将这两个段落在目录中作为一级标题显示。如果不设置，目录中将不会显示这两项内容。

2. 插入图表目录

在 WPS 文字文档中，应用图表目录可以为脚注、尾注和题注创建目录。为论文制作图表目录，操作步骤如下。

步骤 1：在"图表目录"页中删除黄底文字"请在此插入图表目录！"，单击【引用】选项卡中的【插入表目录】按钮，打开【图表目录】对话框。

步骤 2：在【题注标签】列表中选择"图"，单击【确定】按钮，如图 5-17 所示。

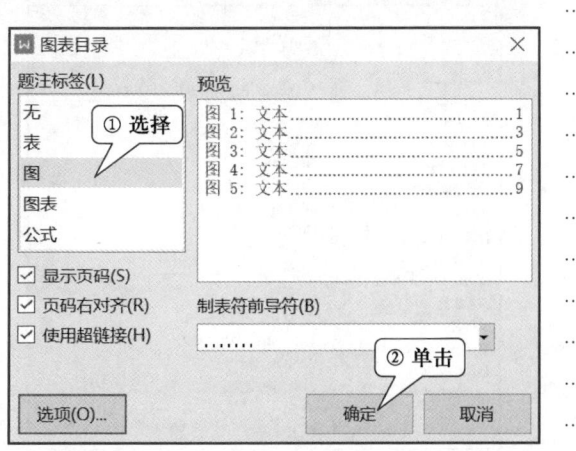

图 5-17　插入图表目录

六、插入页眉和页脚

微课 5-7
插入页眉和
页脚

页眉和页脚用于在文档页面顶部和底部添加相关的说明和页码，起到美化和导航作用。

1．插入页眉

在论文中插入页眉，其中封面无页眉，目录、图表目录、摘要和参考书目的页眉插入本页标题，正文奇数页页眉插入章标题，偶数页插入"××学院毕业论文"，操作步骤如下。

步骤1：双击"目录"页的顶端页边距进入页眉编辑状态。在【页眉页脚】选项卡中单击【同前节】按钮，使其处于未选中状态，断开与封面页的链接，如图5-18所示。

笔记

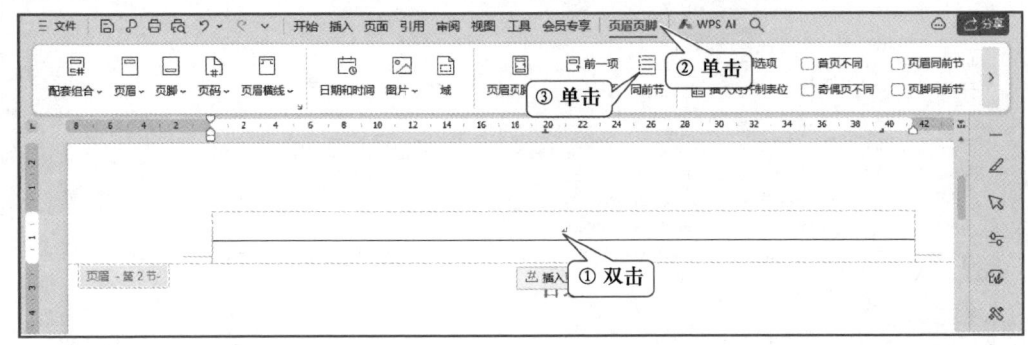

图 5-18　插入页眉

步骤2：在【页眉页脚】选项卡中单击【域】按钮，在【域名】列表框中单击"样式引用"，在【样式名】列表框中选择"目录标题"，单击【确定】按钮，如图5-19所示。将本页中第一次出现的"目录标题"样式文本插入到页眉中。

步骤3：将插入点置于"第1章"的页眉区中，使【同前节】按钮处于未选中状态。单击【页眉页脚选项】按钮，打开【页眉/页脚设置】对话框。

步骤4：选中【奇偶页不同】和【显示偶数页页眉横线】复选框，清空【页眉/页脚同前节】中的所有复选框，如图5-20所示。

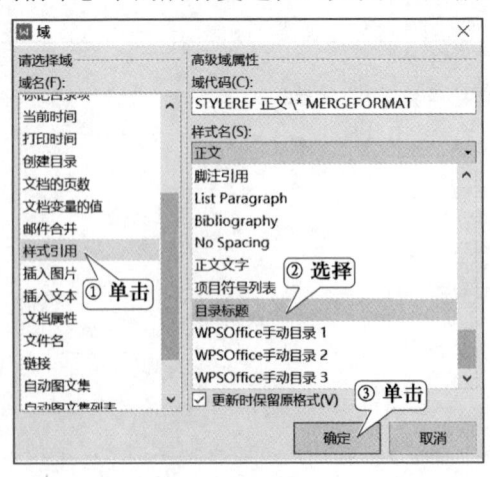

图 5-19　插入域

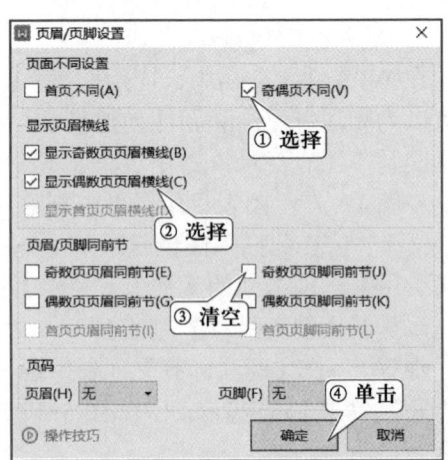

图 5-20　设置页眉/页脚选项

步骤 5：删除"摘要"文本，然后按照步骤 2 的方法插入"标题 1"样式域，选中【插入段落编号】复选框，单击【确定】按钮插入章编号。再次按照步骤 2 的方法插入"标题 1"样式域的章标题。

步骤 6：将插入点置于下一个"偶数页页眉"中，输入"××学院毕业论文"文本。

步骤 7：将插入点置于"参考书目"的页眉区中，使【同前节】按钮处于未选中状态，然后重复步骤 2 插入"目录标题"样式域。

> 📖 **提示**：进入页眉页脚编辑状态后，可以像编辑正文一样对页眉和页脚进行编辑，如输入文本、插入图片并设置格式等。需要注意的是，页眉和页脚与文档的正文处于不同的层上，因此，在编辑页眉和页脚时不能编辑文档正文；同样，在编辑文档正文时也不能编辑页眉和页脚。

2．插入页脚

在文档的页脚居中位置插入页码，要求封面无页码，目录、图表目录和摘要部分使用"Ⅰ，Ⅱ，Ⅲ，…"页码格式，正文以及参考书目部分使用"1,2,3,…"页码格式，操作步骤如下。

步骤 1：双击"目录"页的底部页边距进入页脚编辑状态。在【页眉页脚】选项卡中，使【同前节】按钮处于未选中状态，断开与封面页的链接。在【页眉页脚】选项卡中清除【奇偶页不同】复选框。

步骤 2：在【页眉页脚】选项卡中单击【页码】|【页码】，打开【页码】对话框，在【样式】组合框中选择"Ⅰ，Ⅱ，Ⅲ，…"样式，在【位置】组合框中选择"底端居中"，将【起始页码】数值框中的值调整为"1"，单击【确定】按钮，如图 5-21 所示。

步骤 3：将光标定位在第 1 章所在页的页脚，单击【页码设置】按钮，设置页码的【样式】为"1,2,3,…"，【位置】为"居中"，【应用范围】为"本页及以后"，如图 5-22 所示。

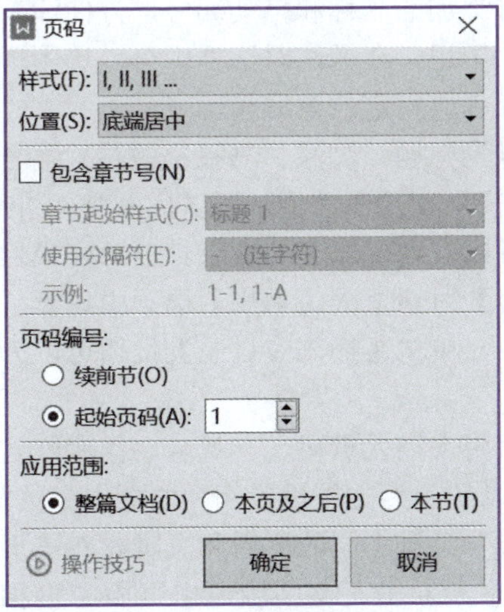

等级考试真题
字处理 4

笔 记

图 5-21 设置目录页码

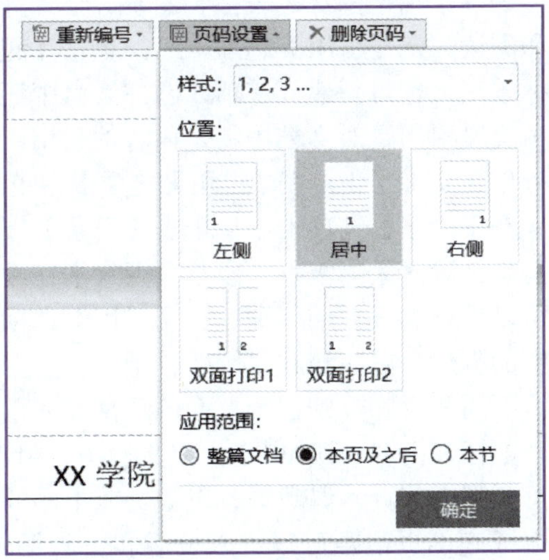

图 5-22 设置正文页码

步骤 4：双击文档正文的任意位置，退出页眉页脚编辑。

📖 **提示**：在页脚中更改页码设置后，需要对目录进行更新，操作方法是右击目录区域，在快捷菜单中单击【更新目录】命令，在【更新目录】对话框中选择【更新整个目录】复选框，单击【确定】按钮。也可以按 Ctrl + A 组合键选中全文，按 F9 键更新所有的域。

项目总结

等级考试真题
字处理 5

✒ 笔 记

....

....

....

....

....

....

....

....

....

....

....

....

....

....

....

....

本项目通过毕业论文编排，介绍了模板的创建、编辑和应用，使用样式批量完成段落格式的设置，对文档进行分节，脚注、题注和交叉引用的使用，制作目录，分节设置页眉和页脚等。

当某类文档需要有统一的格式要求时，可以制作一个模板，将模板分享给相关用户，用户基于该模板创建文档，并应用模板中的样式快速格式化文档，这样既能够统一文档格式，又能够提高工作效率，也方便后期修改。

应用和修改样式。应用样式可以快速将样式包含的一组格式应用于文字或段落。修改样式可以一次性地更改应用该样式的所有对象的格式。在【样式和格式】窗格中，单击样式名右侧的下拉按钮，在列表中选择【修改】命令可以修改样式。

使用分节符可以将文档分为若干"节"，不同的节可以设置不同的页面格式，如页眉和页脚、页码、页边距、页面边框和分栏等，从而编排出复杂的版面。在使用分节符时注意不要同分页符混淆。

脚注和尾注的作用完全相同，都是对文档内容的补充说明，如单词解释、备注说明或提供文档的引文来源等。在【引用】选项卡中单击【插入脚注】按钮可以插入脚注。

题注是指给图片、表格、图表、公式等项目添加的名称和自动编号，方便读者查找和阅读。在【引用】选项卡中，单击【题注】按钮，在题注对话框中可以选用现有的标签项，也可新建标签项，题注编号中还可以包含指定的章编号。

交叉引用是对文档中特定内容的引用，可以为标题、脚注、书签、题注、编号段落等创建交叉引用。在【引用】选项卡中单击【交叉引用】按钮，可以插入交叉引用。

在【引用】选项卡中，单击【目录】按钮可以自动提取文档目录。自动生成目录的基础是段落大纲级别，段落大纲级别在【段落】对话框的【常规】选项中设置，最多可以设置 9 级大纲级别。在【引用】选项卡中，单击【插入表目录】按钮可以为文档中的脚注、尾注和题注创建目录。

页眉和页脚分别位于页面的顶部和底部，常用来插入页码、文章名、作者姓名或公司徽标等内容。在 WPS 文字文档中，用户可以统一为文档设置相同的页眉和页脚，也可分别为首页、偶数页、奇数页或不同的"节"设置不同的页眉和页脚。双击页面顶端或底部页边距可以进入页眉和页脚编辑状态，双击正文区域退出页眉和页脚编辑。为不同的节设置不同页眉和页脚时，通过【页眉页脚】选项卡中的【同前节】按钮可以链接或断开与前一节的关联。

项目练习

一、客观题

请扫描二维码进入即测即评。

二、操作题

1．打开"练习素材 5-1.docx"，完成如下操作。

① 调整纸张大小为 B5 幅面，页面左、右边距为"2 厘米"，装订线距页边距"1 厘米"，并设置对称页边距。

② 将文档中第 1 行"黑客技术"应用"标题 1"样式，文档中所有"黑体"字体的段落应用"标题 2"样式，"斜体"字形段落应用"标题 3"样式。

③ 将正文内容设为"四号字，段落行距为 1.2 倍行距，首行缩进 2 字符"。

④ 将正文第 1 段落的首字"很"下沉 2 行，距下方 0.2 厘米。

⑤ 在文档第 1 页开始位置插入只显示 2 级和 3 级标题的目录，并用分节方式令其独占一页。

⑥ 除目录页外，所有页面都要显示页码，正文开始为第 1 页，奇数页码显示在文档的底部右侧，偶数页码显示在文档的底部左侧。文档偶数页加入页眉，页眉中显示"黑客技术"，奇数页页眉显示 2 级标题。

2．打开"练习素材 5-2.docx"，完成如下操作。

① 调整文档纸张大小为 A4 幅面，纸张方向为纵向；上、下页边距为"2.5 厘米"，左、右页边距为"3.2 厘米"。

② 将文档中的所有红色文字段落应用"标题 1"段落样式。

③ 将文档中的所有绿色文字段落应用"标题 2"段落样式。

④ 将文档中出现的全部"软回车"符号（手动换行符）更改为"硬回车"符号（段落标记）。

⑤ 修改文档样式库中的"正文"样式，使得文档中所有正文段落首行缩进 2 个字符。

⑥ 为文档添加页眉，并将当前页中样式为"标题 1"的文字自动显示在页眉区域中。

项目 5
客观题

文本：
参考答案

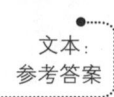

素材文件

项目6　制作学生信息和成绩表

PPT：项目 6
制作学生信息
和成绩表

学习目标

1. 知识目标

① 了解 WPS 表格的应用场景，理解电子表格的相关概念。

② 理解 WPS 表格中的数据类型及输入方法。

③ 理解数据有效性设置的功能和作用。

2. 能力目标

① 能在 WPS 表格中正确输入和填充各种类型的数据。

② 能使用金山表单在线收集数据并导出。

③ 能熟练掌握工作簿和工作表的基本操作。

④ 能使用数据有效性设置降低数据录入错误的概率。

⑤ 能熟练设置单元格的格式，如数字格式、边框、底纹、对齐方式、样式等。

3. 素养目标

① 通过数据录入和有效性设置，增强遵规守纪的规则意识。

② 通过在线协作编辑信息，培养团队协作精神。

项目 **6**
德育小课堂

项目分析

1. 项目情境

新学期开始了，辅导员老师给小张布置了一项任务，要求小张制作一张学生信息表，收集班上 45 名同学的学号、姓名、性别、出生日期、籍贯和身份证号等信息。此外，还要制作一张学生成绩表，登记上学期各科目期末考试成绩。

2. 项目要求

① 新建空白工作簿并保存为"学生信息和成绩表.xlsx"。

② 限制"性别"列中只能输入"男"或"女"。

③ 限制"出生日期"列中只能输入 1995 年至 2005 年之间的日期。

④ 在线收集班级学生信息。

⑤ 设置表格格式如图 6-1 所示。

⑥ 建立学生成绩表如图 6-2 所示，将低于 60 分的单元格字体设置为红色、加粗。

笔 记

学生信息表					
学号	学生姓名	性别	出生日期	籍贯	身份证号
180201001	王语嫣	女	1999年3月5日	云南大理	522***19990305**20
180201002	苏 荃	女			
180201003	石破天	男			
180201004	陆无双	女			
180201005	黄钟公	男			
180201007	穆人清	男			
180201008	袁紫衣	女			
180201009	韦一笑	男			

图 6-1　学生信息表

学生成绩表						
学号	学生姓名	语文	数学	英语	政治	历史
180201001	王语嫣	74	93	78	97	66
180201002	苏 荃	92	66	94	84	64
180201003	石破天	88	91	55	96	86
180201004	陆无双	76	55	85	63	78
180201005	黄钟公	65	76	87	81	53
180201007	穆人清	90	61	57	88	97
180201008	袁紫衣	65	87	87	55	61
180201009	韦一笑	96	78	85	82	79

图 6-2　学生成绩表

3. 解决方案

要完成学生信息和成绩表的制作，可以在 WPS 表格中新建空白工作簿并保存为"学生信息和成绩表.xlsx"，用自动填充方式快速输入学生的学号等有规律的数据；使用数据有效性设置限制"性别"和"出生日期"列中只能输入有效数据；使用金山表单在线收集班级学生信息；使用单元格的字体格式、数字格式、对齐方式、边框和底纹美化表格并通过格式刷快速复制单元格格式；通过复制工作表可以快速创建格式相同的工作表；使用条件格式可以快速标记不及格的学生成绩。

预备知识

在进行项目实施之前，先了解 WPS 表格的功能，认识 WPS 表格的工作界面和相关概念，掌握行、列、单元格和区域的选择操作，有利于更好地实施项目操作。

一、认识 WPS 表格

微课 6-1
认识 WPS 表格

WPS 表格是一款专业的数据处理软件，利用它可以快速制作出美观、实用的电子表格，对数据进行高效、快速的统计和分析，并能用各种统计图直观形象地表示数据。掌握并灵活使用 WPS 表格能够大大提高工作效率。

1. WPS 表格工作窗口

启动 WPS Office，在首页中单击【新建】|【表格】，在【新建表格】界面中单击【空白表格】，如图 6-3 所示，即可打开 WPS 表格工作窗口，并创建一个名为"工作簿 1"的空白工作簿，如图 6-4 所示。WPS 表格工作窗口包含标签栏、功能区、名称框、编辑栏、列标、行号、全选按钮、工作表标签、状态栏、视图切换按钮和缩放比例滑块等，各部分的功能见表 6-1。

📖提示：【新建表格】页面中按分类显示了 WPS 表格提供的模板，注册成为稻壳会员后可以免费下载并根据需要进行编辑。

图 6-3　新建 WPS 表格

图 6-4　WPS 表格工作窗口

笔记

表 6-1　WPS 表格工作窗口中各部分的功能

名称	功能说明
标签栏	标签栏用于标签切换和窗口控制，包括标签区（访问/切换/新建文档、网页、服务）、窗口控制区（切换/缩放/关闭工作窗口、登录/切换/管理 WPS 账号）
功能区	功能区承载了各类功能入口，包括功能区选项卡、文件菜单、快速访问工具栏（默认置于功能区内）、快捷搜索框、协作状态区等
名称框	名称框用于显示活动单元格的名称或当前正在选择的单元格区域的行数和列数。在名称框中输入名称，按 Enter 键可以选择对应的单元格或单元格区域
编辑栏	编辑栏用于显示和编辑活动单元格的内容
列标	列标用于标识和选择工作表的列，以 A~Z、AA~AZ、……、XFD 编号
行号	行号用于标识和选择工作表的行，以 1、2、3、4、……、1048576 编号
全选按钮	单击全选按钮可以选中当前工作表中的所有单元格
工作表标签	工作表标签用于显示和切换工作表，当工作簿中的工作表较多时，可以单击工作表标签左侧的导航按钮快速切换工作表
状态栏	状态栏用于显示操作过程中的状态信息，如选中区域的求和，计数等信息
视图按钮	视图按钮用于切换工作表的显示视图、护眼模式和阅读模式
缩放比例滑块	显示比例滑块用于调整工作表的显示比例
活动单元格	活动单元格是指当前被选中的单元格，若该单元格中有内容，则会将该单元格中的内容显示在编辑栏中

2. WPS 表格的相关概念

使用 WPS 表格创建的文件称为工作簿，每个工作簿中包含若干工作表，每个工作表又包含若干单元格。工作簿是单独存在的文件，而工作表不能单独存在，只能在工作簿中创建。下面是 WPS 表格中的相关概念。

（1）工作簿

工作簿是 WPS 表格用来处理和存储数据的文件，默认扩展名为.et，其中可以含有一个或多个工作表。新建空白工作簿时，系统默认文件名为"工作簿 1"。

（2）工作表

工作表是组成工作簿的基本单位，是 WPS 表格中用于存储和处理数据的主要文档，也称为电子表格。每个工作表由 1048576 行和 16384 列组成，列以字母 A~Z、AA~AZ、BA~BZ、……、XFD 编号，行以数字 1、2、3、4、5、……、1048576 编号。每个工作表都有一个标签，即工作表的名字。单击工作表标签，该工作表即成为活动工作表。

（3）单元格

工作表中行列交汇处的区域称为单元格，它可以保存数值和文字等数据。每一个单元格都有一个唯一的地址，由"列标"和"行号"组成。例如第 4 列、第 5 行的单元格地址是"D5"。

（4）单元格区域

单元格区域是指多个单元格的集合，是由多个单元格组合而成的一个范围。单元

拓展知识
WPS 表格
窗口管理

格区域可分为连续单元格区域和不连续单元格区域。在数据运算中经常会对一个单元格区域中的数据进行计算。例如，"=SUM(A2:A8)"表示对 A2 到 A8 单元格之间的所有单元格数据进行求和运算；"=SUM(A2,A8)"则表示只对 A2 和 A8 单元格中的数据进行求和运算。

（5）WPS 表格的文件格式

WPS 表格中常用的文件类型与其对应的扩展名见表 6-2。

表 6-2　WPS 表格中常用的文件类型与其对应的扩展名

文件类型	扩展名	文件类型	扩展名
WPS 表格	.et	Excel 启用宏的工作簿	.xlsm
WPS 表格模板文件	.ett	XML 表格	.xml
Excel 文件	.xlsx	PDF 文件格式	.pdf

二、选择行、列、单元格和区域

使用 WPS 表格进行数据处理时，通常需要对行、列、单元格和区域进行插入、删除、移动、复制等操作，在进行这些操作之前，应先选择要操作的行、列、单元格和区域。选择行、列、单元格和区域的操作方法如表 6-3 所示。

微课 6-2
操作单元格和区域

表 6-3　选择行、列、单元格和区域的方法

选择对象	操作方法
选择行	将光标移至待选行左侧的行号上，待光标变成 ➡ 形状后，单击选择当前行。上下拖曳光标可选择连续的多行
选择列	将光标移至待选列顶端的列标上，待光标变成 ⬇ 形状后，单击选择当前列。左右拖曳光标可选择连续的多列
选择单个单元格	当光标为空心十字 ✛ 时单击单元格
选择连续的单元格区域	将光标移至待选区域的第一个单元格，光标为空心十字 ✛ 时，拖曳光标至对角单元格。或选择第一个单元格后，按住 Shift 键再选择对角单元格
选择不连续的单元格或区域	选择第一个单元格或单元格区域后，按住 Ctrl 键，依次选择其他单元格或单元格区域
选择整个表格	单击行号和列标交叉处的全选按钮，或按 Ctrl + A 组合键。若当前单元格为非空，按 Ctrl + A 组合键将选择与当前单元格连续的全部非空单元格区域
扩展选定区域	按 Shift +方向键可以将选定区域增加或减少一行或一列；按 Ctrl + Shift + 方向键可以将选定区域扩展到指定方向的最后一个单元格

笔记

项目实施

要完成学生信息表和成绩表的制作，可以先制作学生信息表工作表，然后复制学生信息表工作表，改名为成绩登记表，再根据需要做一些调整即可。

一、创建和保存工作簿

微课 6-3
创建和保存
工作簿

要创建学生信息和成绩表工作簿，可以先新建一个空白工作簿，再将空白工作簿以"学生信息和成绩表"为文件名保存。

1．新建工作簿

WPS 表格需要在新窗口中新建或打开工作簿，新建一个空白工作簿的操作方法如下。

方法 1：在 WPS 表格窗口中，单击【文件】|【新建】命令，或按 Ctrl + N 组合键。

方法 2：启动 WPS Office，单击【新建】|【表格】|【空白表格】。

2．保存工作簿

在工作簿中进行编辑操作后，需要经过保存操作给文件取一个直观易记的文件名，将内存中的文件存放到磁盘中，便于以后读取和编辑。经常性地保存工作簿可以避免由于系统崩溃、停电故障等原因造成的损失。

✎ 笔 记

将工作簿保存到"WPS 网盘"文件夹中，命名为"学生信息和成绩表.xlsx"，操作步骤如下。

步骤 1：单击【快速访问工具栏】中的【保存】按钮 🖫 。

步骤 2：在【另存为】对话框左侧导航窗格中选择保存位置为【我的云文档】，在【文件名】文本框中输入文件名"学生信息和成绩表"，在【文件类型】组合框中选择【Microsoft Excel 文件(*.xlsx)】，单击【保存】按钮。如图 6-5 所示。

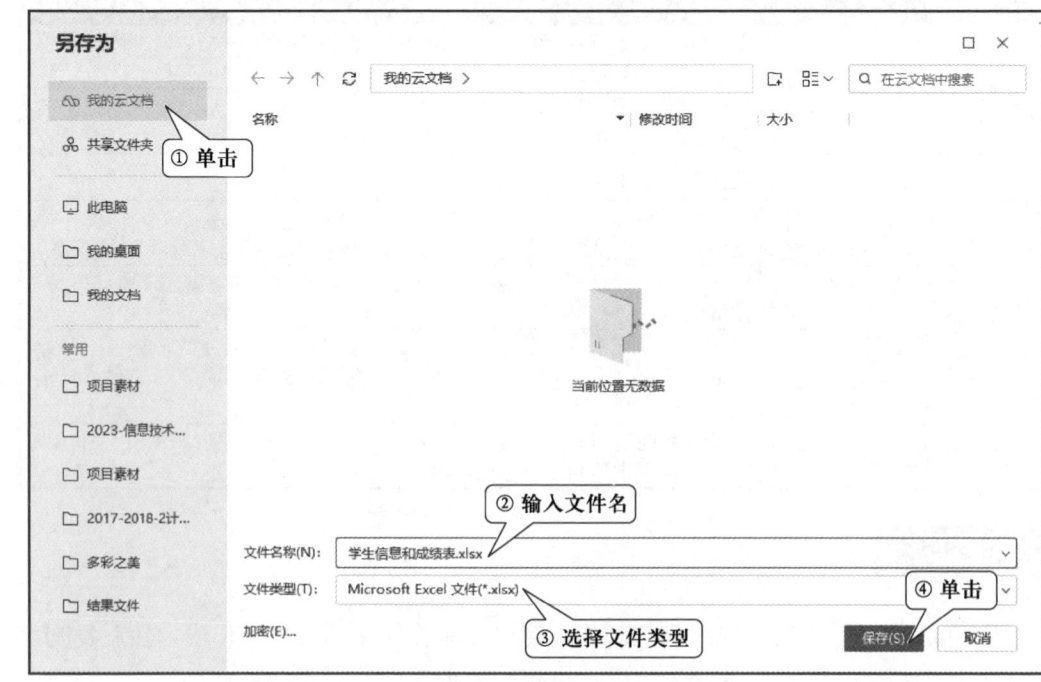

图 6-5　另存为对话框

3．自动备份工作簿

由于断电、系统不稳定、WPS 表格程序本身问题，以及用户误操作等原因，WPS 表格程序可能会在用户保存文档之前就意外关闭。使用自动备份功能，可以减少意外情况所造成的损失。

设置工作簿每隔 4 分钟自动备份一次，操作步骤如下。

步骤 1：在【文件】选项卡中，单击【备份与恢复】|【备份中心】命令。

步骤 2：在【备份中心】窗口中单击【本地备份设置】，在【本地备份设置】对话框选择【定时备份】单选按钮，设置【时间间隔】为 4 分钟，设置【本地备份存放位置】，设置完成后单击关闭按钮，如图 6-6 所示。

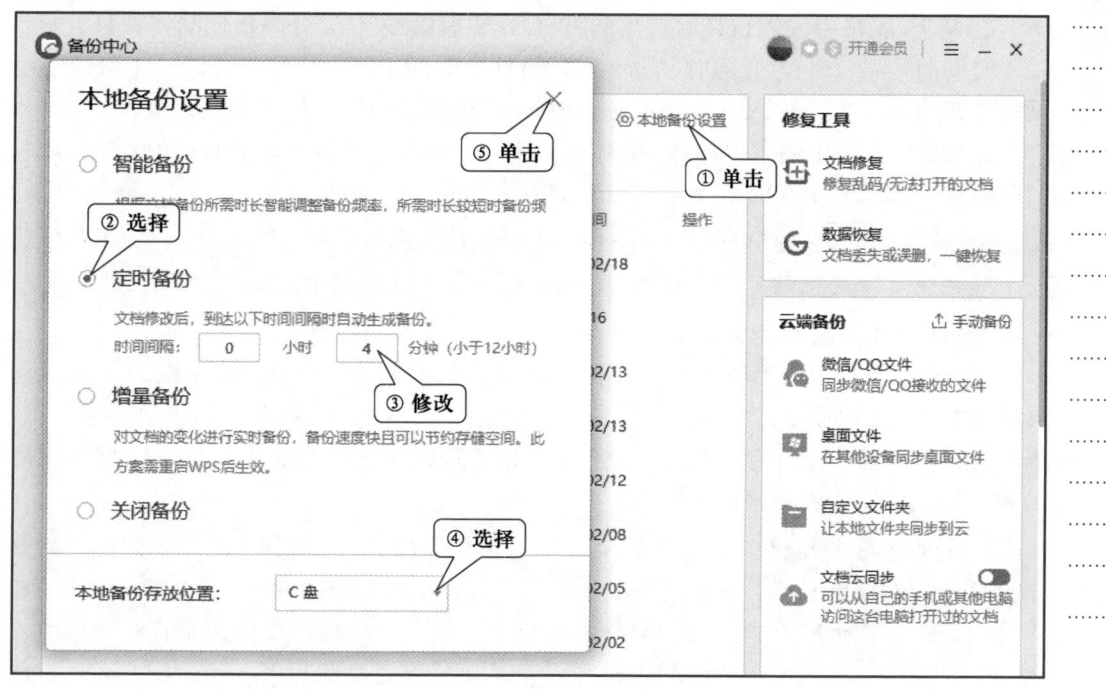

图 6-6　设置自动备份

二、输入学生信息表数据

数据是表格中不可缺少的元素之一，在 WPS 表格中，常见的数据类型有文本型、数值型、日期时间型和公式等，不同的数据类型输入方法不尽相同。

1．输入表格标题

在 A1 单元格中输入表格标题"学生信息表"，在 A2:G2 单元格区域中分别输入各列的标题"学号，学生姓名，性别，出生日期，籍贯，身份证号"，操作步骤如下。

步骤 1：选定单元格 A1，输入"学生信息表"，按 Enter 键确认当前单元格的输入，同时选定下方单元格 A2 为活动单元格。

步骤 2：在 A2 单元格中输入"学号"，按 Tab 键完成当前单元格编辑并选定右侧

微课 6-4
输入学生信息
表数据

117

单元格 B2 为活动单元格，按此方法依次输入其他各列的标题。

📖**提示**：除了 Enter 和 Tab 键，还可以按方向键选定其他单元格为活动单元格，按 Ctrl + Home 组合键快速切换到 A1 单元格，按 Ctrl + End 组合键切换到有数据区域的最后一个单元格。

退出单元格编辑后，可以选中单元格，在编辑栏中编辑单元格内容，也可以双击单元格编辑单元格内容；在单元格编辑过程中可以按 Backspace 键删除光标左侧的文本；按 Delete 键删除光标右侧的文本；选定单元格后按 Delete 键可以删除单元格中的所有内容。

2．输入出生日期

在 WPS 表格中输入日期时使用斜杠（/）或短横线（-）分隔日期的年、月、日，输入时间时用冒号（:）分隔时、分、秒，日期和时间中间用空格符分隔。年份通常用两位数来表示，如果输入时省略年份，WPS 表格将以当前年份作为默认值。

在 D3 单元格中输入"1999 年 3 月 5 日"的操作方法为：选中 D3 单元格，输入"1999-3-5"或者"1999/3/5"，按 Enter 键结束。

📖**技巧**：按 Ctrl + ;键可以快速输入当前日期。在单元格中输入"=today()"可以得到一个随系统日期变化的日期；输入"=now()"可以得到一个随系统时间变化的时间。

3．输入 0 开头的纯数字文本

在 WPS 表格中，当输入小于 6 位的以 0 开头的编号时会自动将左侧的 0 去掉，转换为数值。例如输入"01001"会变成"1001"。如果要保留输入的数据则需要在输入内容的最左侧加一个半角的单引号（'）将数值强制转换为文本。也可以将单元格的数字格式设置为文本格式再输入。

📖**提示**：如果在单元格中输入文本长度超过单元格宽度，当右侧单元格为空时，超出部分延伸到右侧单元格；当右侧单元格有内容时，超出部分被隐藏。选中单元格区域，在【开始】选项卡中单击【自动换行】按钮，可以使超出单元格宽度的部分自动转到下一行显示。按 Alt + Enter 组合键可以在单元格内手动换行。

4．快速输入学号

在 A3:A47 单元格区域中输入学生的学号，操作步骤如下。

步骤 1：选定 A3 单元格，输入第一个学生的学号"180201001"按 Enter 键。

步骤 2：再次选定 A3 单元格，将光标移到 A3 单元格右下角的填充柄（小方点）上，当光标变成黑色十字形➕时，拖曳到 A48 单元格，释放鼠标左键，WPS 表格将这个区域填充为"180201001 至 180201046"的连续学号。

步骤 3：右击 A8 单元格，在快捷菜单中单击【删除】命令，删除多余的学号"180201006"及其所在行。

📖**提示**：如果填充学号之前已经输入了姓名列的内容，在 A3 单元格中输入第一个学号后，可以在 A3 单元格的填充柄上双击，WPS 表格会自动将当前学号填充到有姓名数据的最后一行。

除了填充等差数列外，还可以填充日期序列，其他常用序列，如：星期一、星期二、……、星期日；甲、乙、……、癸等。

三、设置数据有效性

在 WPS 表格中输入数据之前，对指定区域设置数据有效性，可以验证输入的数据是否符合有效性规则，避免输入无效数据。

微课 6-5
设置数据
有效性

1. 设置性别选择列表

在学生信息表中设置"性别"列中只能输入"男"或者"女"，操作步骤如下。

步骤 1：选定 C3:C47 单元格区域。在【数据】选项卡中，单击【下拉列表】按钮，打开【插入下拉列表】对话框。

步骤 2：在【手动添加下拉选项】编辑框的第 1 行输入"男"，单击上方的【增加】按钮，在第 2 行中输入"女"，如图 6-7 所示，单击【确定】按钮。

2. 设置出生日期限制

在学生信息表中设置"出生日期"列只能输入"1995"至"2005"之间的日期，操作步骤如下。

步骤 1：选定 D3:D47 单元格区域。切换到【数据】选项卡，单击【有效性】按钮，打开【数据有效性】对话框。

步骤 2：单击【设置】选项卡，从【允许】下拉列表中选择"日期"选项，从【数据】下拉列表中选择"介于"选项，在【开始日期】和【结束日期】引用框中分别输入"1995-1-1"和"2005-12-31"，单击【确定】按钮，如图 6-8 所示。

笔 记

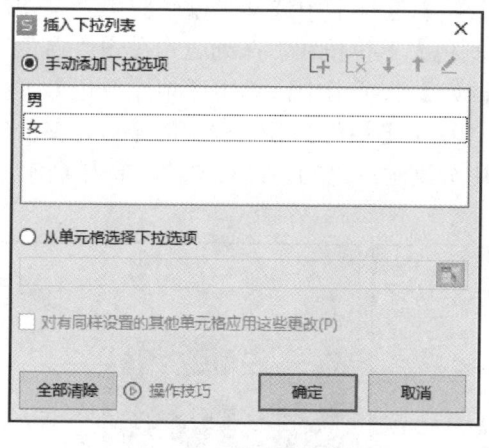

图 6-7　设置下拉列表

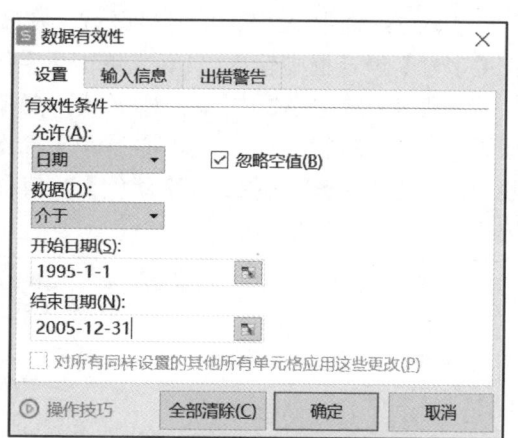

图 6-8　设置日期数据有效性

提示：设置数据有效性后，在单元格中输入非法数据时会显示如图 6-9 所示的错误信息。如果要在图 6-9 所示的对话框中显示自定义的错误信息，可以在【数据有效性】对话框的【出错警告】选项卡中设置【错误信息】。如果需要在选择单元格时显示提示信息，可以在【数据有效性】对话框的【输入信息】选项卡中设置【输入信息】。

四、美化学生信息表

在 WPS 表格中可以通过合并单元格，设置单元格的边框和填充颜色，字体格式、数字格式和对齐方式来对工作表进行美化，使表格中的数据看起来更加整洁美观。

1．设置表格标题格式

为了突出显示表格标题行，通常将标题行的字体格式、填充颜色和对齐方式设置为单独的格式，以便与数据行加以区别。设置学生信息表标题格式的操作步骤如下。

步骤 1：选中 A1:F1 单元格区域，切换到【开始】选项卡，单击【合并居中】按钮目。

📖提示：选中合并的单元格区域，单击【合并居中】按钮可以取消合并单元格。也可以选择单元格区域后，单击【合并居中】下拉按钮，在列表中选择【合并相同单元格】或【合并内容】。

步骤 2：选中 A1 单元格，在【开始】选项卡中选择"华文新魏"字体，在【字号】组合框中输入"24"，单击【字体颜色】下拉按钮 A·，在列表中单击"自动"选项，如图 6-10 所示。

图 6-9　输入非法数据时的提示信息　　　　图 6-10　设置字体格式

步骤 3：选中 A2:F2 单元格区域，在【开始】选项卡中选择"微软雅黑"字体，在【字号】组合框中输入"14"，单击【字体颜色】下拉按钮，在列表中单击"白色"。

步骤 4：选中 A2:F2 单元格区域，在【开始】选项卡中，单击【填充颜色】下拉按钮 ♨·，在列表中选择【其他颜色】命令，单击【颜色】对话框中的【自定义】选项卡，在【红色】【绿色】和【蓝色】数值框中分别输入"33、115、70"，单击【确定】按钮，如图 6-11 所示。

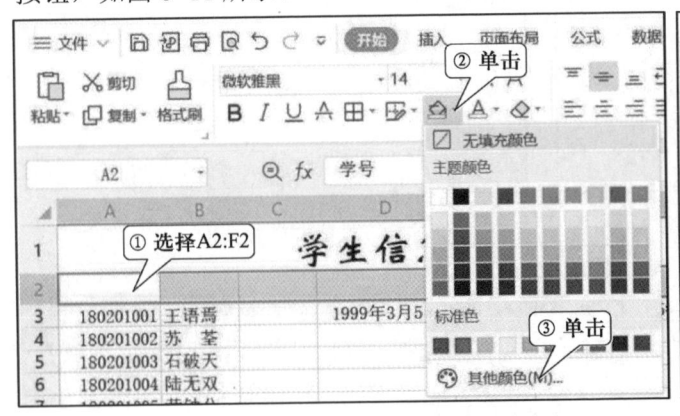
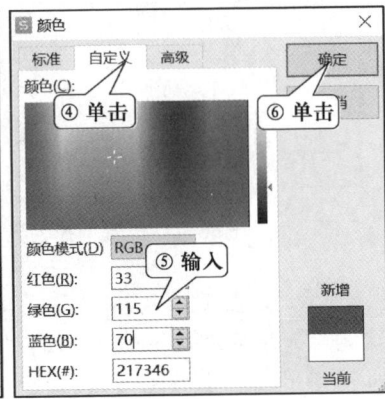

图 6-11　设置单元格填充颜色

步骤 5：在【开始】选项卡中单击【垂直居中】按钮和【水平居中】按钮，如图 6-12 所示。

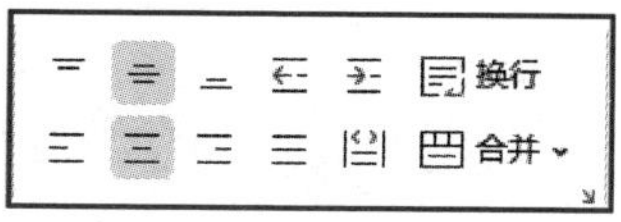

2. 设置数据行格式

为了便于查看和阅读，通常将表格的数据行设置为镶边行格式，即用两种不同颜色间隔填充数据行。根据数值类型对数据行的数字格式进行设置，提高数据的可读性。

图 6-12　设置对齐方式

（1）设置镶边行填充

将数据行中偶数行填充色设置为"标准色-浅绿"，奇数行无填充色，操作步骤如下。

步骤 1：选中 A4:F4 单元格区域。

步骤 2：在【开始】选项卡中单击【填充颜色】下拉按钮，在列表中单击"标准色-浅绿"。

步骤 3：选中 A3:F4 单元格区域，在【开始】选项卡中单击【格式刷】按钮 ，使其处于选中状态，此时光标变成空心十字加刷子的形状 。

步骤 4：选择 A5:F47 单元格区域。

📖**提示**：如果要将选中单元格区域的格式应用到多个单元格区域，可以双击【格式刷】按钮，然后依次选择要应用当前格式的单元格区域，完成后再次单击【格式刷】按钮取消格式复制状态。

（2）设置对齐方式

设置姓名列的水平对齐方式为"分散对齐（缩进）1 字符"，垂直对齐方式为"居中"，其余各列的水平对齐方式和垂直对齐方式均为"居中"，操作步骤如下。

步骤 1：选中 B3:B47 单元格区域，右击选中区域，在快捷菜单中单击【设置单元格格式】命令，打开【单元格格式】对话框。

步骤 2：在【对齐】选项卡【水平对齐】组合框中选择"分散对齐（缩进）"，在【缩进】微调框中输入"1"，在【垂直对齐】组合框中选择"居中"，单击【确定】按钮。如图 6-13 所示。

📖**提示**：为了使姓名对齐，最好的解决方法是采用分散对齐方式，而不是在两个字的姓名中间插入空格，插入空格的方法不但效率低，而且会影响数据的查找和对比。

步骤 3：选中其余各列，在【开始】选项卡中，单击【垂直居中】和【居中】按钮，将其垂直对齐方式和水平对齐方式设置为居中。

（3）设置数字格式

WPS 表格提供了丰富的数据格式化功能，用于提高数据的可读性，如常规、数字、货币、特殊、自定义等。通过应用不同的数字格式，可以更改数字的外观，但它并没有改变其数据类型，更不会影响数据的实际值。图 6-14 列出了各种数字格式对数据显示的影响。

在单元格中输入的数字，默认按常规格式显示，在实际工作中这种默认格式可能无法满足用户需求，例如，财务报表中的数据常用货币格式显示。

121

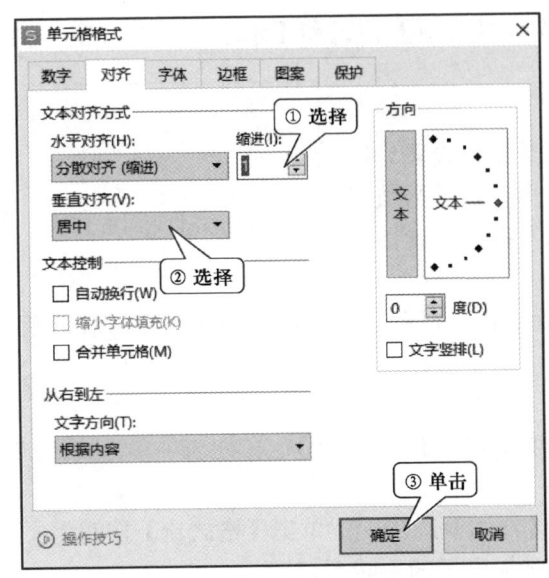

图 6-13　设置单元格对齐方式

	A	B	C
1	原始数据	格式化后显示	格式类型
2	39668	2008年8月8日	日期
3	-16580.2586	(16580.26)	数值
4	0.505648148	12:08:08	时间
5	0.0459	4.59%	百分比
6	0.6125	3/5	分数
7	5432123.35	¥5,432,123.35	货币
8	12345	壹万贰仟叁佰肆拾伍	特殊-中文大写数字
9	4000049448	400-004-9448	自定义（电话号码）

图 6-14　各种数字格式的显示结果

笔 记

将出生日期列中的日期格式设置为"1999 年 3 月 5 日"的格式，操作步骤如下。

步骤 1：选中 D3:D47 单元格区域。

步骤 2：在【开始】选项卡【数字格式】组合框中单击【长日期】。

📖提示：如果把日期单元格的数字格式设置为常规，则会显示一个整数，这是因为日期数据在系统中是以数值来存放的，用整数 1 表示 1900 年 1 月 1 日，每增加 1 天，日期值就增加 1。所以日期可以进行运算，两个日期的差值表示两个日期之间相差的天数。

3．调整表格布局

可以根据表格内容调整表格的行高和列宽，添加表格的边框等。

（1）调整行高和列宽

调整表格标题行的行高为适合的行高，设置数据行行高为 22 磅，各列的列宽为适合的列宽，操作步骤如下。

步骤 1：将光标移到行号 1 和 2 之间的分隔线上，当光标变成双向箭头✛时双击即可根据表格第 1 行的内容调整行高为最适合的行高。

步骤 2：选中第 2～47 行，右击选中区域，在快捷菜单中单击【行高】命令，在【行高】对话框中输入数值"22"，单击【确定】按钮，如图 6-15 所示。

📖注意：正确选择第 2～47 行决定快捷菜单中显示的命令，如果误选为 A2:F47 单元格区域，快捷菜单中将找不到【行高】命令，这时可以在【开始】选项卡中单击【行和列】下拉按钮⬚，在列表中单击【行高】命令，打开【行高】对话框进行设置。

步骤 3：选中 A～F 列，将光标移至列标 A 和 B 之间的分隔线上，当光标变成双向箭头✛时，双击即可根据各列的内容调整其列宽为适合的列宽。

（2）添加表格边框

将 A2:F47 单元格区域的外边框设置粗实线，内部框线设置为单实线，操作步骤如下。

步骤 1：选择 A2:F47 单元格区域，按 Ctrl + 1 组合键，打开【设置单元格格式】对话框。

步骤 2：切换到【边框】选项卡，在【样式】列表中选择"粗实线"，单击【外边框】按钮；再从【样式】列表中选择"细实线"，单击【内部】按钮，单击【确定】按钮，如图 6-16 所示。

笔 记

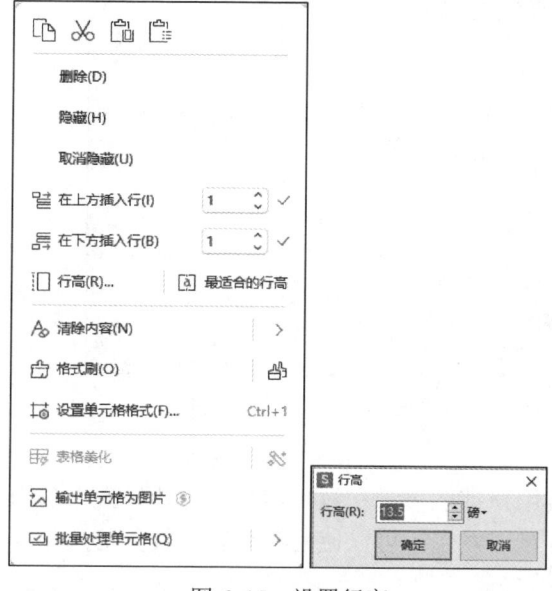

图 6-15　设置行高　　　　　　　　图 6-16　设置表格边框

提示：WPS 表格内置了很多单元格样式和表格样式，如果要对单元格区域应用内置样式只需要在选择单元格区域后，在【开始】选项卡中单击【表格样式】按钮 表格样式，在样式列表中单击需要的表格样式即可。如果要对选中的单元格套用样式，则单击【单元格样式】按钮 单元格样式。

五、在线收集学生信息

为进一步完善学生信息，可以将"学生信息和成绩表"转换为在线表格或生成在线表单，将链接分享给其他人进行在线收集信息。

（1）在线表格收集

将"学生信息表"转换为在线表格，操作步骤如下。

步骤 1：单击【文件】|【另存为】按钮。

步骤 2：在【另存为】对话框左侧导航窗格中选择保存位置为【我的云文档】，在【文件名】文本框中输入文件名"学生信息表"，单击【保存】按钮。

步骤 3：在窗口右上角单击【分享】，单击【和他人一起编辑】开关，切换到协作模式，如图 6-17 所示。单击【复制链接】按钮或生成二维码按钮，将链接或二维码发送给他人，他们即通过链接或二维码打开并编辑在线表格。

微课 6-7
在线收集学生
信息

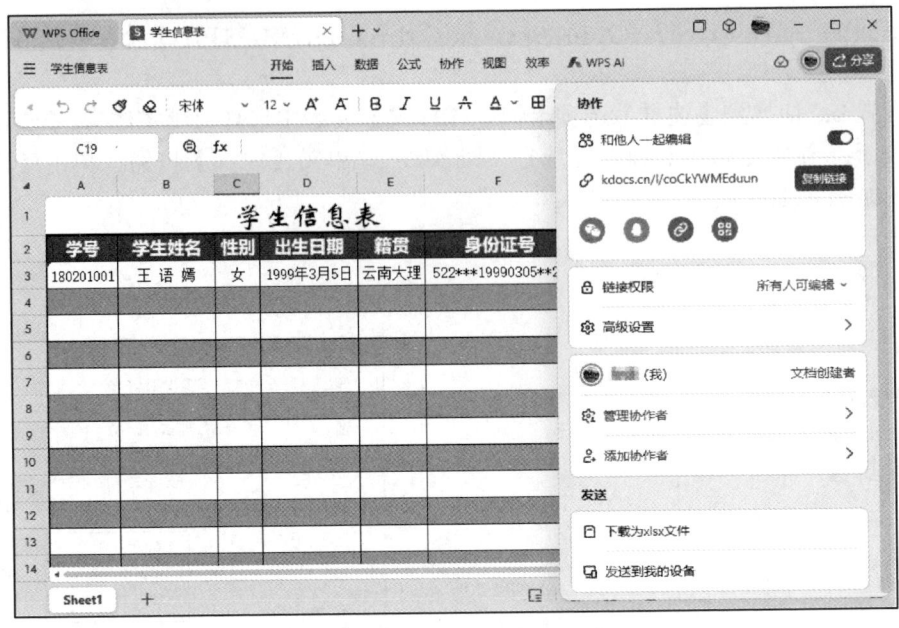

图 6-17　和他人一起编辑表格

（2）在线表单收集

使用在线表格收集信息时，所有在线用户都能查看和编辑信息，可能导致有的用户错误修改他人的信息。如果要避免这种错误发生，可以使用在线表单收集信息，操作步骤如下。

步骤 1：在"协作模式"下，单击【协作】|【关联表单收集数据】|【使用表头生成表单】，如图 6-18 所示。

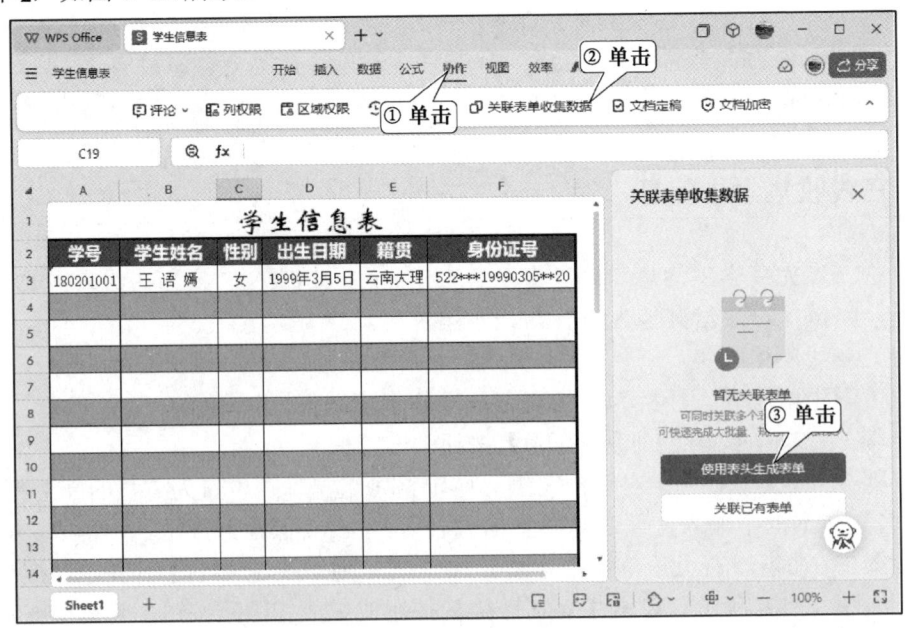

图 6-18　使用表头生成表单

步骤 2：在【使用表头生成表单】对话框中，单击【创建并分享】按钮分享填报链接或二维码给填报人进行信息收集。

步骤 3：表单分享后，可以在 WPS【首页】页面【最近】列表中双击"学生信息表"表单，查看表单数据的统计和分析情况，单击【查看数据汇总表】，即可查看电子表格格式的汇总表，非常方便。

六、制作成绩登记表

在建立工作表时，如果要新建的工作表的表格结构和内容与现有工作表相近，可以复制现有工作表，然后根据需要进行必要的编辑。

1. 建立学生成绩表

建立学生成绩表可以通过复制学生信息表，修改工作表名称，设置工作表标签颜色来完成。

（1）复制学生信息表

通过复制工作表操作，可以在同一个工作簿或另一个工作簿中创建工作表的副本。复制 Sheet1 工作表的操作步骤如下。

步骤 1：右击 Sheet1 的工作表标签。

步骤 2：在弹出的快捷菜单中选择【创建副本】命令，如图 6-19 所示。

完成上述操作后，在 Sheet1 的右侧出现一张与 Sheet1 完全相同的名为 Sheet1(2) 的工作表。

微课 6-8
制作成绩
登记表

笔 记

图 6-19 复制工作表

> **技巧**：要在本工作簿中移动 Sheet1，可以拖曳工作表标签到新位置释放鼠标即可。如果要复制 Sheet1，只需按住 Ctrl 键的同时拖曳 Sheet1 工作表标签，到达新位置后，先释放鼠标左键，再松开 Ctrl 键，即可完成。

（2）重命名工作表

工作簿中的工作表默认名称为 Sheet1、Sheet2 等，根据这样的工作表名称无法辨别工作表中存放的内容，使用起来很不方便。因此需要使用直观易记的名称对工作表命名。

将 Sheet1 命名为"学生信息表"，操作方法为：双击 Sheet1 工作表标签，输入工作表的新名称"学生信息表"，按 Enter 键确认。用同样的方法将 Sheet1 (2)命名为"学生成绩表"。

（3）设置工作表标签颜色

将"学生成绩表"工作表标签设置为蓝色，操作步骤如下。

右击"学生成绩表"工作表标签，在快捷菜单中选择【工作表标签】|【标签颜色】命令，在颜色列表中选择【标准色】|【蓝色】。

2．插入列

在"学生成绩表"工作表中 C 列的左边插入一列，操作步骤如下。

步骤 1：单击"学生成绩表"工作表标签切换到"学生成绩表"。

步骤 2：右击 C 列列标，在快捷菜单中单击【在左侧插入列】命令。

步骤 3：修改各科目列标题并调整列宽为适合的列宽。

> **注意**：如果当前选定的不是整个 C 列，而是 C 列中的某些单元格，则在单击【插入】命令后会弹出如图 6-20 所示的子菜单，单击【在左侧插入列】完成插入列操作。

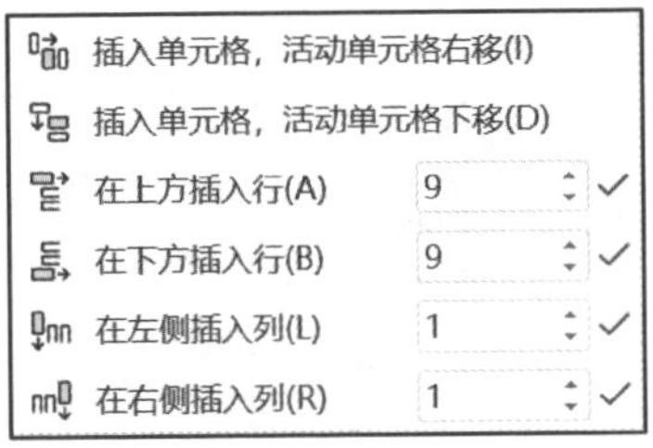

插入单元格，活动单元格右移(I)	
插入单元格，活动单元格下移(D)	
在上方插入行(A)	9
在下方插入行(B)	9
在左侧插入列(L)	1
在右侧插入列(R)	1

图 6-20　插入行、列、单元格

3．清除单元格

当单元格中的数据、格式、数据有效性等不再需要时，可以将其清除。清除学生成绩表中 D2:G47 单元格区域的内容和数据有效性，保留单元格格式，操作步骤如下。

步骤 1：选择学生成绩表中的 D2:G47 单元格区域。

步骤 2：按 Delete 键清除单元格中的所有内容。

步骤 3：切换到【数据】选项卡，单击【有效性】按钮，打开【WPS 表格】对话框，单击【是】按钮，在【数据有效性】对话框中单击【全部清除】，再单击【确定】按钮。如图 6-21 所示。

4．突出显示不及格成绩

为了方便查看表格中符合条件的数据，可以为单元格设置条件格式，使符合条件的数据以特定的外观显示。在 WPS 表格中，可以使用 WPS 表格预定义的条件格式，也可以根据需要自定义条件规则和格式。

笔记

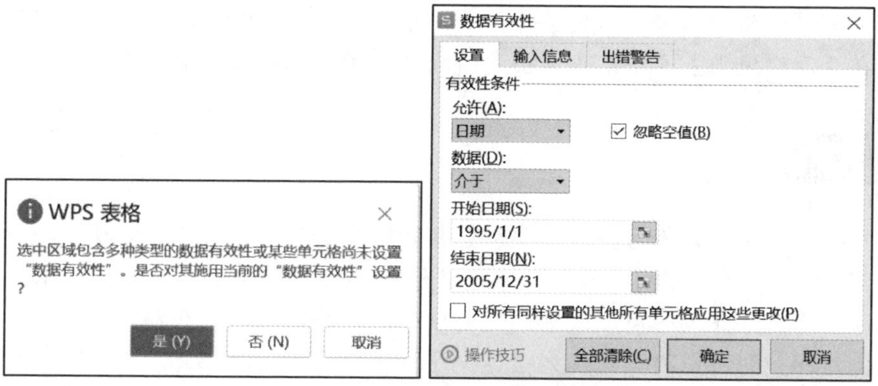

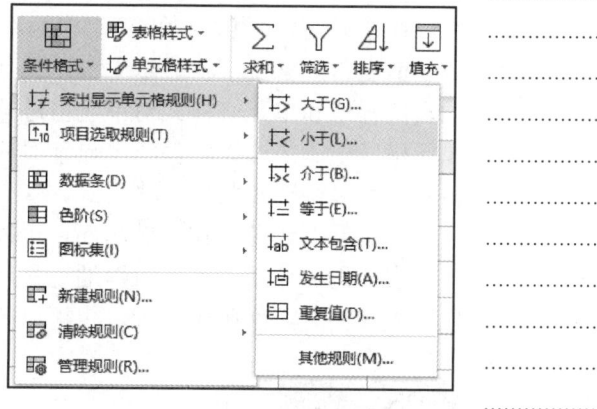

图6-21 删除多种类型的数据有效性

将学生成绩表中低于60分的单元格字体设置为红色加粗,操作步骤如下。

步骤1:选择C3:G47单元格区域。

步骤2:在【开始】选项卡中,单击【条件格式】按钮，在【突出显示单元格规则】子菜单中单击【小于】命令,如图6-22所示。

步骤3:在【小于】对话框中【为小于以下值的单元格设置格式】框中输入"60",在【设置为】组合框中选择"自定义格式",打开【单元格格式】对话框,设置字形为"粗体",字体颜色为"标准色-红色",单击两次【确定】按钮,如图6-23所示。

图6-22 使用条件格式

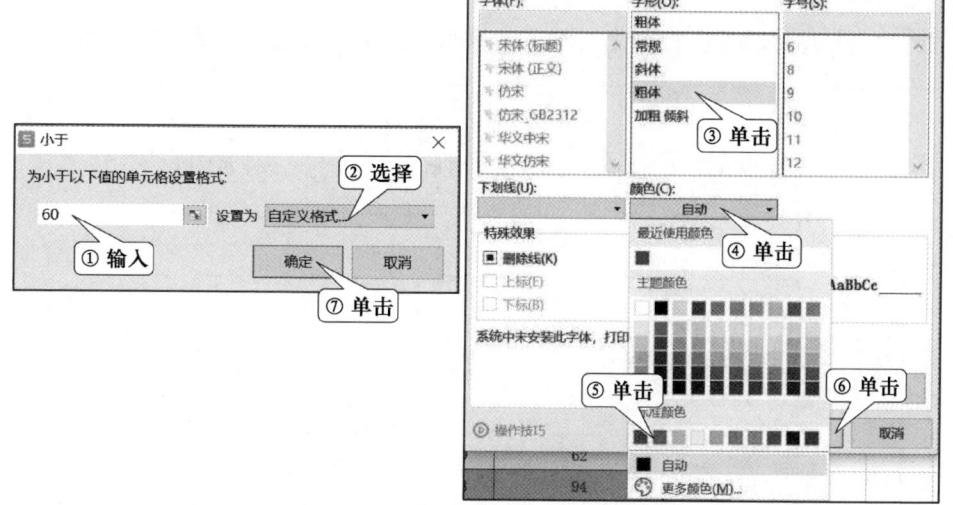

图6-23 设置条件格式的规则和格式

📖 提示：若要删除所选单元格的条件格式，可以在【开始】选项卡中单击【条件格式】按钮，在【清除规则】子菜单中单击【清除所选单元格的规则】命令。

项目总结

在 WPS 表格中输入数据时，要掌握各种数据类型的正确输入方法。在输入第 1 位为"0"的编号时，要将单元格数字格式设置为文本后再输入，避免出错。在输入学号、序号等有序序列时可以采用单元格填充进行快速输入。在输入春、夏、秋、冬等常用固定序列时可以将其定义为自定义序列，再进行自动填充。为了减少数据录入错误，可以为单元格设置数据有效性，对输入的数据进行验证，不符合验证条件的数据不允许输入到表格中。使用金山表单可以多人在线收集数据。

在单元格中，相同的值可以根据不同的单元格数字格式显示出不同的格式。例如，日期值在常规格式下将显示为一个整数。在对单元格进行格式化时，可以套用预定义的表格样式和单元格样式对单元格进行快速格式化。可以对单元格设置条件格式，当单元格的值满足预设条件时，显示对应的格式，以突出显示满足条件的单元格。使用格式刷可以快速复制单元格格式。

如果需要调整工作表的顺序，可以通过移动工作表来完成。如果要做一份与现有工作表相近的新工作表，可以通过复制工作表来提高工作效率。移动或复制工作表不仅可以在同一工作簿中进行，也可以跨工作簿进行。

项目练习

一、客观题
请扫描二维码进入即测即评。
二、操作题
1. 参考图 6-24 所示的格式制作员工基本信息表。并设置数据有效性如下。

项目 6
客观题

文本：
参考答案

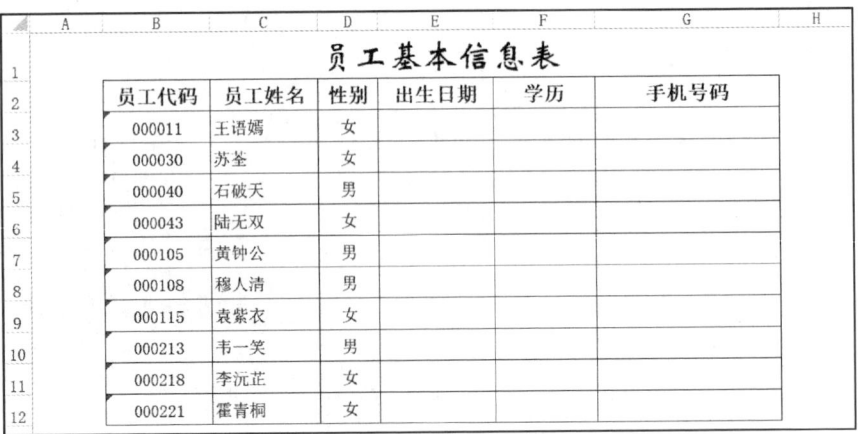

员工代码	员工姓名	性别	出生日期	学历	手机号码
000011	王语嫣	女			
000030	苏荃	女			
000040	石破天	男			
000043	陆无双	女			
000105	黄钟公	男			
000108	穆人清	男			
000115	袁紫衣	女			
000213	韦一笑	男			
000218	李沅芷	女			
000221	霍青桐	女			

图 6-24　员工基本信息表

笔 记

① 出生日期必须是 1950 年至 1995 年之间的日期。

② 学历必须为研究生、本科、大专、中专、高中、初中、小学之一。

③ 手机号码必须是以 1 开头的 11 位数字。

④ 创建金山表单在线收集员工基本信息。

2．参考图 6-25 所示的格式，制作产品销售情况统计表。要求如下。

① 新建“产品销售情况统计表”工作簿，在“Sheet1”工作表中输入数据。

② 合并单元格制作表头，设置格式为“微软雅黑、18 磅、紫色，靠底端对齐”；合并单元格制作“合计”项并右对齐；设置第 2 行的字形为加粗，除“合计”项外的其他所有数据为居中对齐。

③ 为表格添加边框，并为列标题和需要进行计算的单元格添加底纹。

④ 分别调整第 1 行行高为 50 磅，第 2 行行高为 30 磅，其他行行高为 20 磅。

⑤ 调整各列列宽为适合的列宽。

	A	B	C	D	E	F	G
1	产品销售情况统计表						
2	产品型号	单价（元）	上月销售量	上月销售额(万元)	本月销售量	本月销售额（万元）	销售额同比增长
3	P-1	654	123		156		
4	P-2	1652	84		93		
5	P-3	4567	213		198		
6	P-4	2341	66		151		
7	P-5	780	101		121		
8	P-6	394	79		97		
9	P-7	391	89		215		
10	P-8	189	68		189		
11	P-9	282	91		129		
12	P-10	196	156		145		
13	合计:						

图 6-25　产品销售情况统计表

项目 7　统计分析学生成绩

PPT：项目 7
统计分析学生
成绩

学习目标

1．知识目标

① 认识运算符及其在混合运算中的运算顺序。

② 理解公式的组成和常用函数的结构。

③ 理解单元格绝对引用、相对引用、混合引用的概念和区别。

④ 理解页面设置和工作表打印的相关参数及作用。

2．能力目标

① 能有效利用公式和函数对表格数据进行简单的汇总和统计。

② 能熟练掌握求平均值、求最大值、求最小值、求和、数值计数等常见函数的使用。

③ 能熟练掌握相对引用、绝对引用、混合引用及工作表外单元格的引用方法。

④ 能够熟练进行页面布局、打印预览和打印操作的相关设置。

3．素养目标

① 通过复杂公式的编辑，培养不怕挫折、勇于实践、奋力创新的拼搏精神。

② 通过合理的工作表打印设置，增强节约资源，保护生态环境的环保意识。

项目 7
德育小课堂

项目分析

1．项目情境

学期结束，王老师要在学生成绩表中进行成绩统计分析，学生成绩表的部分学生成绩如图 7-1 所示（素材文件：项目 7\项目素材\统计分析学生成绩.xlsx），要计算各位同学的总分、平均分、名次和奖学金，并统计出如图 7-2 所示的成绩分析表。

2．项目要求

根据统计表要求，需要进行如下操作。

素材文件

① 计算每位同学的总分和平均分。

② 根据总分计算学生的名次。

③ 根据名次计算学生的奖学金，一等奖 1 名、二等奖 2 名、三等奖 3 名。

④ 计算各门课程的最高分、最低分、平均分。

⑤ 统计各门课程各分数段的人数。

⑥ 打印成绩表，要求每页显示列标题和页码。

笔记

学号	姓名	语文	数学	英语	政治	历史	地理	总分	平均分	名次	奖学金
20180101	北门春	96	59	90	86	75	91				
20180102	陈昆强	62	14	23	89	39	44				
20180103	陈强	96	72	88	81	80	89				
20180104	陈煜	95	91	92	94	77	89				
20180105	东门雄	96	82	77	85	82	83				
20180106	金世界	91	83	75	81	72	90				
20180107	赖华	89	98	85	86	71	93				
20180108	李招弟	94	68	88	76	82	88				
20180109	梁实在	98	94	87	94	83	94				
20180110	令狐坚	95	86	88	55	94	96				
20180111	卢芬	95	77	79	87	78	88				
20180112	钱建国	76	31	41	47	60	65				
20180113	孙爱花	97	98	82	92	72	88				
20180114	吴一	88	43	75	47	68	83				

图 7-1　学生成绩表

项目	语文	数学	英语	政治	历史	地理
最高分						
最低分						
平均分						
90~100						
80~89						
70~79						
60~69						
0~59						

图 7-2　成绩分析表

3. 解决方案

WPS 表格提供了强大的公式和函数功能，用于对表格中的数据进行计算和处理。在使用公式计算表格数据时，可以灵活使用单元格引用方式和自动填充功能快速填充一组相似的公式，也可以将多个函数嵌套使用，以达到最佳效果。打印工作表时可以用 WPS 表格提供的打印设置功能进行个性化的打印设置，包含打印纸张大小、纸张方向、页边距、打印区域、打印标题、页眉、页脚等。

预备知识

要更好地使用 WPS 表格提供的公式和函数功能。应该首先认识公式和函数，了解公式和函数的使用方法，掌握单元格引用等预备知识。

一、认识公式和函数

WPS 表格中最重要的应用就是利用公式进行计算，只要在一个单元格中输入公式，就能得到计算结果。

1. 公式

WPS 表格中的公式以等号（=）开头，后面是参与计算的元素（运算数）和运算符，运算数可以是常量、单元格或区域的引用、名称、函数等。

如图 7-3 所示公式的意义是：计算以 A2 单元格的值为半径的圆的面积，即用 PI 函数求出圆周率乘以 A2 的 2 次方。

2. 函数

WPS 表格函数是一些预定义的命名公式，使用时必须被包含在公式中。它使用一些称为参数的特定数据，按特定顺序或结构来执行计算和分析数据。WPS 表格函数通常由函数名称、左括号、参数列表和右括号构成。

微课 7-1
认识公式和函数

运算符: * 和 ^

=PI()*A2^2 → 常量

函数

引用

图 7-3　公式的组成

函数名称不区分大小写，用于确定函数的功能和用途，例如求和函数 SUM。

参数可以是数字、文本、逻辑值、数组、错误值或单元格引用，也可以是公式或其他函数。多个参数之间用英文逗号（,）分隔。

WPS 表格中函数可以分为常用函数、财务函数、日期与时间函数、数学与三角函数、统计函数、逻辑函数、文本函数、信息函数、查找与引用函数和数据库函数。合理使用函数，特别是函数的嵌套，能够更好地发挥函数的作用。表 7-1 列出了常用的函数类型和使用范例。

表 7-1　常用的函数类型和使用范例

函数类型	函数名称及其功能	使用范例
常用函数	SUM（求和）、AVERAGE（求平均值）、MAX（求最大值）、MIN（求最小值）、COUNT（数值计数）等	=AVERAGE(E2:I2) 计算 E2:I2 单元格区域中数字的平均值，文本、逻辑值和空白单元格将被忽略
财务函数	DB（求资产的折旧值）、IRR（求现金流的内部报酬率）、PMT（求固定利率下贷款的分期偿还额）等	=PMT(0.45%,120,100000) 计算月利率为 0.45% 时，100000 元贷款分 120 个月还清，每个月的还款额
日期和时间函数	YEAR（求年份）、MONTH（求月份）、DAY（求天数）、TODAY（返回当前日期）、NOW（返回当前时间）、DATEDIF（返回两个日期之间的天数、月数或年数）等	=DATEDIF("2003-1-5","2022-12-6","Y") 计算 2003 年 1 月 5 日和 2022 年 12 月 6 日之间相差的整数，结果为 19。其中第 3 个参数"Y"不区分大小写
数学与三角函数	ABS（求绝对值）、INT（求整数）、ROUND（求四舍五入）、SQRT（求平方根）、RANDBETWEEN（求随机数）等	=ROUND(1234.567,2) 把 1234.567 保留 2 位小数，结果为 1234.57
统计函数	RANK（求大小排名）、COUNTIFS（统计单元格区域中符合多个条件的单元格数）、COUNTBLANK（求空单元格数）、SUMIFS（多条件求和）等	=COUNTIFS(H3:H13,">=90",C3:C13,"男") 求 H3:H13 中数据大于或等于 90，且 C3:C13 中为"男"的行数
逻辑函数	AND（与）、OR（或）、NOT（非）、FALSE（假）、TRUE（真）、IF（单条件判断）、IFS（多条件判断）	=IF(A3>=60,"及格","不及格") 判断 A3 是否大于或等于 60，是就返回"及格"，否则返回"不及格"
文本函数	LEFT（求左子串）、RIGHT（求右子串）、MID（求子串）、LEN（求字符串长度）、EXACT（求两个字符串是否相同）、TEXT（数值转文本）等	=LEN("计算机应用基础") 计算文本长度，结果为 7 =TEXT("2021-2-5","yyyymmdd") 将"2021-2-5"转换为"20210205"
信息函数	ISBLANK（判断是否为空单元格）、ISEVEN（判断是否为偶数）、ISERROR（判断是否为错误值）等	=ISEVEN(G4) 判断 G4 单元格的值是否为偶数
查找与引用函数	ROW（求行序号）、COLUMN（求列序号）、MATCH（返回在指定方式下与指定项匹配的数组中元素的相应位置）、VLOOKUP（在表区域首列搜索满足条件的单元格，返回指定列的值）、XLOOKUP（在表区域或数组中搜索匹配项，并通过第 2 个范围或数组返回相应的项）等	=ROW() 求当前单元格的行序号 =MATCH("陈强",{"陈明明","陈强","陈煜"},0) 查找"陈强"在数组中的位置，结果为 2

3. 运算符

运算符是对公式中的元素进行特定类型运算的符号。WPS表格中包含4类运算符：引用运算符、算术运算符、比较运算符和文本运算符。

- 引用运算符：用于对单元格区域进行计算。
- 算术运算符：用来完成算术运算，如加、减、乘、除、乘幂等。
- 比较运算符：用于比较数据大小，包括数值和文本的比较。运算结果为逻辑值"TRUE（真）"或"FALSE（假）"。
- 文本运算符：用于连接多个文本。例如："="WPS"&"表格""的结果为"WPS表格"。

如果公式中同时用到多个运算符，WPS表格将按运算符的优先顺序进行运算，相同优先级的运算符从左到右进行运算。运算符及优先顺序见表7-2。

表7-2　运算符及优先顺序

运算符	说明	优先级	示例
:和,	引用运算符	1	=SUM(A1:A5,A8)
-	算术运算符：负号	2	=3*-5
%	算术运算符：百分比	3	=80*5%
^	算术运算符：乘幂	4	=3^2
*和/	算术运算符：乘和除	5	=3*10/5
+和-	算术运算符：加和减	6	=3+2-5
&	文本运算符：文本连接符	7	="WPS"&"表格"
=、<>、<、>、<=、>=	比较运算符：等于、不等于、小于、大于、小于或等于、大于或等于	8	=A1=A2 =B2<>"男"

📖**提示：**若要更改公式的计算顺序，可以将公式中需要先计算的部分包含在括号中。例如：公式"=(5+2)*3"，先求出5加2之和，再用结果乘以3，结果为21。

二、认识单元格引用

微课 7-2
认识单元格
引用

单元格引用用来指明公式中所使用的数据的位置，它可以是一个单元格地址，也可以是单元格区域。通过单元格引用，可以在一个公式中引用工作表中的不同数据，或者在多个公式中引用一个单元格中的数据，还可以引用同一个工作簿不同工作表中的数据。当公式中引用的单元格数值发生变化时，公式的计算结果也会自动更新。

1. 单元格和区域地址

WPS表格使用字母标识列，使用数字标识行，这些字母称为列标，数字称为行号。引用单元格时使用列标加行号，例如A3；引用单元格区域时，使用引用运算符连接单元格区域的起始单元格地址和结束单元格地址，各种引用示例及含义见表7-3。

表 7-3　单元格和区域引用示例

引用示例	引用位置	引用示例	引用位置
A10	A 列中第 10 行的单元格	5:5	第 5 行中的全部单元格
A10:A20	A 列中第 10 行~20 行的单元格区域	5:10	第 5 行~10 行中的全部单元格
B15:E15	B 列~E 列中第 15 行的单元格区域	H:H	H 列中的全部单元格
A10:E20	A 列~E 列中第 10 行~20 行的单元格区域	H:J	H 列~J 列中的全部单元格

如果要引用不同的工作簿或工作表中的数据,需要在单元格或区域引用前面加上工作簿名称和工作表名称。引用格式为"[工作簿名]工作表标签!单元格或区域引用"。

2. 相对引用和绝对引用

WPS 表格公式中的单元格引用分为相对引用、绝对引用和混合引用。各种引用方式的特点见表 7-4。将公式复制到目标位置时,公式中有绝对引用符"$"的行或列不变化,没有绝对引用符"$"的行或列则会变化,具体变化情况见表 7-5。

表 7-4　相对引用与绝对引用

引用类型	规则	表示方式	公式复制时特点
相对引用	列号和行号前都不加"$"	A1	行和列都变
绝对引用	列号和行号前都加"$"	$A$1	行和列都不变
混合引用	只有列号前加"$"	$A1	列不变,行变
	只有行号前加"$"	A$1	行不变,列变

📖**技巧**:在公式输入或编辑过程中,选中单元格地址,按 F4 键可以在相对引用、绝对引用和混合引用之间进行切换。

表 7-5　公式复制时相对引用的变化情况

复制位置	公式	移动方式	粘贴位置	粘贴后的公式
D3	=C3-$C$10	向右移 2 列	F3	=E3-$C$10
		向下移 2 行	D5	=C5-$C$10
		下移 3 行右移 4 列	H6	=G6-$C$10

项目实施

在 WPS 表格中可以直接在结果单元格中输入公式和函数进行计算,也可以使用自动求和按钮和插入函数向导来编辑函数。

一、计算总分和平均分

微课 7-3
计算总分和
平均分

WPS 表格将求和、平均值、计数、最大值、最小值等五种最常用的计算集成在【自动求和】按钮中，需要时单击自动求和下拉按钮中的相应命令，即可快速输入函数。

1. 计算总分

使用自动求和按钮计算总分的操作步骤如下。

步骤 1：选定要计算求和结果的单元格 I2。

步骤 2：单击【公式】选项卡中的【自动求和】按钮 Σ，或者按 Alt＋=组合键，WPS 表格自动填写求和函数 SUM 及求和区域 C2:H2，按 Enter 键完成操作，如图 7-4 所示。

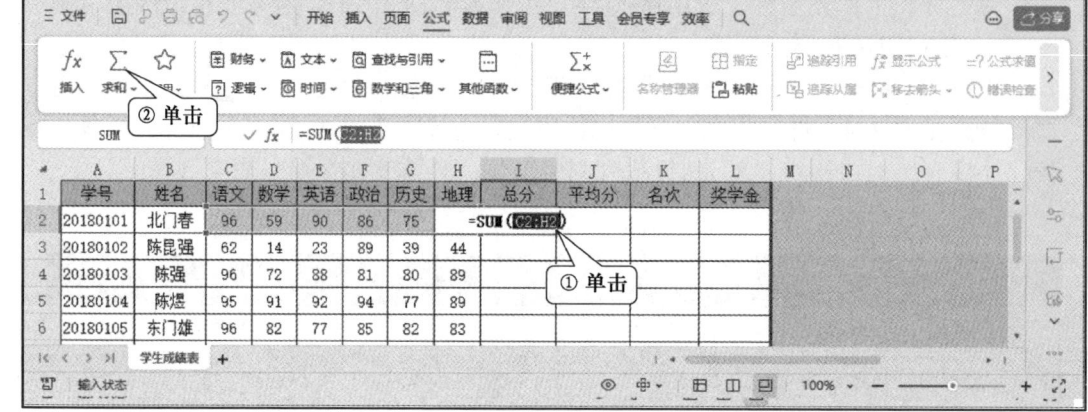

图 7-4　自动求和

2. 计算平均分

使用【自动求和】按钮计算平均分的操作步骤如下。

步骤 1：选定要填写平均分的结果单元格 J2。

步骤 2：单击【公式】选项卡中的【自动求和】下拉按钮 自动求和▾，在列表中单击【平均值】，WPS 表格自动填写平均值函数 AVERAGE 及计算区域 C2:I2，如图 7-5 所示。

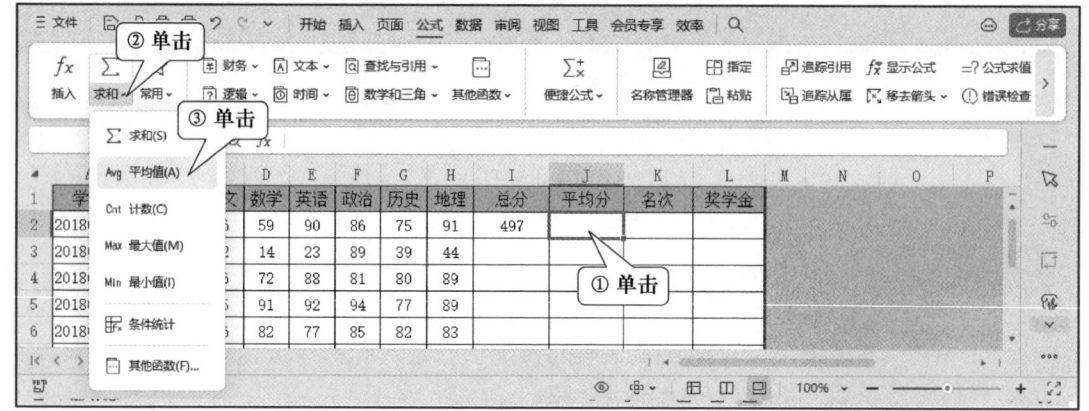

图 7-5　求平均值

步骤 3：需要注意 WPS 表格推荐的数据区域是 C2:I2，包含了不需要计算的总分所在单元格 I2，所以要重新选择正确的单元格区域 C2:H2，按 Enter 键完成操作。

📖**提示：**【自动求和】下拉列表中的求和（SUM）、计数（COUNT）、最大值（MAX）和最小值（MIN）函数的用法与求平均值函数（AVERAGE）相同。

3. 自动填充公式

在学生成绩表中，可以利用自动填充功能来完成公式的快速输入，计算其余学生的总分和平均分，操作步骤如下。

步骤 1：选中 I2:J2 单元格，将光标移到该单元格区域右下角的填充柄上。

步骤 2：当光标变成实心十字✚时，双击该区域，将 I2:J2 单元格中的公式填充到单元格区域 I3:J41 中，即可计算出其他学生的总分和平均分。

二、计算名次

WPS 表格提供了几百个函数，要熟练掌握所有函数的应用，难度很大，在实际工作中可以使用函数向导来查找和输入需要的函数。

例如，根据学生成绩表中的总分计算名次，结果存在 K2 单元格中，操作步骤如下。

步骤 1：选定要插入函数的单元格 K2，单击【编辑栏】上的【插入函数】按钮 fx 。

步骤 2：在【插入函数】对话框的【查找函数】文本框中输入"排名"，在【选择函数】列表框中会显示与计算排名相关的函数，在列表框中单击 RANK 函数，在列表框的下方会显示该函数的语法和说明，单击【确定】按钮，如图 7-6 所示。

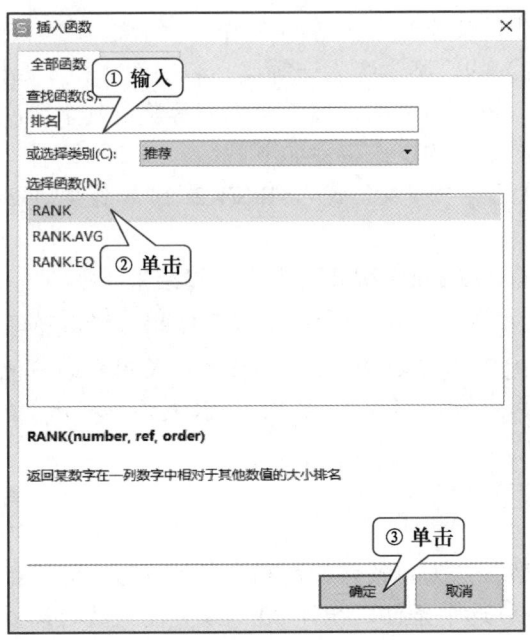

微课 7-4
计算名次

图 7-6　查找函数

步骤 3：在【函数参数】对话框中，将光标定位在"数值"参数框中，选择需要计算其排名的单元格 I2。将光标定位在"引用"参数框中，选择计算排名的比较数据区域 I2:I41，按 F4 键使单元格引用变成绝对引用$I$2:$I$41。由于总分最高的学生名次为 1，即按降序排名，所以"排位方式"参数可以为 0 或省略。如图 7-7 所示，单击【确定】按钮。

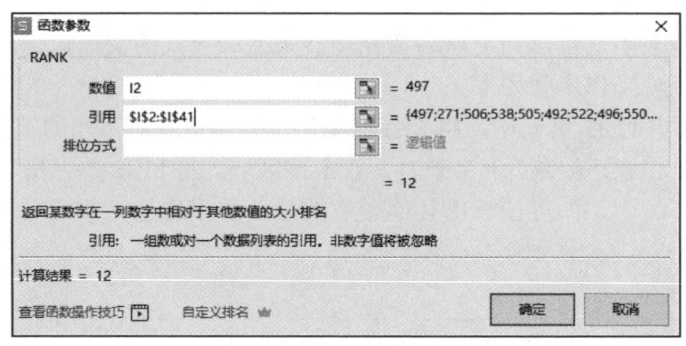

图 7-7 【函数参数】对话框

注意： 不管计算哪个总分的名次，都是与 I2:I41 单元格区域进行比较，所以在引用单元格区域时要用绝对引用格式$I$2:$I$41。

步骤 4：将 K2 单元格中的公式填充到 K3:K41 单元格区域。

三、计算奖学金

微课 7-5
计算奖学金

根据名次计算学生的奖学金，一等奖 1 名、二等奖 2 名、三等奖 3 名，由此可以推出名次为 1（小于 2）的，奖学金为一等奖；名次为 2 和 3（小于 4）的，奖学金为二等奖；名次为 4～6（小于 7）的，奖学金为三等奖；其余名次的奖学金为空。

用 IFS 函数计算奖学金的操作步骤如下。

步骤 1：在 L2 单元格中输入公式 "=IFS(K2<2,"一等奖",K2<4,"二等奖",K2<7,"三等奖",K2>=7,"")"。

步骤 2：输入公式后按 Enter 键即可得出计算结果。

步骤 3：将 L2 单元格中的公式填充到 L3:L41 单元格区域。

注意： 除逻辑值 TRUE 和 FALSE 之外，公式中使用到的其他文本常量必须包含在英文的双引号（""）中，如"二等奖"，否则 WPS 表格会提示"#NAME?"错误。

四、统计各分数段人数

微课 7-6
统计各分数段
人数

统计各分数段人数分别为单条件计数和多条件计数，如统计 90～100 分的人数时需要满足大于或等于 90 这个条件，统计 80～89 分的人数时需要同时满足大于或等于 80 和小于 90 这两个条件。计算各分数段人数的操作步骤如下。

步骤 1：在 C44 单元格输入公式："=MAX(C2:C41)"。

步骤 2：在 C45 单元格输入公式："=MIN(C2:C41)"。

步骤 3：在 C46 单元格输入公式："=AVERAGE(C2:C41)"。

步骤 4：在 C47 单元格输入公式："=COUNTIF(C2:C41,">=90")"。

步骤 5：在 C48 单元格输入公式："=COUNTIFS(C2:C41,">=80",C2:C41,"<90")"。

📖**注意**：在使用 COUNTIFS 函数时，每一个附加的区域都必须与参数"区域 1"具有相同的行数或列数。编号相同的区域和条件必须一一对应。

步骤 6：在 C49 单元格输入公式："=COUNTIFS(C2:C41,">=70",C2:C41,"<80")"。

步骤 7：在 C50 单元格输入公式："=COUNTIFS(C2:C41,">=60",C2:C41,"<70")"。

步骤 8：在 C51 单元格输入公式："=COUNTIF(C2:C41,"<60")"。

步骤 9：将 C44:C51 单元格中的公式向右填充至 H44:H51 单元格区域。

五、将公式结果转化为数值

在 WPS 表格中保存公式，当公式引用的单元格的值发生变化时，WPS 表格能自动重新计算公式，以保持公式的结果为最新。如果要将公式的计算结果转换为固定值，可以使用选择性粘贴将公式结果粘贴为常值。将学生成绩表中 C44:H51 单元格区域的公式转化为值，操作步骤如下。

步骤 1：复制要将公式转换为数值的单元格区域 C44:H51。

步骤 2：按 Ctrl + C 组合键复制。

步骤 3：在【开始】选项卡中单击【粘贴】下拉按钮，在列表中单击【值】命令。如图 7-8 所示。

图 7-8　选择性粘贴值

•六、打印成绩表

尽管无纸化办公已成为一种趋势，但在很多时候，打印输出依旧是 WPS 表格的最终目标。在将工作表数据传送到打印机之前，要对打印的页面参数进行设置，如纸张大小、纸张方向、页边距、页眉和页脚等。

打印学生成绩表，要求每页打印 30 行数据，每页显示列标题和表格标题"2022-2023 学年第 1 学期期末考试成绩表"，页面底部显示页码和总页数。操作步骤如下。

步骤 1：在【页面】选项卡中，单击【页边距】按钮 ⌗，在下拉列表中列出了"常规""窄""宽"和"上次自定义设置"4 个选项，单击需要的选项即可。这里单击【自定义页边距】选项，打开【页面设置】对话框的【页边距】选项卡，在【上】【下】【左】【右】数值框中输入边距值"2"，在【页眉】和【页脚】数值框中输入"1.2"，单击【确定】按钮。如图 7-9 所示。

✏ 笔 记

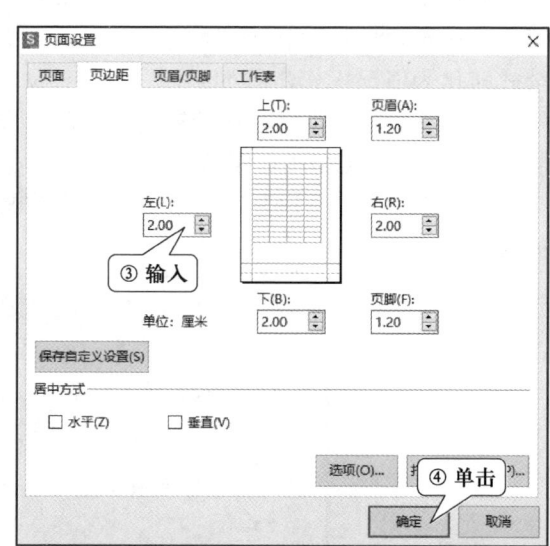

图 7-9　设置自定义页边距

步骤 2：在【页面】选项卡中，单击【打印标题】按钮 ▦，打开【页面设置】对话框的【工作表】选项卡，单击【顶端标题行】编辑框，单击选择表格第 1 行，单击【确定】按钮，如图 7-10 所示。

步骤 3：在【页面设置】对话框中单击切换到【页眉/页脚】选项卡，在【页脚】组合框中选择"第 1 页，共?页"，如图 7-11 所示。

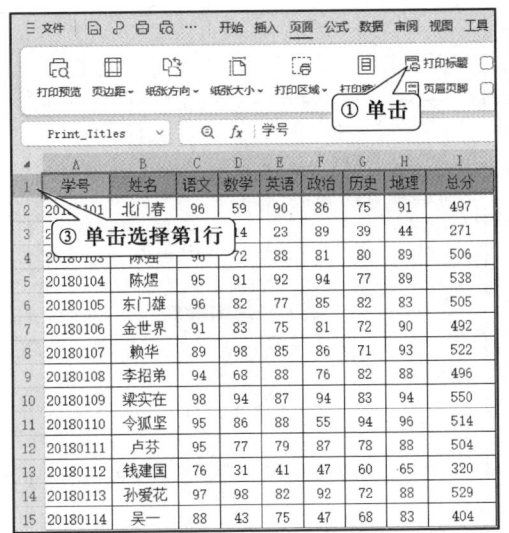
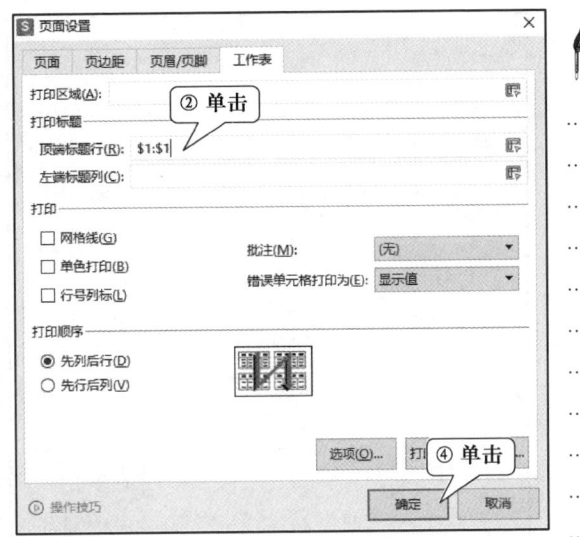

图 7-10 设置打印标题

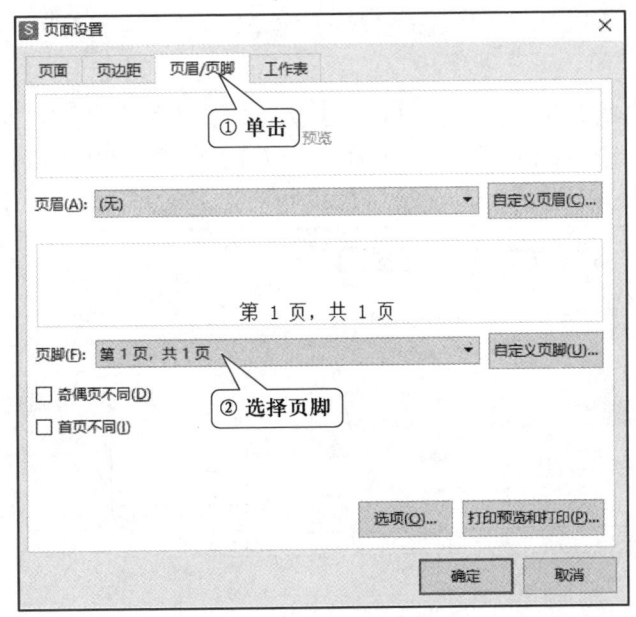

图 7-11 插入页脚

> 📖提示：在【页面设置】对话框的【页眉/页脚】选项卡中，选择【首页不同】【奇偶页不同】选项可以对首页、奇数页和偶数页设置不同的页眉和页脚。

步骤 4：单击【自定义页眉】按钮打开【页眉】对话框，在【中】编辑框中输入"2022-2023 学年第 1 学期期末考试成绩表"，选择"2022-2023 学年第 1 学期期末考试成绩表"文本，单击【字体】按钮，设置【字形】为"加粗"，【大小】为"22"，如图 7-12 所示。单击【确定】按钮。

拓展知识
避免公式错误

笔 记

笔 记

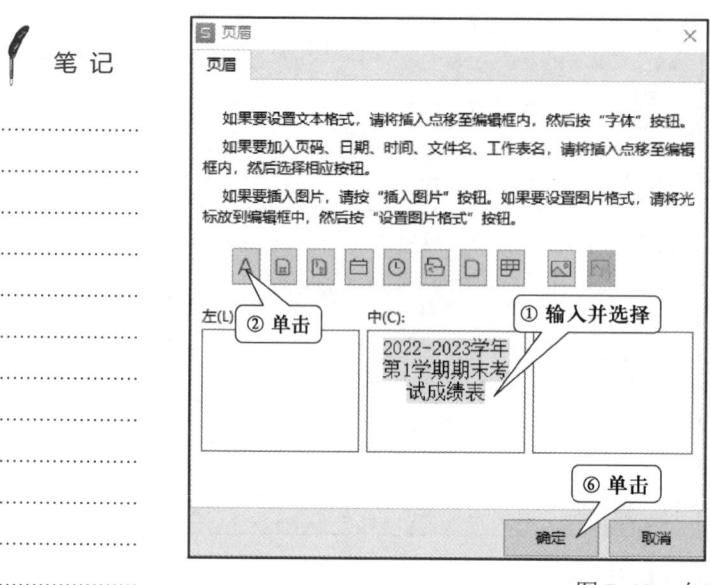
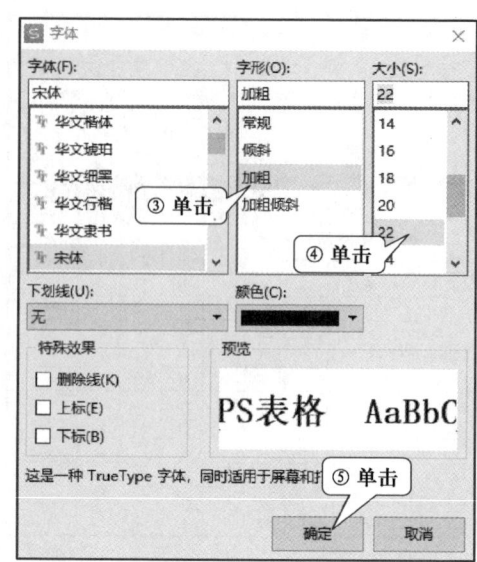

图 7-12　自定义页眉

📖提示：在【页眉】选项卡中，单击对应的按钮可以在页眉和页脚中插入页码、页数、当前日期、当前时间、图片等信息。

步骤 5：单击状态栏中的【分页预览】按钮，在【页面】选项卡中单击【打印缩放】按钮，在列表中单击【将所有列打印在一页】选项，WPS 表格自动将缩放比例调整为 91%，使表格最后一列"奖学金"能打印到第 1 页上，如图 7-13 所示。

等级考试真题
电子表格 1

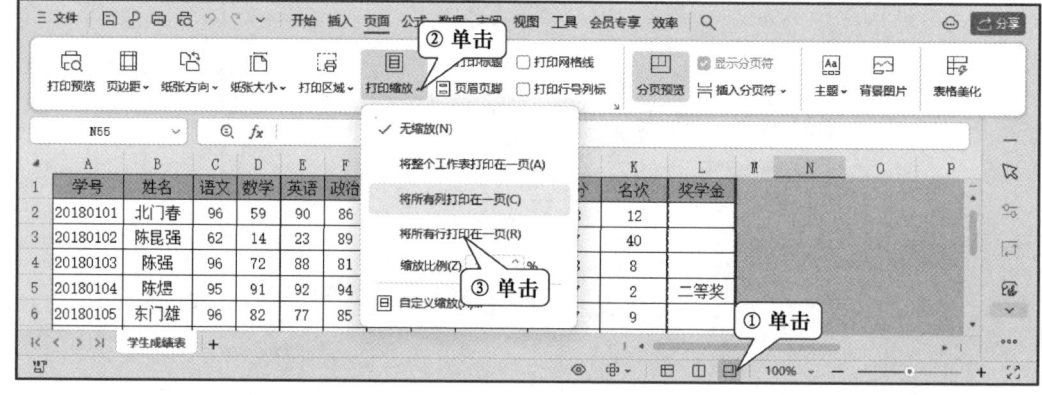

图 7-13　设置将所有列打印在一页

步骤 6：选择第 32 行，在【页面】选项卡中，单击【插入分页符】|【插入分页符】命令，如图 7-14 所示。在当前行上方插入一个分页符，当前行开始的内容自动调整到下一页。

📖提示：手动插入的分页符在【分页预览】视图中以蓝色实线显示，如图 7-14 所示。将光标移到分页符上，当光标变成双向箭头时拖曳光标可以调整分页符的位置。右击手动分页符下方的行，在弹出的快捷菜单中选择【分页符】|【删除分页符】命令可以将其删除。选择快捷菜单中的【分页符】|【重置所有分页符】命令可以删除所有手动分页符，恢复为系统默认分页。

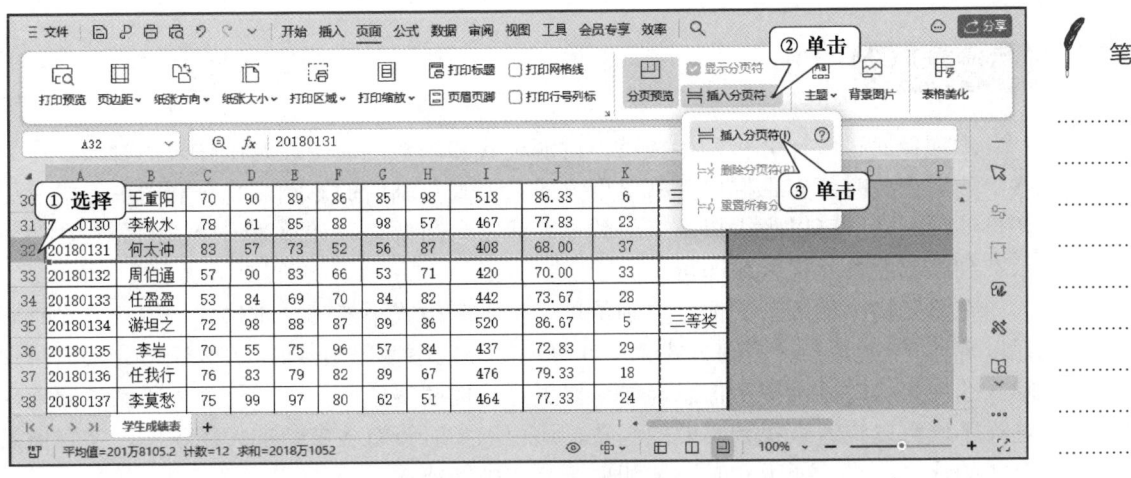

图 7-14　插入手动分页符

步骤 7：单击【快速访问工具栏】中的【打印预览】按钮，显示打印预览窗口，如图 7-15 所示。在【份数】框中输入打印份数，单击【打印】按钮，即可按照当前的设置进行打印。

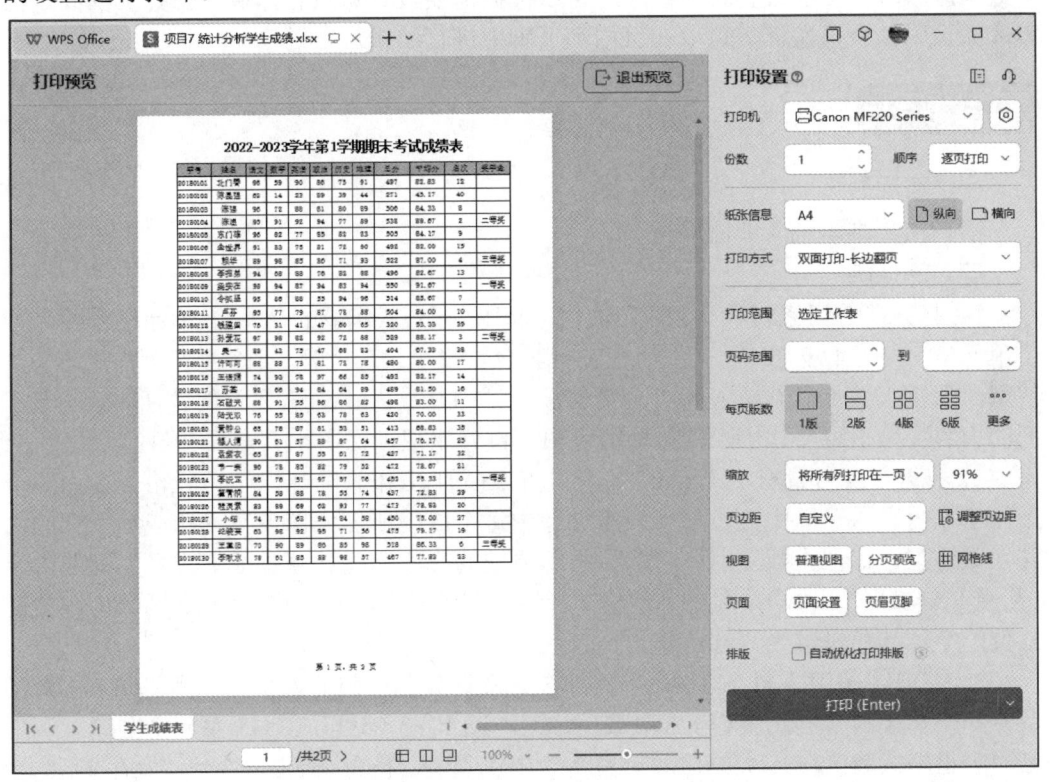

图 7-15　打印工作表

📖提示：在打印预览窗口底部单击【上一页】或【下一页】按钮可以预览每一页的打印效果，单击【调整页边距】按钮会显示页边距线，拖曳页边距线可以对页边距进行调整。

项目总结

本项目通过统计分析学生成绩，讲解公式和函数的应用以及工作表的打印。在表格中使用公式时，应掌握单元格引用方式对公式复制后的影响，充分利用单元格引用和自动填充功能可以大大提高工作效率，通常只需要编辑计算第一个值的公式，然后填充到相邻的单元格区域即可。

在单元格中输入公式前，要确保单元格数字格式不能为文本格式，输入公式时确保以等号（=）开头，否则公式无法计算。在公式中使用函数时 WPS 表格会根据用户输入的内容实时显示提示信息。如果要更直观地编辑函数，可以使用插入函数向导，这样不仅可以快速查找到需要的函数，还可以实时查看各参数的使用说明，参数值及公式的计算结果，便于实时发现和更正公式中的错误。

当单元格中的公式已确定不再需要显示为公式，或者需要把公式结果应用到其他单元格时，可以复制公式所在单元格，然后使用选择性粘贴将公式转化为值。

打印工作表时默认情况下使用 A4 纸纵向和默认的页边距打印，当工作表中有多个数据区域时，可以设置打印区域。可以根据需要设置每页打印标题。每页的固定内容，如页码、公司徽标等可以在页眉和页脚中进行编辑。

项目练习

项目 7
客观题

一、客观题

请扫描二维码进入即测即评。

文本：
参考答案

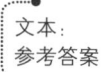

素材文件

二、操作题

1. 打开"练习素材 7-1.xlsx"文件，将 Sheet1 工作表的 A1:E1 单元格合并为一个单元格，内容水平居中；按"销售额=销售数量*单价"计算"销售额"列的内容（数值型，保留小数点后 0 位）和"总销售额"（置 D12 单元格内），计算"所占百分比"列的内容（所占百分比=销售额/总销售额，百分比型，保留小数点后 2 位）。

2. 打开"练习素材 7-2.xlsx"文件，将 Sheet1 工作表的 A1:F1 单元格合并为一个单元格，内容水平居中；按统计表第 2 行中每个成绩所占比例计算"总成绩"列的内容（数值型，保留小数点后 1 位），按总成绩的降序次序计算"成绩排名"列的内容（利用 RANK.EQ 函数）；利用条件格式（请用"小于"规则）将 F3:F10 区域内排名前三位的字体颜色设置为"红色"。

3. 打开"练习素材 7-3.xlsx"文件，分别计算各部门的人数（利用 COUNTIF 函数）和平均年龄（利用 AVERAGEIF 函数），置于 F3:F5 和 G3:G5 单元格区域，利用套用表格格式将 E2:G5 数据区域设置为"中色系-表样式中等深浅 11"，保存文件。

4. 打开"练习素材 7-4.xlsx"文件，计算"预计销售额（元）"，给出"提示信息"列的内容，如果库存数量低于预订出数量，出现"缺货"，否则出现"有库存"；利用单元格样式"标题 1"修饰表的标题，利用"输出"修饰表的 A1:F9 单元格区域；利用条件格式将"提示信息"列内（F2:F9）内容为"缺货"文本颜色设置为"红色"。保存文件。

项目 8　管理分析工资数据

学习目标

1. 知识目标

① 理解 WPS 表格数据的组织方式和排序规则。

② 理解 WPS 表格中自动筛选和自定义筛选的作用。

③ 理解 WPS 表格中分类汇总的功能和作用。

④ 理解工作簿和工作表保护的作用。

2. 能力目标

① 能按照数据组织规范收集和整理数据。

② 能根据需要对数据进行排序和筛选操作。

③ 能对表格数据进行分类汇总操作。

④ 能根据需要锁定单元格和保护工作表。

3. 素养目标

① 通过员工缺勤扣款计算，增强遵规守纪的规则意识。

② 通过工资条制作，增强保护和尊重他人隐私的法律意识。

③ 通过数据保护，增强信息安全意识。

PPT：项目 8 管理分析工资数据

项目 8 德育小课堂

项目分析

1. 项目情境

月末到了，人事部小王要根据本月员工的考勤情况计算员工工资，并对工资数据进行汇总和分析，如图 8-1 所示是部分员工的工资信息，如图 8-2 所示是部分员工的出勤考核信息（素材文件：项目 8\项目素材\管理分析工资数据.xlsx）。

	A	B	C	D	E	F	G	H	I	J	K
1	序号	员工姓名	所属部门	学历	进入企业时间	基本工资	奖金	应发合计	缺勤扣款	扣社保	实发工资
2	1	王浩	研发部	博士	2001年3月1日	6582	987				
3	2	郭文	秘书处	硕士	2000年6月1日	4568	685				
4	3	杨林	财务部	硕士	1999年8月1日	6063	910				
5	4	雷庭	企划部	本科	2005年6月1日	3256	488				
6	5	刘伟	销售部	硕士	2002年6月1日	5236	785				
7	6	何晓玉	销售部	大专	2003年3月1日	2856	428				

图 8-1　员工工资表

素材文件

145

笔 记

	A	B	C	D	E	F	G	H
1	序号	时间	员工姓名	所属部门	迟到次数	缺勤天数	早退次数	缺勤扣款
2	1	2018年1月	郭文	秘书处	10	0	1	
3	2	2018年1月	杨林	财务部	4	3	0	
4	3	2018年1月	雷庭	企划部	2	0	2	
5	4	2018年1月	刘伟	销售部	4	1	0	
6	5	2018年1月	何晓玉	销售部	0	0	4	
7	6	2018年1月	杨彬	研发部	2	0	8	

图 8-2　出勤考核表

2．项目要求

① 根据员工出勤考核表计算缺勤扣款，迟到 50 元/次、缺勤 150 元/天、早退 30 元/次。

② 计算扣社保金额（社保扣除比例为应发工资合计的 12%）、应发合计和实发工资。

③ 为每位员工制作单独的工资条，显示该员工本月的工资详细信息。

④ 统计各部门应发工资总额和平均值。

⑤ 在员工工资表中筛选出实发工资为前 3 名的员工工资信息。

⑥ 汇总各部门的实发工资总额和部门内各学历层次员工的平均实发工资。

⑦ 保护工资表数据。

3．解决方案

① 使用公式和函数计算各项工资数据。

② 先复制标题行，然后借助辅助列对标题、数据、空行进行编号和排序制作工资条。

③ 使用删除重复项功能提取部门名称，使用 SUMIF 和 AVERAGEIF 函数统计各部门应发工资总额和平均值。

④ 利用自动筛选和高级筛选功能筛选数据。

⑤ 用分类汇总功能汇总各部门的实发工资总额和部门内各学历层次员工的平均实发工资。

预备知识

一、数据清单及规范

微课 8-1
数据清单及
规范

在 WPS 表格中，数据清单是包含一系列数据的工作表行，清单的第一行具有列标志，其余的行是数据行。利用数据清单可以方便地记录相关数据，以及对数据进行排序、筛选、汇总等操作。在执行数据操作过程中，WPS 表格会自动将数据清单视作数据库，即数据清单中的列被视作数据库的字段，数据清单中的列标题被视作数据库的字段名称，数据清单的每一行被视作数据库的一条记录。

1．建立数据清单的规范

为了能够更好地对数据清单进行排序、筛选和分类汇总等操作，需按照下列规范在工作表中组织数据，以利于 WPS 表格检测和选定数据清单。

① 工作表中的数据清单与其他数据之间至少留出一个空列和一个空行。

② 避免在数据清单中放置空行、空列和合并单元格。

③ 在数据清单第一行中创建列标志，并应用区别于其他数据行的单元格格式。WPS 表格将使用列标志创建报告并查找和组织数据。

④ 不要在单元格中插入空格，多余的空格会影响排序和搜索。

⑤ 数据清单中同一列数据必须具有相同的数据类型和含义。

2. 创建表格

创建表格不仅可以更轻松地管理数据、分析数据，还可以获得内置排序、筛选、镶边行等功能，这里的表格特指按数据清单规范建立的相对独立的单元格区域，等同于数据库中的表。例如，将出勤考核表创建成表格，操作步骤如下。

步骤 1：选中出勤考核表数据区域中的任意一个单元格。

步骤 2：单击【插入】选项卡中的【表格】按钮，在【创建表】对话框中确认创建表的单元格区域，确保【表包含标题】复选框被选中，单击【确定】按钮，如图 8-3 所示。

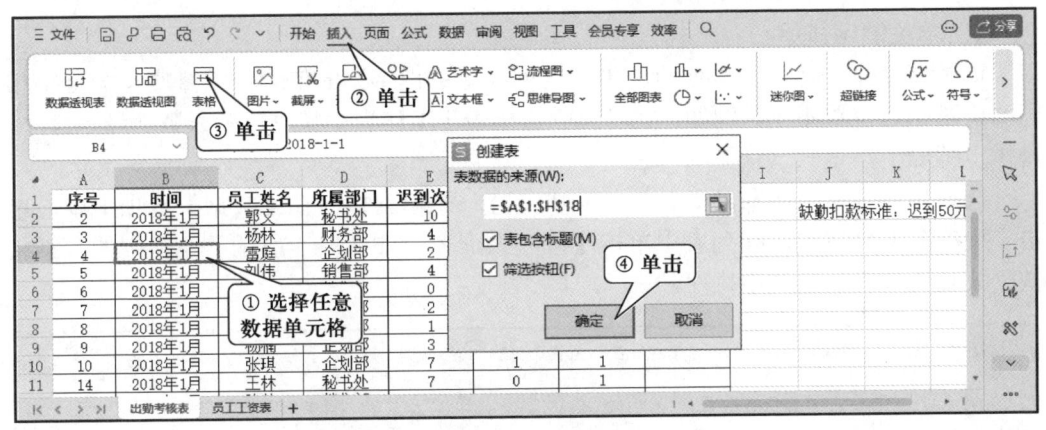

图 8-3 创建表格

📖 **提示：** 当选中表格区域中的单元格时，功能区会自动显示【表格工具】选项卡，如图 8-4 所示。通过【表格工具】选项卡中的命令，可以对表格进行命名、使用镶边行和汇总行及表格样式对表格进行快速处理。单击【转换为区域】命令，可将表格恢复为普通数据区域。

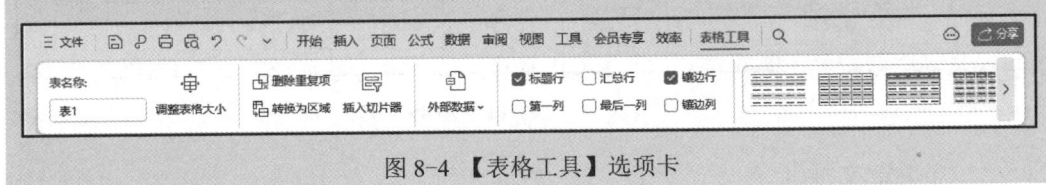

图 8-4 【表格工具】选项卡

二、数据排序

微课 8-2
数据排序

排序是对工作表中的数据进行重新组织安排的一种方式。WPS 表格可以对整个工作表或选定区域进行排序。可以对一列或多列中的数据按默认的顺序排序，也可以按自定义序列排序。

1. 默认排序顺序

按升序排序时，WPS 表格默认的排序次序为：数值、日期、文本、逻辑值、错误值、空单元格。按降序排序时，除了空白单元格总是排在最后外，其他的排序次序反转。

- 数值：从最小的负数到最大的正数进行排序。
- 日期：按日期的先后顺序进行排序。
- 文本：文本以及包含数字的文本，按照数字（0~9）、特殊字符、字母（不区分大小写，A~Z）、汉字（拼音顺序）的顺序排序。
- 逻辑值：在逻辑值中，FALSE 排在 TRUE 之前。
- 错误值：所有错误值的优先级相同。
- 空单元格：始终排在最后。

✍ 笔 记

2. 单关键字排序

单关键字排序是指以数据清单中某一列（单关键字）的值为依据排序，关键字相同的记录相对位置不变。例如，在"出勤考核表"工作表中按"缺勤天数"降序排序，操作步骤如下。

选择出勤考核表"缺席天数"F 列中任意一个单元格。在【数据】选项卡中，单击【排序】下拉按钮，在列表中单击【降序】命令，如图 8-5 所示，表格中的数据将按"缺勤天数"从大到小排序。

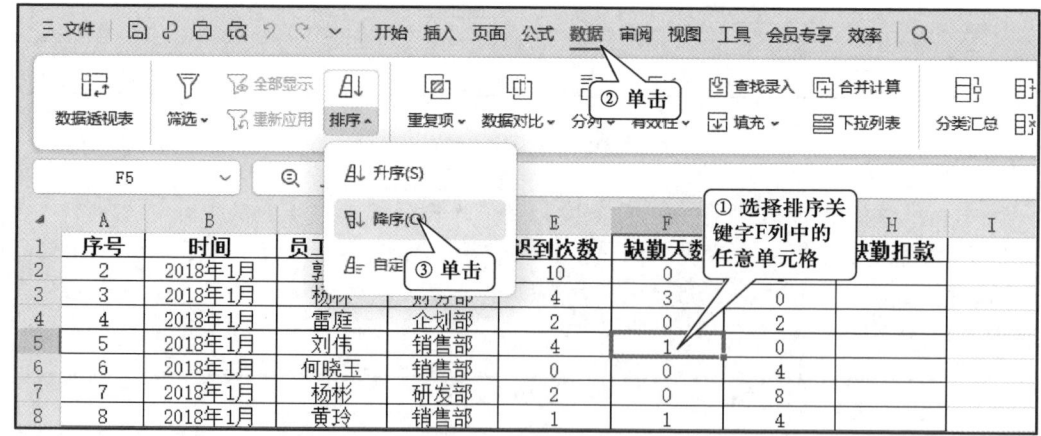

图 8-5　单关键字排序

3. 多关键字排序

多关键字排序是指以数据清单中某几列（多关键字）的值为依据排序，这些

列分别叫作主要关键字和次要关键字，排序时按主要关键字的值进行排序，主要
关键字相同的记录根据次要关键字的值进行排序。例如，在"出勤考核表"中按
"所属部门"升序排序，"所属部门"相同的按照"缺勤天数"降序排序。操作步
骤如下。

步骤 1：选择出勤考核表数据区域中的任意一个单元格。

步骤 2：在【数据】选项卡中单击【排序】下拉按钮，在列表中单击【自定义排
序】命令。

步骤 3：在【排序】对话框【主要关键字】组合框中选择"所属部门"，将【排序
依据】设置为"数值"，将【次序】设置为"升序"。单击【添加条件】按钮，在【次
要关键字】组合框中选择"缺勤天数"，将【排序依据】设置为"数值"，将【次序】
设置为"降序"，单击【确定】按钮，如图 8-6 所示。

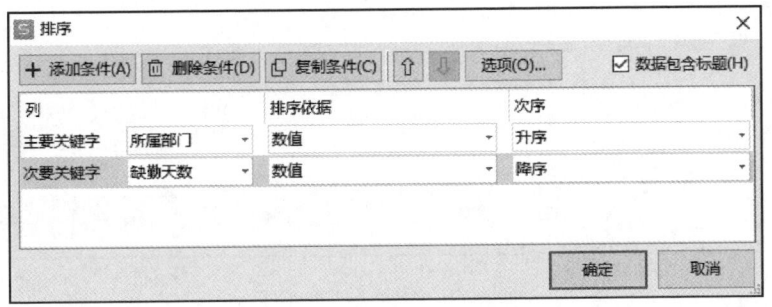

图 8-6　多关键字排序

> **提示**：在【排序】对话框中，继续单击【添加条件】按钮，可以设置更多的排序条
> 件；单击【删除条件】按钮，可以删除选择的条件。单击向上按钮或向下按钮可以调
> 整多个条件的主次关系。单击【选项】按钮可以打开【排序选项】对话框，进行更多
> 的排序选项设置。每个排序条件的排序依据可以是单元格数值、字体颜色、填充颜色
> 和条件格式图标。

4. 自定义序列排序

对数据清单进行排序时，除了按默认的排序次序进行排序外，还可以对汉字按笔
画排序，对字母按区分大小写的方式排序，也可以对文本按自定义顺序排序。例如，
在员工工资表中，按"学历"高低进行排序，排序顺序为博士、硕士、本科、大专。
操作步骤如下。

步骤 1：选择员工工资表数据区域中的任意单元格，在【数据】选项卡中单击【排
序】|【自定义排序】命令。

步骤 2：在【排序】对话框【主要关键字】组合框中选择"学历"，在【排序依据】
组合框中选择"数值"，在【次序】组合框中选择"自定义序列"。

步骤 3：在【自定义序列】对话框【输入序列】编辑框中输入"博士、硕士、本
科、大专"，每个选项中间用回车符或英文逗号分隔，单击【确定】按钮，如图 8-7
所示。

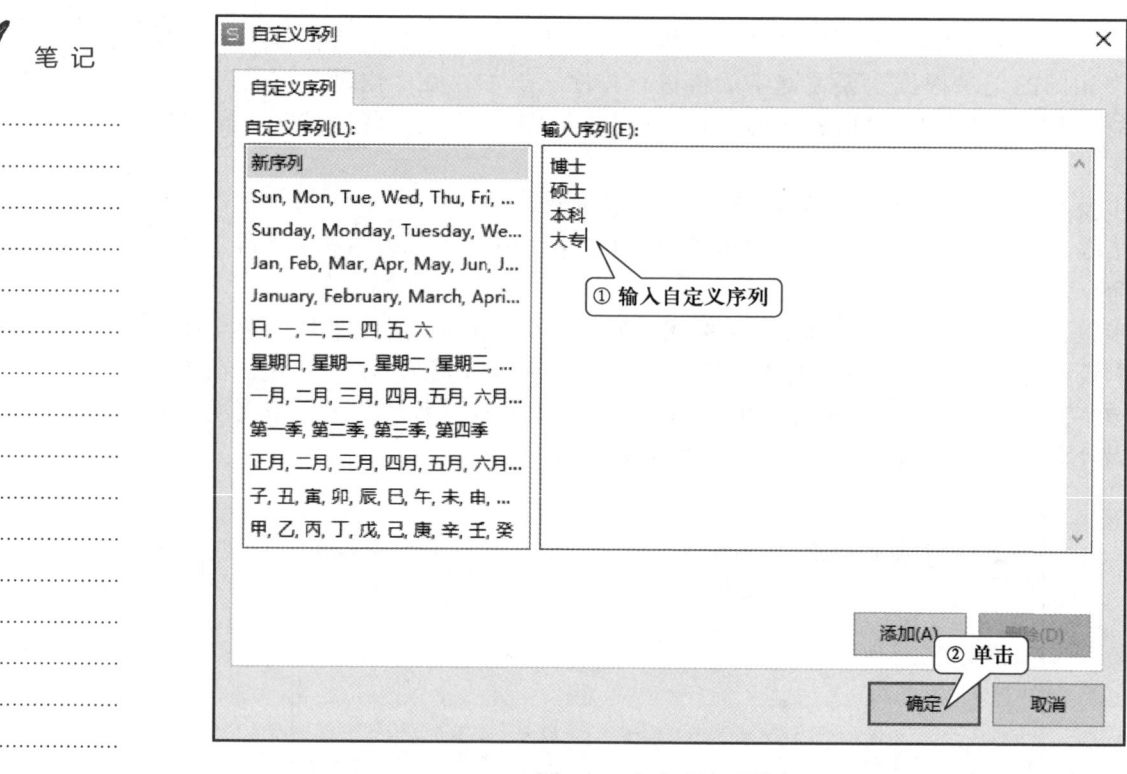

图 8-7　自定义序列排序

📖提示：自定义序列在 WPS 表格中只要定义一次就可以重复使用，下次会自动显示在【自定义序列】列表中，只要单击选中即可使用。除用于排序外，自定义序列还可以用于单元格填充。

三、筛选数据

微课 8-3
筛选数据

数据筛选是通过隐藏不满足条件的数据行，达到显示满足条件的数据行的目的。使用数据筛选可以快速显示满足条件的数据。WPS 表格提供自动筛选、自定义筛选和高级筛选三种数据筛选方式。

1. 自动筛选

使用自动筛选功能可以快速地从大量数据中选出感兴趣的信息。通过对数据列表进行自动筛选可以将不满足条件的行隐藏，仅显示满足条件的行。WPS 表格中的自动筛选可以根据单元格内容、字体颜色或填充颜色进行筛选。例如，在员工工资表中筛选出学历为"博士"的员工工资信息，操作步骤如下。

步骤 1：选择员工工资表数据区域的任意单元格，在【数据】选项卡中单击【筛选】按钮 ▽，数据区域的每个列标题右侧将显示自动筛选按钮。

步骤 2：单击"学历"列中的自动筛选按钮，在自动筛选列表中，单击【博士】选项右侧的【仅筛选此项】按钮，如图 8-8 所示，即可筛选出符合条件的数据，如

图 8-9 所示。

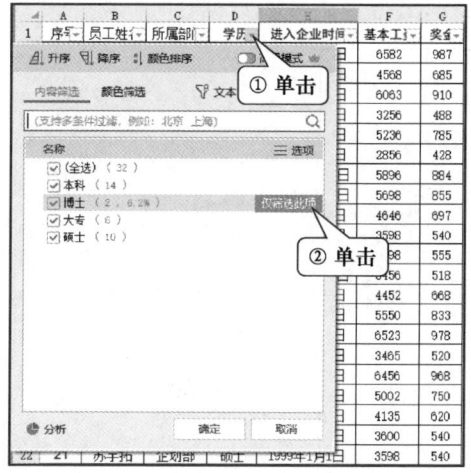

图 8-8 自动筛选

图 8-9 筛选学历为博士的员工工资信息

📖**提示：** 对于筛选出来的结果，可以执行复制、查找、编辑、删除、设置格式、制作图表和打印等操作，而不影响被隐藏的行。如果要取消对某一列的筛选，可以在自动筛选列表右上角单击【清空条件】。如果要取消对所有列的筛选，可以在【数据】选项卡中单击【全部显示】按钮 ▽全部显示 。如果要退出自动筛选，可以再次单击【数据】选项卡中的【筛选】按钮 ▽ 。

2. 自定义筛选

使用自动筛选时，WPS 表格会自动根据单元格内容提供文本筛选、数字筛选和日期筛选，使用对应的筛选命令可以筛选出数据清单中含有特定范围的值，也可以使用自定义筛选设置多个筛选条件进行筛选。例如，从员工工资表中筛选出所属部门为企划部，基本工资介于 4000 和 5000 之间的工资信息，操作步骤如下。

步骤 1：单击"所属部门"列中的自动筛选按钮，在自动筛选列表中选择【企划部】复选框，单击【确定】按钮。

步骤 2：单击"基本工资"列中的自动筛选按钮，在自动筛选列表中单击【数字筛选】|【介于】命令。在【自定义自动筛选方式】对话框中【大于或等于】组合框右侧的编辑框中输入"4000"。在【小于或等于】组合框右侧的编辑框中输入"5000"，如图 8-10 所示。

步骤 3：单击【确定】按钮，显示符合条件的记录，如图 8-11 所示。

📖**提示：** 筛选数据时可以使用通配符进行模糊匹配。使用星号（*）表示 0 个或多个字符，使用问号（？）表示单个字符，如果要表示星号（*）或问号（？）本身，可以在他们之前加上波形符（～）。

3. 高级筛选

高级筛选功能除了包含自动筛选的所有功能之外，可以设置更复杂的筛选条件，还可以将筛选结果存放在指定位置，去除筛选结果中的重复记录。使用高级筛选时，需要先编辑筛选条件，再进行高级筛选，从而显示出符合条件的数据行。

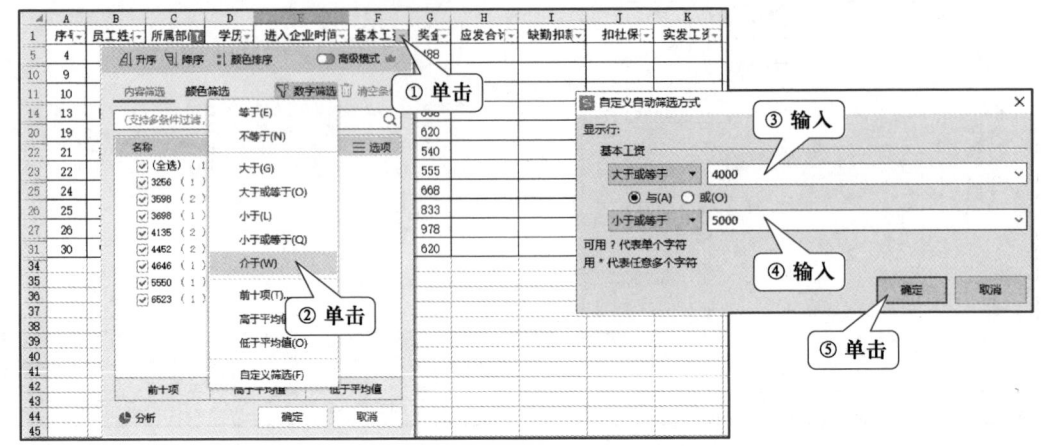

图 8-10　设置筛选条件

	A	B	C	D	E	F	G
1	序号	员工姓名	所属部门	学历	进入企业时间	基本工资	奖金
10	9	杨楠	企划部	硕士	1996年4月1日	4646	697
14	13	田格艳	企划部	本科	1999年2月1日	4452	668
20	19	陈力	企划部	本科	2003年7月1日	4135	620
25	24	徐琴	企划部	本科	2000年7月1日	4452	668
31	30	曾文洪	企划部	本科	1997年2月1日	4135	620

图 8-11　自定义筛选结果

（1）建立条件区域

使用高级筛选功能时，需要在数据清单以外的区域中设置筛选条件。如果要在原数据区域中显示筛选结果，当某些数据行被隐藏时可能会影响到筛选条件的显示。因此，通常把条件区域放在数据清单的上方或下方。

高级筛选的条件区域至少要包含两行，第 1 行是列标题，列标题必须和数据清单中的列标题一致，从第 2 行开始是筛选条件，WPS 表格根据以下规则解释高级筛选条件区域中的条件。

- 同一行中的条件之间是逻辑"与"的关系。
- 不同行中的条件之间是逻辑"或"的关系。
- 条件区域中的空白单元格表示任意条件。
- 在条件区域中输入等号（=）筛选空值，输入不等号（<>）筛选非空值。

例如，从员工工资表中筛选出学历为博士或者基本工资大于 6000 的工资信息，设置条件区域如图 8-12 所示。

（2）使用高级筛选查找数据

建立条件区域后，使用高级筛选方式筛选数据的操作步骤如图 8-13 所示。

36	学历	基本工资
37	博士	
38		>6000

图 8-12　设置条件区域

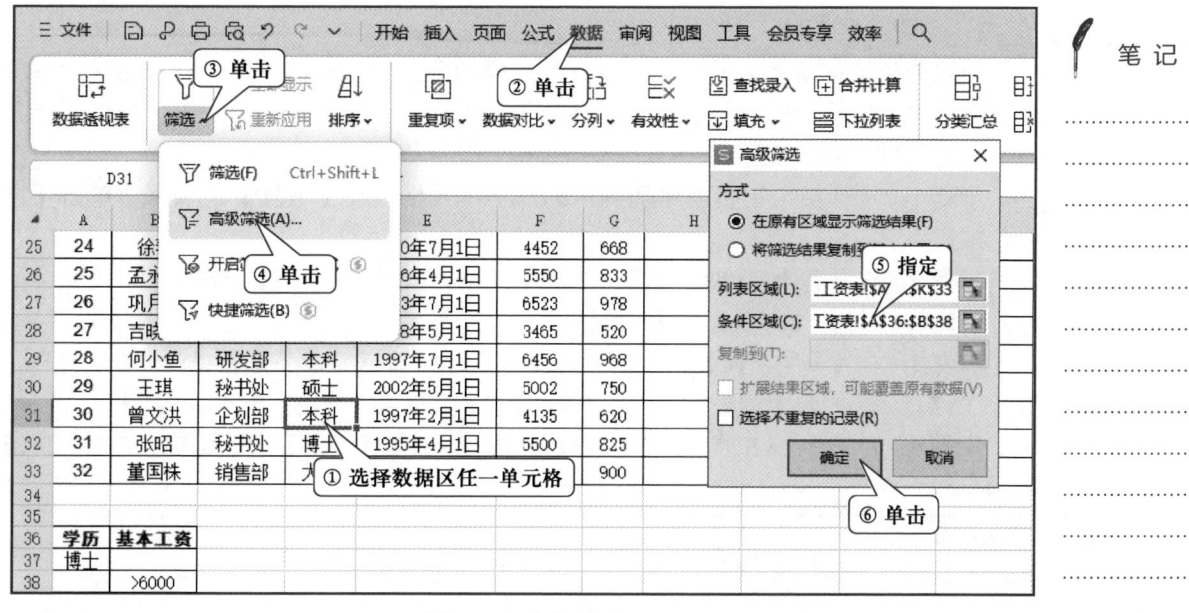

图 8-13　高级筛选

步骤 1：选定数据清单中的任意一个单元格。

步骤 2：在【数据】选项卡中单击【筛选】|【高级筛选】命令。

步骤 3：在【列表区域】框中默认选择 "$A\$1:\$K\$33" 单元格区域，在【条件区域】编辑框中选择 "A36:B38" 单元格区域。单击【确定】按钮，即可筛选出符合条件的记录，结果如图 8-14 所示。

	A	B	C	D	E	F	G
1	序号	员工姓名	所属部门	学历	进入企业时间	基本工资	奖金
2	1	王浩	研发部	博士	2001年3月1日	6582	987
4	3	杨林	财务部	硕士	1999年8月1日	6063	910
16	15	龙丹丹	销售部	本科	1997年6月1日	6523	978
18	17	陈蔚	销售部	本科	2000年7月1日	6456	968
27	26	巩月明	企划部	硕士	2003年7月1日	6523	978
29	28	何小鱼	研发部	本科	1997年7月1日	6456	968
32	31	张昭	秘书处	博士	1995年4月1日	5500	825

图 8-14　筛选结果

📖提示：在【高级筛选】对话框中选择【将筛选结果复制到其他位置】单选按钮，并在【复制到】编辑框中指定放置筛选结果的起始单元格即可将筛选结果放到其他位置；选择【选择不重复的记录】复选框可以去掉筛选结果中的重复记录。

四、分类汇总

分类汇总功能能够快速地以某一字段为分类项，对数据清单中的数值字段进行各种统计计算（如求和、计数、求平均值、求最大值、求最小值等），并且分级显示汇总结果，使用户能够方便地获得需要的数据，增加数据清单的可读性。

微课 8-4
分类汇总

1．创建分类汇总

使用分类汇总功能之前，必须以分类字段为关键字对数据清单进行升序或降序排序，将分类字段值相同的行放在一起，便于分类汇总。例如，在员工工资表中统计各种学历的人数，操作步骤如下。

步骤 1：选择员工工资表学历列中的任一单元格，在【数据】选项卡中单击【排序】按钮 🔼 。

步骤 2：选择数据清单中的任意一个单元格，在【数据】选项卡中单击【分类汇总】按钮，打开【分类汇总】对话框。

步骤 3：在【分类字段】组合框中选择"学历"，在【汇总方式】组合框中选择"计数"，在【选定汇总项】列表框中勾选"员工姓名"，单击【确定】按钮，如图 8-15 所示。

步骤 4：单击列标左侧分级显示按钮【2】隐藏第 3 级明细数据，如图 8-16 所示。

笔 记

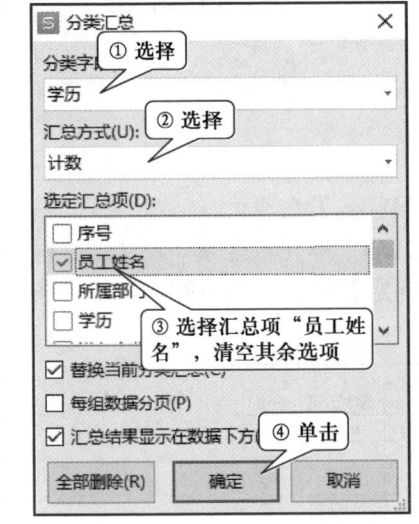

图 8-15 【分类汇总】对话框　　　　图 8-16　分类汇总结果

步骤 5：单击【+】或【-】可以显示或隐藏当前汇总行的明细数据。

📖**技巧**：在分类汇总对话框中勾选【每组数据分页】复选框，可以使每组数据打印单独的页面，这一功能在分组打印数据时非常有用。

2．嵌套分类汇总

嵌套分类汇总是指在一个已经建立了分类汇总的数据清单中再进行另外一种汇总方式的分类汇总，两次分类汇总的分类字段或汇总项不同。在建立嵌套分类汇总前要对数据清单进行多关键字排序，排序时最外层嵌套字段为主要关键字，次外层嵌套字段为次要关键字，其他的依此类推。

有几层嵌套分类汇总就需要进行几次分类汇总操作，进行嵌套分类汇总时应该先对最外层嵌套字段汇总，再对次外层字段汇总，依此类推。例如，在员工工资表中汇总各部门各学历员工的平均工资，操作步骤如下。

步骤 1：选择员工工资表数据区域中的任意一个单元格。

步骤 2：在【数据】选项卡中单击【排序】|【自定义排序】。

步骤 3：在【排序】对话框中，设置主要关键字"所属部门"升序和次要关键字"学历"按自定义序列排序，如图 8-17 所示。

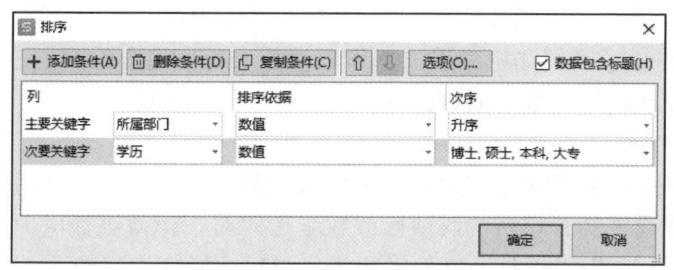

图 8-17　多关键字排序

拓展知识
合并计算

笔 记

步骤 4：选择数据清单中的任意一个单元格，在【数据】选项卡中单击【分类汇总】按钮，打开【分类汇总】对话框。在【分类字段】组合框中选择"所属部门"，在【汇总方式】下拉列表框中选择"平均值"，在【选定汇总项】列表框中选择"基本工资"，单击【确定】按钮，完成第 1 次分类汇总。

步骤 5：再次打开【分类汇总】对话框，在【分类字段】下拉列表中选择"学历"，在【汇总方式】下拉列表中选择"平均值"，在【选定汇总项】列表框中勾选"基本工资"复选框，取消勾选【替换当前分类汇总】复选框，如图 8-18 所示，单击【确定】按钮完成分类汇总。

📖**注意**：在步骤 5 中进行第二次分类汇总时一定要清除【替换当前分类汇总】复选框，否则第一次以"所属部门"为分类字段汇总的结果将被删除。

步骤 6：单击列标左侧的分级显示按钮【3】隐藏第 4 级明细数据，结果如图 8-19 所示。

图 8-18　嵌套分类汇总

1 2 3 4		A	B	C	D	E	F	G
	1	序号	员工姓名	所属部门	学历	进入企业时间	基本工资	奖金
	3				硕士 平均值		6063	
	4			财务部 平均值			6063	
	6				博士 平均值		5500	
	9				硕士 平均值		4785	
	12				本科 平均值		3532.5	
	14				大专 平均值		5550	
	15			秘书处 平均值			4614.1667	
	20				硕士 平均值		4616.25	
	26				本科 平均值		4086	
	29				大专 平均值		4574	
	30			企划部 平均值			4367.5455	
	33				硕士 平均值		4350.5	
	38				本科 平均值		5593.75	
	41				大专 平均值		4428	
	42			销售部 平均值			4991.5	
	44				博士 平均值		6582	
	46				硕士 平均值		3456	
	50				本科 平均值		4971.3333	
	52				大专 平均值		5896	
	53			研发部 平均值			5141.3333	
	54			总平均值			4767.8438	

图 8-19　嵌套分类汇总结果

📖**提示：** 如果不再需要保留分类汇总结果，可以打开【分类汇总】对话框，单击【全部删除】按钮删除分类汇总。

五、保护数据

WPS 表格提供了密码加密和保护工作表功能来对表格中的数据进行保护，以防止未授权用户打开或编辑表格中的数据。

1．加密工作簿

工作簿建好后，为了防止重要数据被他人查看或修改，可以利用 WPS 表格提供的密码加密功能设置打开权限密码或修改权限密码对工作簿进行保护。例如，对"管理分析工资数据.xlsx"设置打开文件密码为"111"，操作步骤如下。

步骤1：打开工作簿，依次单击【文件】|【文档加密】|【密码加密】。

步骤2：在【密码加密】对话框【打开权限】栏中的【打开文件密码】和【再次输入密码】编辑框中输入密码"111"，单击【应用】按钮，如图 8-20 所示。

2．保护工作表

当工作表中的单元格不希望被其他用户编辑时，可以通过保护工作表并设置密码来实现。例如，保护"员工工资表"工作表，并设置取消保护密码为"222"，操作步骤如下。

步骤1：在【审阅】选项卡中单击【保护工作表】按钮 ⊞。

步骤2：在【保护工作表】对话框的【密码】编辑框中输入密码"222"，单击【确定】按钮，如图 8-21 所示。在【确认密码】对话框中输入"222"，单击【确定】按钮。

笔 记

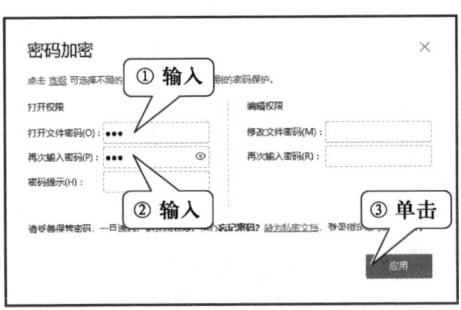

图 8-20　密码加密

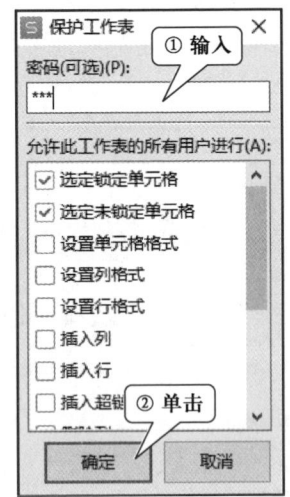

图 8-21　保护工作表

📖**提示：** 默认情况下，工作表中的所有单元格都是锁定的，保护工作表后锁定的单元格将不能编辑。若要使某些单元格在工作表保护状态下能够编辑，可以选择这些单元格，在【审阅】选项卡中单击【锁定单元格】按钮  取消单元格的锁定，也可以在【审阅】选项卡中单击【允许用户编辑区域】按钮 ，添加允许用户编辑的区域。

项目实施

一、计算员工工资

要计算员工的实发工资，首先要计算出缺勤扣款、扣社保、应发合计，再用应发合计来减掉缺勤扣款和扣社保额。

微课 8-6
计算员工工资

1. 计算缺勤扣款

先根据员工出勤考核表中的考勤情况，计算员工的缺勤扣款，迟到 50 元/次、缺勤 150 元/天、早退 30 元/次。然后用 VLOOKUP 函数将出勤考核表中每个员工的缺勤扣款引用到员工工资表中，操作步骤如下。

笔记

步骤 1：在出勤考核表的 H2 单元格中输入公式："=E2*50+F2*150+G2*30"，并向下填充公式。

步骤 2：在员工工资表的 I2 单元格中输入公式："=VLOOKUP(B2,出勤考核表!$C$2:$H$18,6,0)"，并将公式填充至 I33 单元格。

步骤 3：选中员工工资表 I2:I33 单元格，按 Ctrl + C 组合键，然后右击，在弹出的快捷菜单中选择【粘贴为数值】命令。

步骤 4：按 Ctrl + H 组合键打开【替换】对话框，在【查找内容】框中输入"#N/A"，在【替换为】框中输入"0"，单击【全部替换】按钮。如图 8-22 所示。

提示： 本例中引用缺勤扣款时，为了简化公式，采用的方法是引用后将公式转换为值，再将没有缺勤的错误值替换为 0。其实可以将 VLOOKUP 函数嵌套在 IFNA 函数中，判断当 VLOOKUP 函数返回错误值时，IFNA 函数返回 0。公式如下：

=IFNA(VLOOKUP(B2,出勤考核表!$C$2:$H$18,6,0),0)

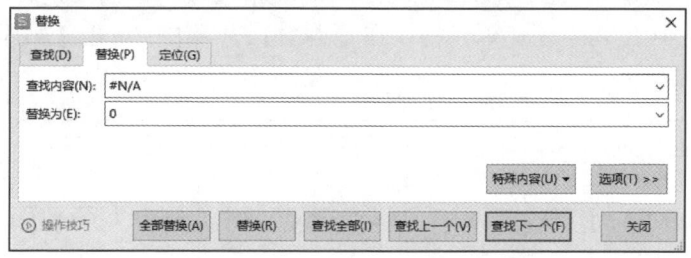

图 8-22　替换错误值

2. 计算其他数据

员工工资表中的应发合计、扣社保和实发合计均可直接用公式计算得出，操作步骤如下。

步骤 1：在 H2 单元格中输入公式："=F2+G2"，并向下填充公式。

步骤 2：在 J2 单元格中输入公式："=H2*12%"，并向下填充公式。

步骤 3：在 K2 单元格中输入公式："=H2-I2-J2"，并向下填充公式。

微课 8-7
制作员工
工资条

二、制作员工工资条

为每名员工单独制作一份工资条，每份工资条均显示列标题和该员工的工资信息，如图 8-23 所示。从图中可以看出每名员工的工资条均由一个标题行、一个数据行和一个空行组成，而员工工资表中已有一个标题行和 32 个数据行，因此可以先复制标题行为 32 行，然后在辅助列 L 列中对 32 个标题行、32 个数据行和 32 个空行分别进行编号，最后以 L 列中的编号为关键字进行升序排序即可得到工资条效果，操作步骤如下。

笔记

	A	B	C	D	E	F	G	H	I	J	K
1	序号	员工姓名	所属部门	学历	进入企业时间	基本工资	奖金	应发合计	缺勤扣款	扣社保	实发工资
2	1	王浩	研发部	博士	2001年3月1日	6582.00	987.00	7569.00	0.00	908.28	6660.72
3											
4	序号	员工姓名	所属部门	学历	进入企业时间	基本工资	奖金	应发合计	缺勤扣款	扣社保	实发工资
5	2	郭文	秘书处	硕士	2000年6月1日	4568.00	685.00	5253.00	530.00	630.36	4092.64
6											
7	序号	员工姓名	所属部门	学历	进入企业时间	基本工资	奖金	应发合计	缺勤扣款	扣社保	实发工资
8	3	杨林	财务部	硕士	1999年8月1日	6063.00	910.00	6973.00	650.00	836.76	5486.24
9											
10	序号	员工姓名	所属部门	学历	进入企业时间	基本工资	奖金	应发合计	缺勤扣款	扣社保	实发工资
11	4	雷庭	企划部	本科	2005年6月1日	3256.00	488.00	3744.00	160.00	449.28	3134.72

图 8-23　设置格式后的工资条

步骤 1：按住 Ctrl 键，拖曳"员工工资表"的工作表标签建立"员工工资表（2）"，修改工作表名为"员工工资条"。

步骤 2：在"员工工资条"工作表中选择第 1 行，按下 Ctrl + C 组合键复制。选择第 2 行～第 31 行，右击选中区域，在弹出的快捷菜单中单击【插入复制单元格】命令，得到 31 个新的标题行。

步骤 3：在 L1:L32、L33:L64、L65:L96 单元格区域中分别填充编号 1～32。

步骤 4：选中 L 列中任意单元格，在【数据】选项卡中单击【排序】按钮，效果如图 8-24 所示。

	A	B	C	D	E	F	G	H	I	J	K	L
1	序号	员工姓名	所属部门	学历	进入企业时间	基本工资	奖金	应发合计	缺勤扣款	扣社保	实发工资	1
2	1	王浩	研发部	博士	2001年3月1日	6582	987	7569	0	908.28	6660.72	1
3												1
4	序号	员工姓名	所属部门	学历	进入企业时间	基本工资	奖金	应发合计	缺勤扣款	扣社保	实发工资	2
5	2	郭文	秘书处	硕士	2000年6月1日	4568	685	5253	530	630.36	4092.64	2
6												2
7	序号	员工姓名	所属部门	学历	进入企业时间	基本工资	奖金	应发合计	缺勤扣款	扣社保	实发工资	3
8	3	杨林	财务部	硕士	1999年8月1日	6063	910	6973	650	836.76	5486.24	3
9												3
10	序号	员工姓名	所属部门	学历	进入企业时间	基本工资	奖金	应发合计	缺勤扣款	扣社保	实发工资	4
11	4	雷庭	企划部	本科	2005年6月1日	3256	488	3744	160	449.28	3134.72	4

图 8-24　按 L 列升序排序后的效果

步骤 5：删除 L 列，选择 A3:K3 单元格区域，在【开始】选项卡中单击【边框】|【无框线】命令，再次单击【边框】|【上边框】命令。

步骤 6：选择 A1:K1 单元格区域，在【开始】选项卡中单击【填充颜色】下拉按钮，在列表中单击【钢蓝，着色 1，浅色 60%】选项。

步骤 7：选择 F2:K2 单元格区域，设置单元格格式为"数值"，小数位数为"2"。

步骤 8：选择 A1:K3 单元格区域，在【开始】选项卡中单击【格式刷】按钮，选择 A4:K96 单元格区域。效果如图 8-23 所示。

步骤 9：单击行号和列标交叉处的全选按钮，并右击，在弹出的快捷菜单中选择【行高】命令，在【行高】对话框中输入行高为"18"磅，单击【确定】按钮。

三、统计部门应发工资

要统计各部门应发工资总额和平均值，可以复制员工工资表中的部门名称，删除重复项后得到各部门的名称，再使用 SUMIF 和 AVERAGEIF 函数统计各部门应发工资总额和平均值。

微课 8-8
统计部门应发
工资

1．提取部门名称

从工资表的"部门"列中提取各部门名称填入 M2:M6 单元格区域，操作步骤如下。

笔 记

步骤 1：选中员工工资表 C 列中的单元格区域，按 Ctrl + C 组合键。

步骤 2：选中员工工资表的 M 列，按 Ctrl + V 组合键。

步骤 3：在【数据】选项卡中单击【重复项】|【删除重复项】。

步骤 4：在【删除重复项警告】对话框中，选择【当前选定区域】，单击【删除重复项】按钮，在【删除重复项】对话框中，单击【删除重复项】按钮，如图 8-25 所示。

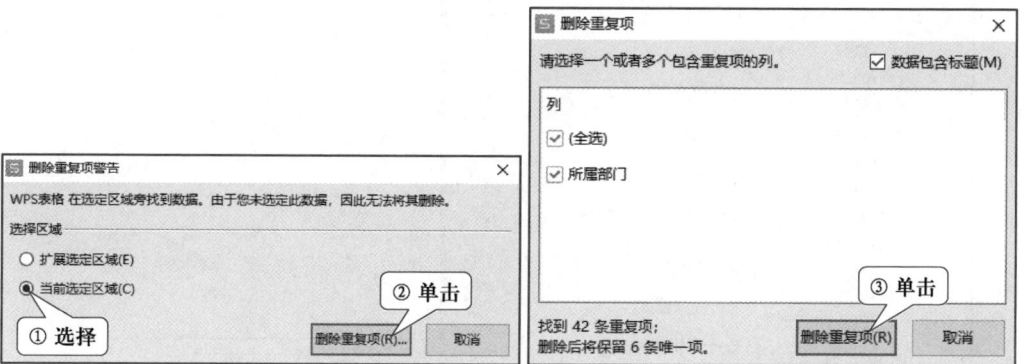

图 8-25　删除重复项

步骤 5：系统提示"发现 42 个重复项，已将其删除，保留 6 个唯一值"，单击【确定】按钮。

> 📖**提示**：除了使用删除重复项功能提取部门名称外，还可以使用高级筛选功能中的"选择不重复的记录"功能提取部门名称，将筛选结果复制到目标区域。

2. 统计各部门的应发工资总额和平均值

统计各部门的应发工资总额和平均值填入 N2:O6 单元格区域，操作步骤如下。

步骤 1：在 N2 单元格中输入公式"=SUMIF($C$2:$C$33,M2,$H$2:$H$33)"，并将公式填充至 N6 单元格。

步骤 2：在 O2 单元格中输入公式"=AVERAGEIF($C$2:$C$33,M2,$H$2:$H$33)"。并将公式填充至 O6 单元格。

微课 8-9
筛选工资数据

•四、筛选工资数据

在员工工资表中筛选出实发工资前 3 名的员工工资信息，操作步骤如下。

步骤 1：按住 Ctrl 键，拖曳"员工工资表"的工作表标签建立"员工工资表（2）"，并修改工作表名为"工资筛选"。

步骤 2：选择员工工资表数据区域的任意单元格，在【数据】选项卡中单击【筛选】按钮。

步骤 3：单击实发工资列中的自动筛选按钮，在自动筛选列表中单击【数字筛选】|【前十项】命令。在【自动筛选前 10 个】对话框中修改为最大的 3 项，单击【确定】按钮，如图 8-26 所示。筛选结果如图 8-27 所示。

微课 8-10
汇总部门实发工资

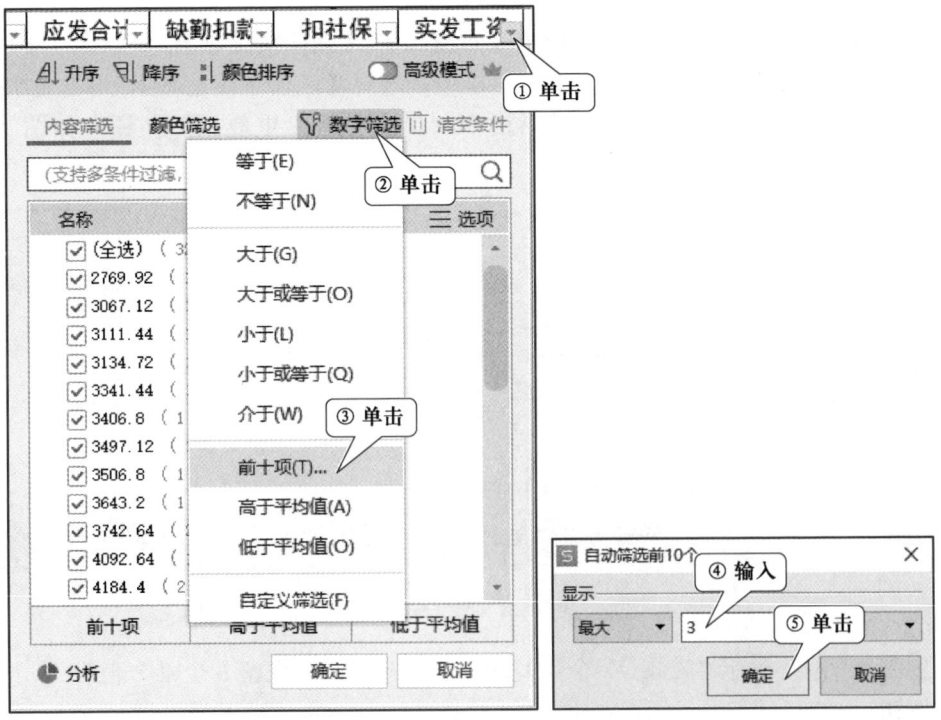

图 8-26　筛选实发工资前 3 名的员工信息

序号	员工姓名	所属部门	学历	进入企业时间	基本工资	奖金	应发合计	缺勤扣款	扣社保	实发工资
1	王浩	研发部	博士	2001年3月1日	6582	987	7569	0	908.28	6660.72
15	龙丹丹	销售部	本科	1997年6月1日	6523	978	7501	0	900.12	6600.88
28	何小鱼	研发部	本科	1997年7月1日	6456	968	7424	0	890.88	6533.12

图 8-27　筛选实发工资前 3 名的结果

五、汇总部门实发工资

汇总各部门的实发工资总额和部门内各学历的平均实发工资，操作步骤如下。

步骤 1：按住 Ctrl 键，拖曳"员工工资表"的工作表标签建立"员工工资表（2）"，并修改工作表名为"工资分类汇总"。

步骤 2：对工资分类汇总表按"所属部门"升序和"学历"自定义序列排序，如图 8-28 所示。

图 8-28　按分类字段排序

步骤 3：选择数据区域中的任意一个单元格，在【数据】选项卡中单击【分类汇总】按钮，打开【分类汇总】对话框，在【分类字段】组合框中选择"所属部门"，在【汇总方式】组合框中选择"求和"。在【选定汇总项】列表框中选择"实发工资"，单击【确定】按钮完成第 1 次分类汇总。

步骤 4：再次打开【分类汇总】对话框。在【分类字段】组合框中选择"学历"，在【汇总方式】组合框中选择"平均值"，在【选定汇总项】列表框中选择"实发工资"，清除【替换当前分类汇总】复选框，如图 8-29 所示，单击【确定】按钮完成分类汇总，结果如图 8-30 所示。

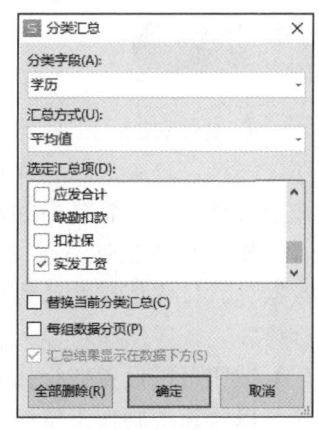

图 8-29　嵌套分类汇总

等级考试真题
电子表格 2

六、保护工资数据

保护员工工资表，使其他用户不能查看"缺勤扣款""扣社保""实发工资"列中的公式，只可以对姓名列中的单元格进行编辑，操作步骤如下。

笔 记

1 2 3 4		A	B	C	D	E	F	G	H	I	J	K
	1	序号	员工姓名	所属部门	学历	进入企业时间	基本工资	奖金	应发合计	缺勤扣款	扣社保	实发工资
	2	3	杨林	财务部	硕士	1999年8月1日	6063	910	6973	650	836.76	5486.24
	3				硕士 汇总							5486.24
	4			财务部 汇总								5486.24
	5	31	张昭	秘书处	博士	1995年4月1日	5500	825	6325	0	759	5566
	6				博士 汇总							5566
	7	2	郭文	秘书处	硕士	2000年6月1日	4568	685	5253	530	630.36	4092.64
	8	29	王琪	秘书处	硕士	2002年5月1日	5002	750	5752	0	690.24	5061.76
	9				硕士 汇总							9154.4
	10	20	王耀华	秘书处	本科	1999年1月1日	3600	540	4140	0	496.8	3643.2
	11	27	吉晓庆	秘书处	本科	1998年5月1日	3465	520	3985	100	478.2	3406.8
	12				本科 汇总							7050
	13	14	王林	秘书处	大专	1999年1月1日	5550	833	6383	380	765.96	5237.04
	14				大专 汇总							5237.04
	15			秘书处 汇总								27007.44
	16	9	杨楠	企划部	硕士	1996年4月1日	4646	697	5343	210	641.16	4491.84
	17	21	苏宇拓	企划部	硕士	1999年1月1日	3598	540	4138	300	496.56	3341.44
	18	22	田东	企划部	硕士	1997年6月1日	3698	555	4253	0	510.36	3742.64
	19	26	巩月明	企划部	硕士	2003年7月1日	6523	978	7501	630	900.12	5970.88
	20				硕士 汇总							17546.8

图 8-30 嵌套分类汇总结果

步骤 1：在员工工资表中选择 I2:K33 单元格区域，按 Ctrl + 1 组合键。

步骤 2：在【单元格格式】对话框中，单击【保护】选项卡，选中【锁定】和【隐藏】复选框，单击【确定】按钮。

步骤 3：选择 B2:B33 单元格区域，在【审阅】选项卡中单击【锁定单元格】按钮  使其不再高亮显示即可取消单元格的锁定。

步骤 4：在【审阅】选项卡中单击【保护工作表】按钮。

步骤 5：在【保护工作表】对话框中单击【确定】按钮。

笔 记

项目总结

本项目对员工工资进行计算和管理，主要用到了 WPS 表格中的公式和函数、排序、筛选、分类汇总和保护工作表等数据管理功能。为了在 WPS 表格中有效地使用数据管理功能，表格中的数据应该按数据清单的建立规范来组织。

排序功能默认情况下用于按指定排序关键字的默认排序顺序排列数据清单中的数据行。排序依据默认为单元格的值，也可以按单元格颜色、字体颜色和条件格式图标排序。排序次序可以为升序、降序和自定义序列。在【排序】对话框中，单击【选项】按钮可以设置按行排序、按笔画排序和区分大小写的排序。借助辅助列和排序功能可以快速地制作工资条。

筛选功能可以将不满足筛选条件的行隐藏，显示满足条件的行，对筛选结果进行编辑不影响被隐藏的数据。自动筛选可以对单元格数值和单元格颜色进行筛选，支持不同字段之间多条件"与"的筛选，支持使用通配符进行模糊筛选。高级筛选支持更复杂的条件筛选，条件区域中同一行的条件是"与"的关系，条件区域中不同行的条件是"或"的关系。高级筛选可以将筛选结果复制到新的位置，还可以去除筛选结果中的重复值。

等级考试真题
电子表格 3

微课 8-11
保护工资数据

分类汇总功能可以对数据清单按分类字段对汇总项进行分类统计，进行分类汇总之前必须以分类字段为关键字对数据清单进行排序，将分类字段值相同的行排在一起。可以通过多次分类汇总实现数据的多方式汇总和嵌套分类汇总。在【分类汇总】对话框中选中"每组数据分页"选项，可以使每组数据打印单独的页面。

WPS 表格提供了密码加密和保护工作表功能来对表格中的数据进行保护，以防止非授权用户打开或编辑表格中的数据。当工作表中的单元格不希望被其他用户编辑时，可以通过保护工作表并设置密码来实现。保护工作表后锁定的单元格将不能编辑。

项目练习

项目 8
客观题

一、客观题

请扫描二维码进入即测即评。

二、操作题

1．打开"练习素材 8-1.xlsx"文件，对工作表"产品销售情况表"内的数据清单按主要关键字"季度"的升序次序和次要关键字"产品名称"的降序次序进行排序，对排序后的数据进行高级筛选（同时满足两个条件，条件一：产品名称为"手机"，条件区域为 D41:D42；条件二：销售排名为前 15 名，条件区域为 H41:H42），在原有区域显示筛选结果，保存文件。

文本：
参考答案

2．打开"练习素材 8-2.xlsx"文件，对工作表"产品销售情况表"内的数据清单按主要关键字"产品名称"的降序次序和次要关键字"分公司"的降序次序进行排序，以"产品名称"为汇总字段，完成对各产品销售额总和的分类汇总，汇总结果显示在数据下方，工作表名不变，保存文件。

3．打开"练习素材 8-3.xlsx"文件，对工作表"图书销售情况表"内的数据清单进行筛选，条件为各经销部门第一季度或第四季度、社科类或少儿类图书，对筛选后的数据清单按主要关键字"经销部门"的升序次序和次要关键字"销售额（元）"的升序次序进行排序，工作表名不变，保存文件。

素材文件

4．打开"练习素材 8-4.xlsx"文件，设置"产品销售情况表"表格区域为不可修改，保护工作表，保护密码为"111"。

项目 9 分析销售数据

学习目标

1. 知识目标
① 认识常见图表类型的特点及组成。
② 理解迷你图作为单元格图表的作用。
③ 理解组合图表的结构和组成元素。
④ 理解数据透视表和数据透视图的作用。

2. 能力目标
① 能够利用表格数据制作迷你图和图表，并根据需要对图表元素进行编辑。
② 掌握数据透视表的创建、字段布局等操作。
③ 能根据需要改变数据透视表值字段的显示方式和字段值组合。
④ 能利用数据透视表创建数据透视图。

3. 素养目标
① 通过对图表的精雕细琢，增强精益求精的质量意识和追求极致的工匠精神。
② 通过数据透视表透视数据，培养通过现象看本质的思维能力。

项目 9
德育小课堂

项目分析

1. 项目情境
小张在一家电器销售公司做兼职工作，年底需要对销售数据进行统计分析，以便为领导提供决策数据，做好下一年的工作安排。

2. 项目要求
① 根据第一季度销售业绩表（素材文件：项目 9\项目素材\销售业绩表.xlsx）中各销售人员每月的销售业绩，创建簇状柱形图，如图 9-1 所示。创建迷你折线图，如图 9-2 所示。

素材文件

② 根据 2022 年度销售明细表（素材文件：项目 9\项目素材\销售明细表.xlsx）中的销售数据，如图 9-3 所示；统计这一年中各季度各月份的销售额及占销售总额的百分比，如图 9-4 所示；统计各地区、各销售员、各种产品的销售额，如图 9-5 所示。

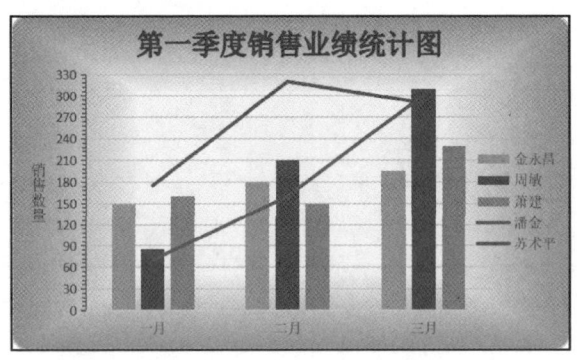

图 9-1　销售业绩统计柱形图

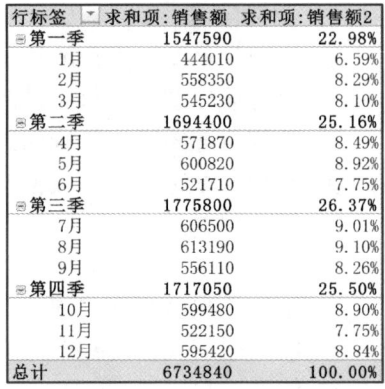

图 9-2　销售业绩及迷你图

笔 记

	A	B	C	D	E	F	G
1	订购日期	分店	销售员	品名	单价	数量	销售额
2	2022/1/1	城中	刘远	洗衣机	¥1,650.00	5	¥8,250.00
3	2022/1/1	城东	满迪	热水器	¥2,480.00	4	¥9,920.00
4	2022/1/1	城中	刘远	电视机	¥4,000.00	4	¥16,000.00
5	2022/1/1	城中	李丽	电冰箱	¥2,500.00	4	¥10,000.00
6	2022/1/2	城东	满迪	电冰箱	¥2,500.00	2	¥5,000.00
7	2022/1/2	城东	卢永辉	空调	¥3,640.00	1	¥3,640.00
791	2022/12/28	城中	刘远	热水器	¥2,480.00	4	¥9,920.00
792	2022/12/28	城东	满迪	热水器	¥2,480.00	4	¥9,920.00
793	2022/12/28	城东	卢永辉	洗衣机	¥1,650.00	3	¥4,950.00
794	2022/12/29	城中	刘远	热水器	¥2,480.00	3	¥7,440.00
795	2022/12/29	城中	刘远	电视机	¥4,000.00	2	¥8,000.00
796	2022/12/30	城南	赵小	热水器	¥2,480.00	3	¥7,440.00
797	2022/12/30	城南	王先	电视机	¥4,000.00	1	¥4,000.00
798	2022/12/31	城南	张自中	电冰箱	¥2,500.00	4	¥10,000.00
799	2022/12/31	城东	满迪	电冰箱	¥2,500.00	1	¥2,500.00

图 9-3　销售明细表

行标签	求和项:销售额	求和项:销售额2
第一季	1547590	22.98%
1月	444010	6.59%
2月	558350	8.29%
3月	545230	8.10%
第二季	1694400	25.16%
4月	571870	8.49%
5月	600820	8.92%
6月	521710	7.75%
第三季	1775800	26.37%
7月	606500	9.01%
8月	613190	9.10%
9月	556110	8.26%
第四季	1717050	25.50%
10月	599480	8.90%
11月	522150	7.75%
12月	595420	8.84%
总计	6734840	100.00%

图 9-4　销售月报表

分店	城南					
求和项:销售额	列标签					
行标签	电冰箱	电视机	空调	热水器	洗衣机	总计
王先	55000	184000	72800	71920	31350	415070
张自中	205000	396000	265720	188480	94050	1149250
赵小	212500	328000	273000	195920	138600	1148020
总计	472500	908000	611520	456320	264000	2712340

图 9-5　分地区各销售员各产品销售总额

3．解决方案

① 数据是图表的基础，若要创建图表，首先要在工作表中为图表准备数据。此处创建图表的数据已经保存在第一季度销售业绩表中，因此只需要根据现有数据创建图表，然后设置图表元素的格式，即可完成任务。

② 要从大量明细数据中统计各种汇总结果，可以先根据明细数据创建数据透视表，然后通过更改数据透视表中字段的布局，改变数值的汇总方式和显示方式，对字段进行分组等操作生成不同的汇总报表。还可以插入切片器对数据报表进行分割。

预备知识

在项目实施前，应先学习常用图表类型、图表的组成、数据透视表数据源的组织规范以及数据透视表的结构等知识，有助于对项目实施中操作方法的理解。

一、图表

微课 9-1
图表

图表以图形化的方式直观形象地表示工作表中的数据，使用户更加方便地查看数据的差异、比例和变化趋势。

1. 常用的图表类型

WPS 表格中的图表类型有柱形图、折线图、饼图、条形图、面积图、XY 散点图、雷达图、股价图和组合图等，每一种类型又有 3～7 种子图表类型。每种图表的表达形式有所不同，在众多图表类型中，到底使用哪一种最适合，选择的关键在于使数据信息能以最有效的方式表达出来。常用图表类型、示例、特点及用途见表 9-1。

表 9-1　常用图表类型

图表类型	示例	特点及用途
柱形图		用横坐标表示分类信息，纵坐标表示数值大小。用于显示一段时间内数据的变化或者描述各个项目之间的数据差异
折线图		在图表底部显示日期，可以使历史发展情况一目了然。折线图通常只有一组数据，显示在纵坐标轴上。用于显示销量、收入和利润等商业数据在一段时间内的走向
饼图		饼图只有一个数据系列。用于显示一组数值内部的比较以及各个组成部分占总体的比例关系
条形图		用纵坐标表示分类信息，横坐标表示数值大小。它主要突出数值的差异，而淡化时间和类别差异。用于描绘各个项目之间的数据差别情况
面积图		由系列折线与类别坐标轴围成的图形来表示数据系列，用于表示数据随时间推移的变化幅值

笔 记

续表

图表类型	示例	特点及用途
XY 散点图	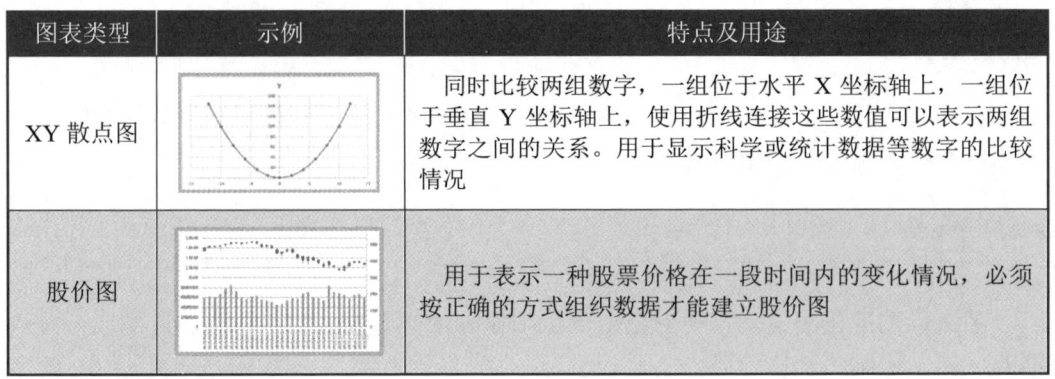	同时比较两组数字，一组位于水平 X 坐标轴上，一组位于垂直 Y 坐标轴上，使用折线连接这些数值可以表示两组数字之间的关系。用于显示科学或统计数据等数字的比较情况
股价图		用于表示一种股票价格在一段时间内的变化情况，必须按正确的方式组织数据才能建立股价图

2．图表的组成

图表由许多图表元素（如标题、坐标轴等）组成，有的图表元素是成组的（如图例、数据系列等）。图表通常包含图表区、绘图区、网格线、横坐标轴、纵坐标轴、数据系列、图例、图表标题和纵坐标轴标题，如图 9-6 所示。

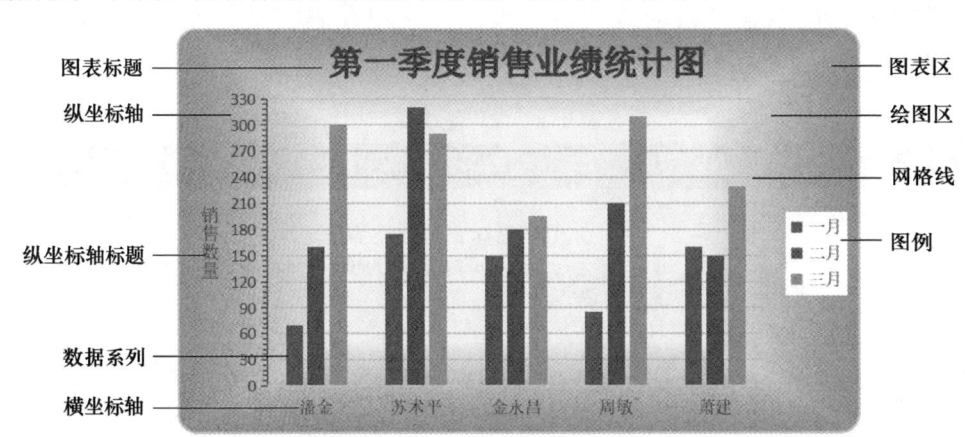

图 9-6　图表的组成

提示： 上述图表中的图表元素只是一种通常情况，还可以添加数据表和数据标签等元素。不同的图表类型包含的图表元素不完全相同，例如，在饼图中没有横坐标轴和纵坐标轴。

二、数据透视表

数据透视表是一种交互式报表，可快速合并和比较大量数据。它通过以不同的视角显示数据来进行比较、揭示和分析，从而将数据转化成有意义的信息。可以通过简单拖曳字段更改布局以查看数据源的不同汇总结果，而且可以显示或打印感兴趣区域的明细数据。

1. 准备数据透视表的数据源

要创建数据透视表，可以将 WPS 表格工作表或外部数据源中的数据作为数据透视表的数据源。工作表中的数据需按照下列规范进行组织。

① 每一列的第一行必须有列标签，WPS 表格自动将列标签作为数据透视表的字段名称。

② 每一列只包含一种类型的数据，而不能是文本与数字的混合。

③ 数据区域中不能有空行和空列。

④ 数据区域中不能有汇总数据。

2. 数据透视表的结构

数据透视表由筛选、行、列和值四个区域中的一个或多个区域组成，如图 9-7 所示。通过鼠标选择和拖曳数据透视表字段列表中的字段到相应区域可以得到不同的数据透视表。

微课 9-2
数据透视表

筛选区域	分店	(全部)					
	求和项:销售额	品名					列区域
	销售员	电冰箱	电视机	空调	热水器	洗衣机	总计
	李丽	160000	244000	265720	171120	135300	976140
	刘远	92500	244000	112840	64480	79200	593020
	卢永辉	125000	172000	229320	136400	103950	766670
	马晓平	75000	56000	138320	57040	26400	352760
行区域	潘迪	147500	108000	145600	104160	52800	558060
	王先	55000	184000	72800	71920	31350	415070
	吴勇	165000	188000	160160	168640	94050	775850
	张自中	205000	396000	265720	188480	94050	1149250
	赵小	212500	328000	273000	195920	138600	1148020
	总计	1237500	1920000	1663480	1158160	755700	6734840

图 9-7　数据透视表的结构

筛选区域中的字段称为筛选字段，用来筛选整个数据透视表，以显示选定项目的数据。

行区域中的字段称为行字段，行字段中的每个取值在透视表中显示一行。包含多个行字段的数据透视表具有一个内部行字段，它离值区域最近，任何其他行字段都是外部行字段。最外部行字段中的项仅显示一次，其他行字段中的项按需重复显示。

列区域中的字段称为列字段，列字段中的每个取值在透视表中显示一列。如果把取值过多的字段放入列区域中，会导致数据透视表变宽，不便于浏览。

值区域中的字段称为值字段，其值就是数据透视表用来进行汇总的值。对于数值型字段，默认的汇总方式是求和，对于文本型字段，默认的汇总方式是计数。可以将同一个数值字段多次加入值区域中，改变值的汇总方式来显示同一字段的不同汇总结果。

项目实施

一、创建销售业绩统计图

要创建销售业绩统计柱形图，应先在 WPS 表格中创建默认的柱形图，再对默认

笔记

图表中的布局进行调整，对图表元素进行格式化设置，改变图表中显示的内容。

1. 创建图表

利用销售业绩表中的数据创建簇状柱形图，操作步骤如下。

步骤 1：打开素材文件"销售业绩表.xlsx"。

步骤 2：选中 A2:D7 单元格区域，在【插入】选项卡中单击【插入柱形图】按钮
，在【簇状柱形图】列表中单击第一种图表完成图表创建。如图 9-8 所示。

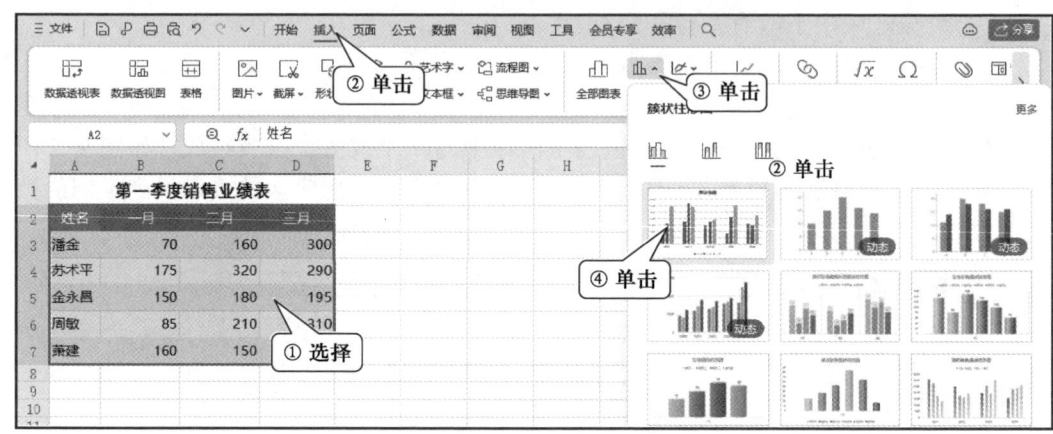

图 9-8　插入图表

> 📖 提示：选择数据后，按 F11 键或 Alt + F1 组合键，可以在当前工作表中创建默认的
> 簇状柱形图。
>
> 　如果要使用多个不连续的单元格区域创建图表，可以选择第一个区域后，按住 Ctrl
> 键，再选择其他区域，但本身连续的区域不要分多次选择，否则无法正确创建图表。

2. 移动图例到图表右侧

选中图表，单击图表右上角的【图表元素】按钮 📊，然后单击【图例】右侧的扩
展按钮 ▶，在列表中单击【右】选项，即可将图例移到图表右侧，如图 9-9 所示。

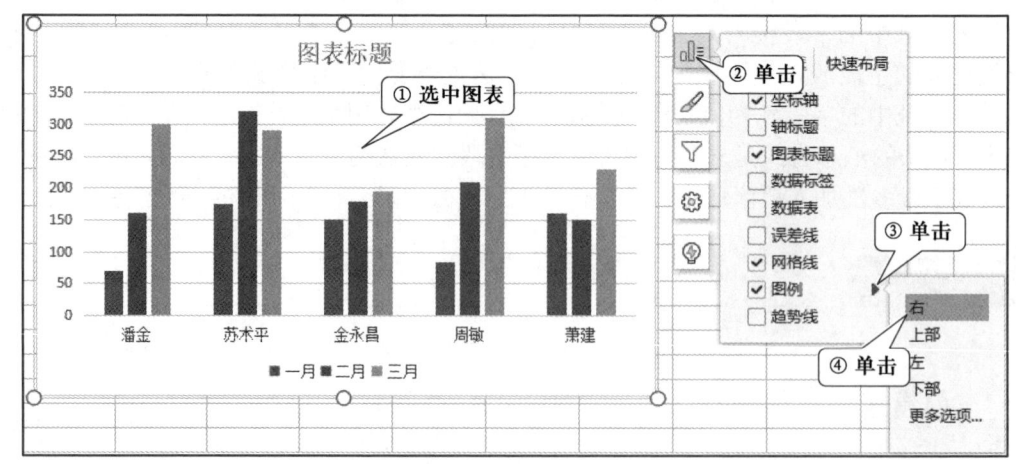

图 9-9　移动图例位置

3．添加坐标轴标题

为图表添加主要纵坐标轴标题【销售数量】，操作步骤如下。

步骤 1：选中图表，单击图表右上角的【图表元素】按钮，然后单击【轴标题】右侧的扩展按钮，在列表中选择【主要纵坐标轴】选项。如图 9-10 所示。

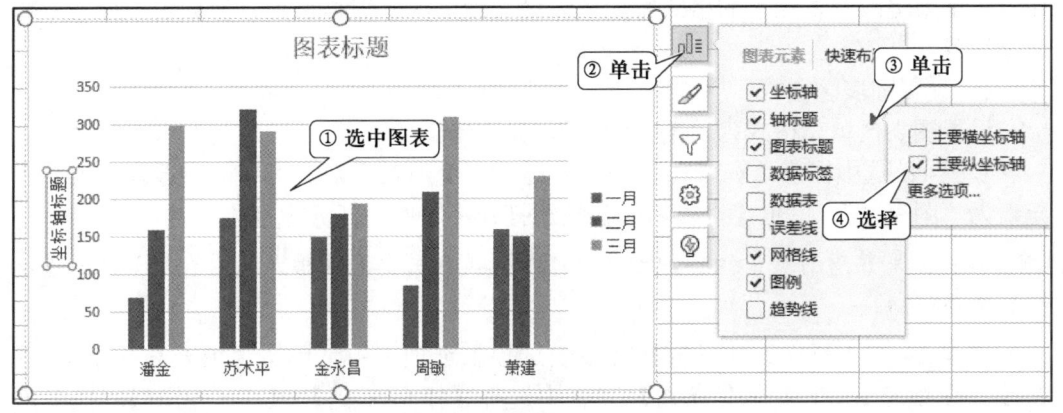

图 9-10　添加图表纵坐标轴标题

步骤 2：单击坐标轴标题两次，更改坐标轴标题为"销售数量"。

📖**技巧**：单击【图表工具】选项卡中的【快速布局】按钮，可以在列表中选择一种预定义的图表布局。

4．设置图表标题内容

设置图表标题为"第一季度销售业绩统计图"，操作步骤如下。

步骤 1：选中图表标题。

步骤 2：在图表标题中删除原有内容，输入"第一季度销售业绩统计图"。

5．切换行列

在上面创建的图表中，数据系列产生在列，如图 9-11 所示，即一列数据产生一个数据系列，如数据系列"一月"的数据来源于数据表中的"一月"列。

切换行列的操作方法为：选中图表，单击【图表工具】选项卡中的【切换行列】按钮。切换行列后，系列产生在行，如图 9-12 所示。

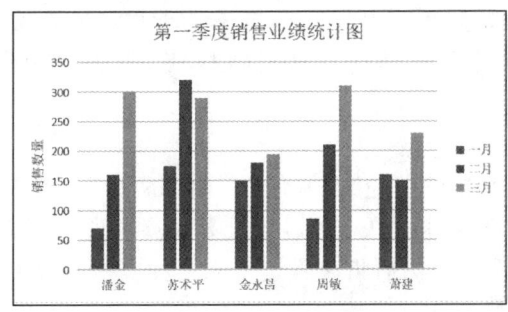

图 9-11　系列产生在列

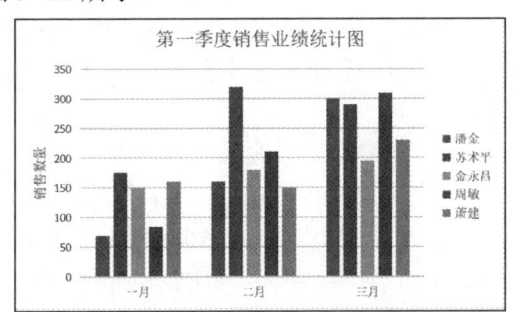

图 9-12　系列产生在行

二、美化销售业绩统计图

创建图表后，WPS 表格使用默认的格式显示图表中的元素，用户可以通过【属性】任务窗格来更改图表元素的格式。如图表区、绘图区、数据系列、坐标轴、标题、数据标签等。

1. 设置图表区格式

设置图表区填充格式为"渐变填充"，操作步骤如下。

步骤 1：选中图表。在【图表工具】选项卡【图表元素】组合框中选择当前图表元素为"图表区"，单击【设置格式】按钮打开【属性】任务窗格。

📖提示：如果熟悉图表中的各种元素，可以直接双击要设置格式的图表元素打开【属性】任务窗格。

步骤 2：在【属性】任务窗格【图表选项】选项卡中，单击【填充与线条】；选择【渐变填充】；在【渐变样式】列表中选择【矩形渐变】|【中心辐射】；拖曳渐变滑块上的停止点"1 色标"改变渐变位置为"55%"；拖曳渐变滑块上的停止点"2 色标"改变渐变位置为"100%"，设置停止点 2 的色标颜色为【深灰绿，着色 3】；单击【线条】展开按钮；拖曳窗口滚动条到底部；选中【圆角】复选框。如图 9-13 所示。

笔记

2. 设置坐标轴格式

设置坐标轴的最大值为"330"，主要单位为"30"，并在外部显示刻度线，操作步骤如下。

步骤 1：选中图表的"纵坐标轴"。

步骤 2：在【属性】任务窗格【坐标轴选项】选项卡中，单击【坐标轴】；修改【坐标轴选项】组中的【最大值】为"330"，【主要单位】为"30"；修改【刻度线标记】组中的【主要类型】和【次要类型】为【外部】，如图 9-14 所示。完成后的效果如图 9-15 所示。

3. 竖排纵坐标轴标题

设置纵坐标轴标题文字"销售数量"的文字方向为竖排，操作步骤如下。

步骤 1：选中图表的"纵坐标轴标题"。

步骤 2：在【属性】任务窗格【标题选项】选项卡中，单击【大小与属性】选项卡；修改【对齐方式】组中的【文字方向】为"竖排（从右向左）"，如图 9-16 所示。

4. 设置图表标题为艺术字样式

设置图表标题为艺术字样式"图案填充-窄横线，轮廓-着色 3，内部阴影"。操作方法是：选中图表标题，切换到【文本工具】选项卡，在【预设样式】列表中选择"图案填充-窄横线，轮廓-着色 3，内部阴影"选项。然后将字号设置为"18 磅"，效果如图 9-17 所示。

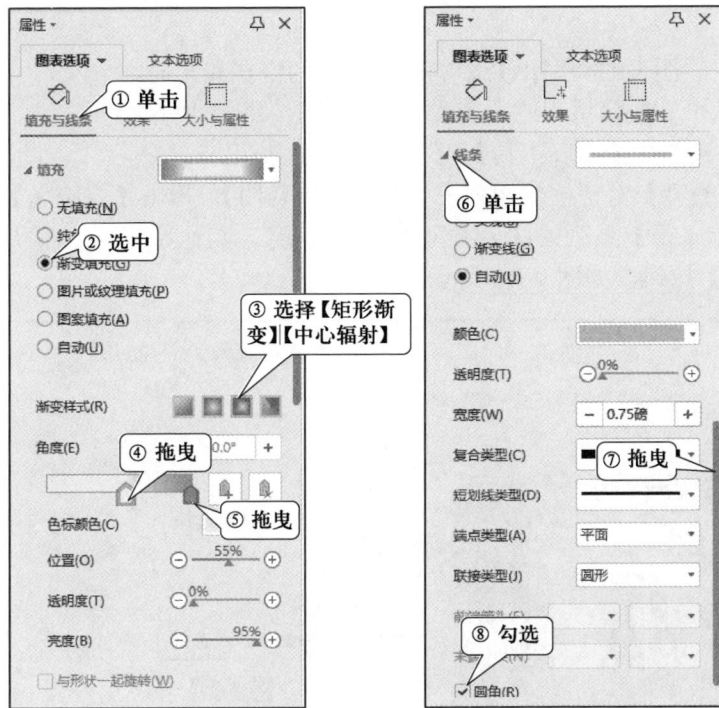

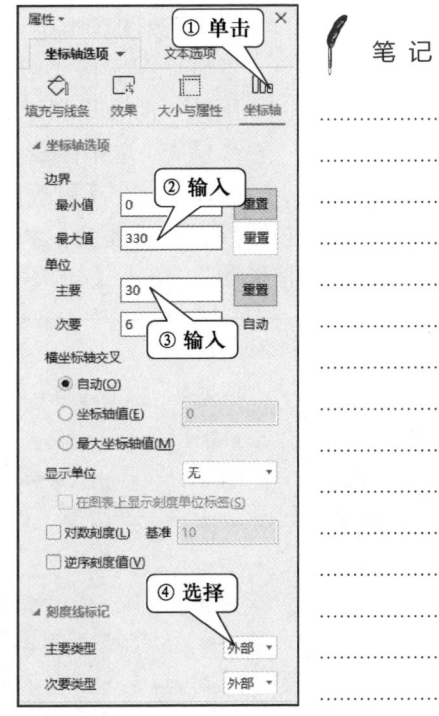

图 9-13 设置图表区格式　　　　　　图 9-14 设置坐标轴格式

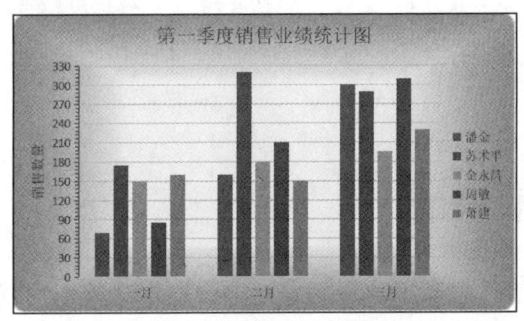

图 9-15 设置坐标轴效果

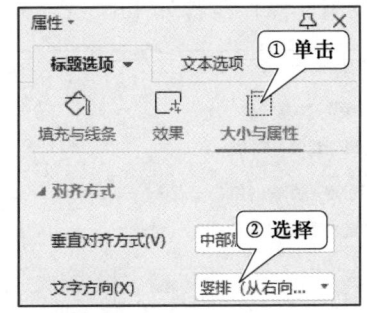

图 9-16 设置文字方向

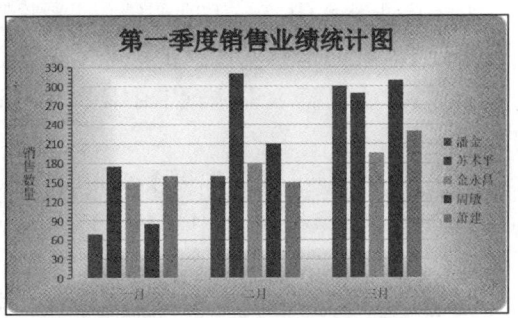

图 9-17 图表的最终效果

173

5．更改图表类型

设置完图表格式后，更改图表的类型不会影响图表元素的格式和布局。

更改"潘金"和"苏术平"数据系列的图表类型为折线图，操作步骤如下。

步骤1：选中图表，依次单击【图表工具】|【更改类型】按钮。

步骤2：在【更改图表类型】对话框左侧列表中单击【组合图】，单击【自定义】按钮，设置【潘金】和【苏术平】系列的图表类型为"折线图"，其他系列为"簇状柱形图"，单击【插入图表】按钮，如图9-18所示。

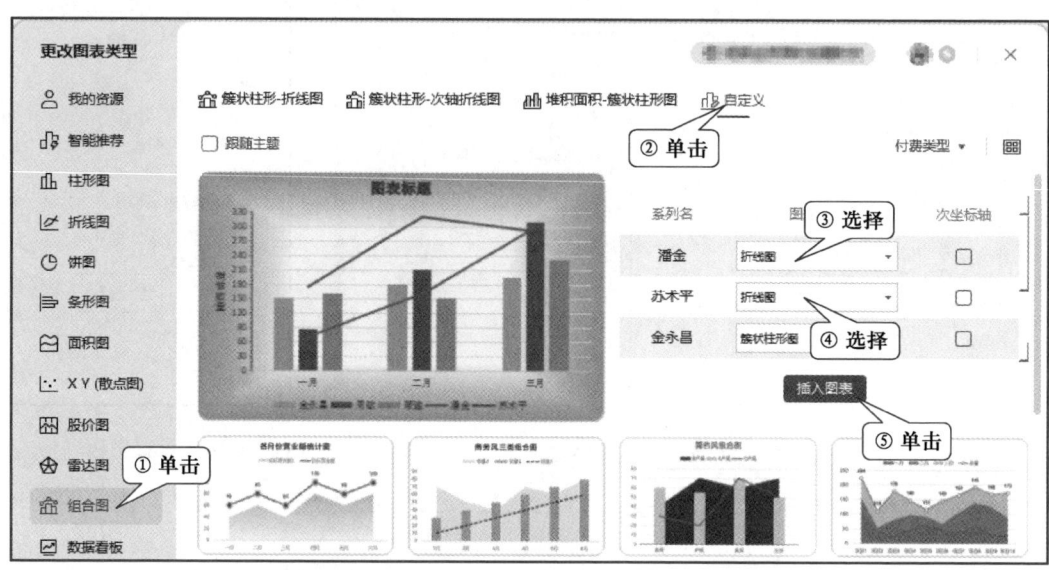

微课 9-5
创建销售数据
迷你图

笔记

图9-18　更改图表类型

三、创建销售数据迷你图

用迷你图可以在工作表数据附近的单元格中直观地表示数据的变化趋势、最大值和最小值，以增强数据的视觉冲击。

1．创建迷你图

为销售业绩表中第一季度的销售业绩创建迷你折线图，操作步骤如下。

步骤1：打开素材文件"销售业绩表.xlsx"。

步骤2：在【插入】选项卡中，单击【迷你图】|【折线】。

步骤3：在【创建迷你图】对话框中单击【数据范围】选择框，选中"B3:D7"单元格区域；单击【位置范围】选择框，选中"E3:E7"单元格区域；单击【确定】按钮，如图9-19所示。

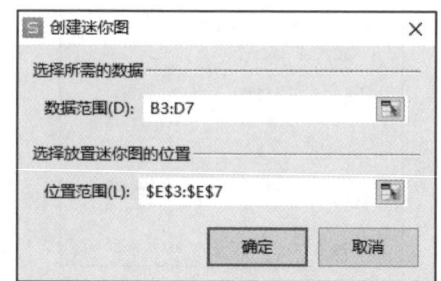

图9-19　创建迷你图

2．标记迷你图的最高点

用紫色点标记迷你图的最高点，操作步骤如下。

选中"E3:E7"单元格区域，在【迷你图工具】选项卡中，单击【标记颜色】下拉按钮，在【高点】颜色列表中选择"紫色"。如图 9-20 所示。

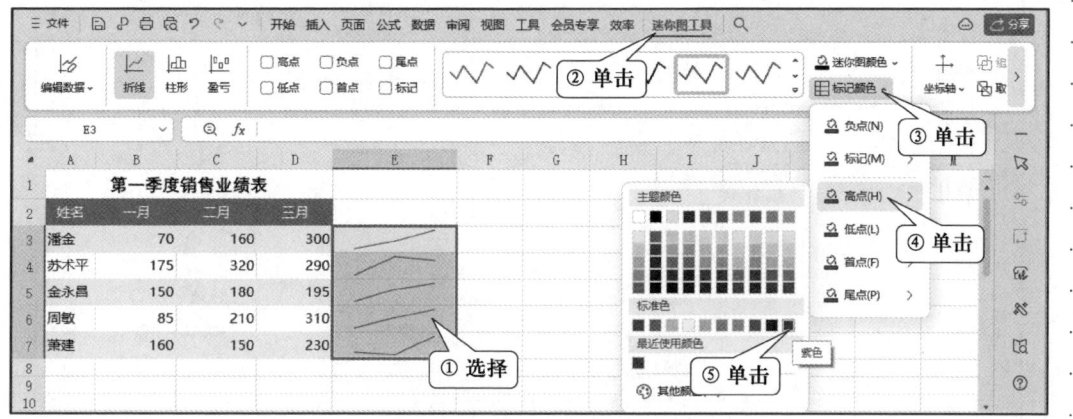

图 9-20　标记迷你图

四、创建产品销售汇总表

利用销售明细表中的数据创建数据透视表后，可以改变汇总字段的计算方式和汇总值的显示方式来获得不同的汇总结果。

微课 9-6
创建产品销售
汇总表

1．汇总各销售员的销售额

利用销售明细表中的数据创建数据透视表统计各销售员的销售额，操作步骤如下。

步骤 1：打开素材文件"销售明细表.xlsx"。选中数据区域中的任意一个单元格，在【插入】选项卡中，单击【数据透视表】按钮。

步骤 2：在【创建数据透视表】对话框中单击【确定】按钮，新建一个名称为"Sheet1"的工作表，并显示【数据透视表】任务窗格。

步骤 3：在【数据透视表】任务窗格字段列表中，选中"销售员"和"销售额"字段，得到各销售员的销售额及总销售额。如图 9-21 所示。

2．汇总各销售员各产品的销售额

创建数据透视表后，可以在【数据透视表】任务窗格字段列表中添加、删除和移动字段来更改数据透视表的布局，以得到不同的汇总结果。

在图 9-21 所示的透视表中，可以添加字段来统计各销售员各产品的销售额，操作步骤如下。

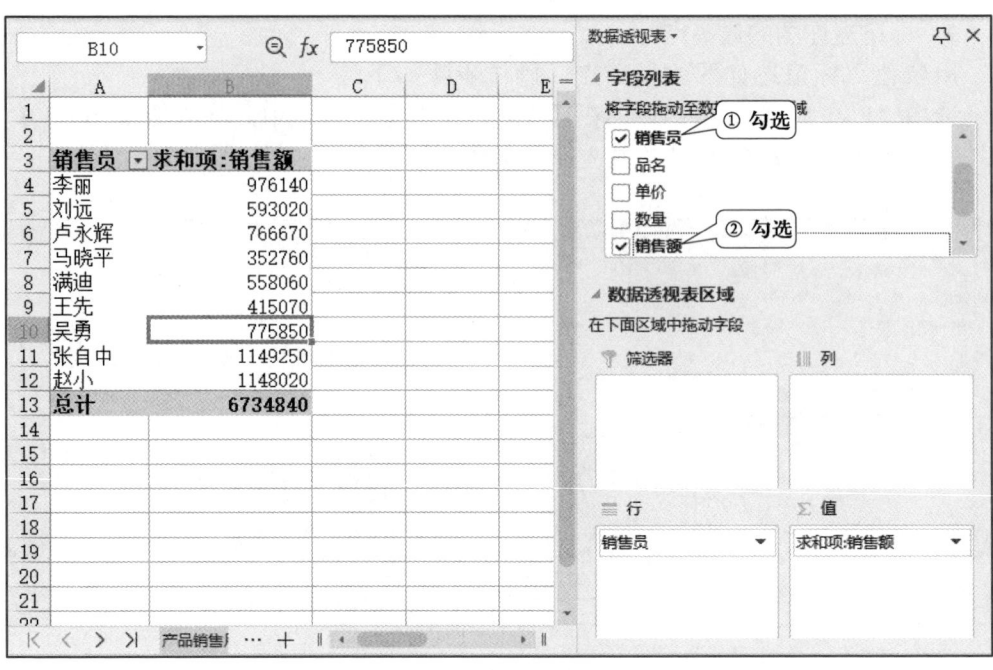

图 9-21　创建数据透视表

步骤 1：单击数据透视表区域中的任一单元格，以显示【数据透视表】任务窗格。

📖提示：如果单击数据透视表区域，仍然不显示【数据透视表】任务窗格，可以在【分析】选项卡中，单击【字段列表】按钮。

步骤 2：在【数据透视表】任务窗格字段列表中，选中"品名"字段后得到如图 9-22 所示的报表。

步骤 3：在【数据透视表】任务窗格【行】区域中将"品名"字段拖曳到【列】区域，如图 9-23 所示。

销售员	品名	求和项:销售额
李丽		976140
	电冰箱	160000
	电视机	244000
	空调	265720
	热水器	171120
	洗衣机	135300
刘远		593020
	电冰箱	92500
	电视机	244000
	空调	112840
	热水器	64480
	洗衣机	79200
卢永辉		766670
	电冰箱	125000
	电视机	172000
	空调	229320
	热水器	136400
	洗衣机	103950

图 9-22　汇总报表

📖提示：图 9-22 所示的报表已经统计出各销售员各产品的销售额，将"品名"字段移到【列】区域的作用是改变报表的布局，使报表不但能显示各产品的销售总额，而且更节省空间。

3. 按分店查看汇总数据

如图 9-23 所示报表中显示的是所有分店的销售额汇总情况，如果要单独显示"城南"分店的数据，有两种方法可以实现。

方法 1：将"分店"字段添加到"筛选区域"进行筛选，操作步骤如下。

步骤 1：在【数据透视表】任务窗格字段列表中，拖曳"分店"字段到【筛选器】

区域，如图 9-24 所示。

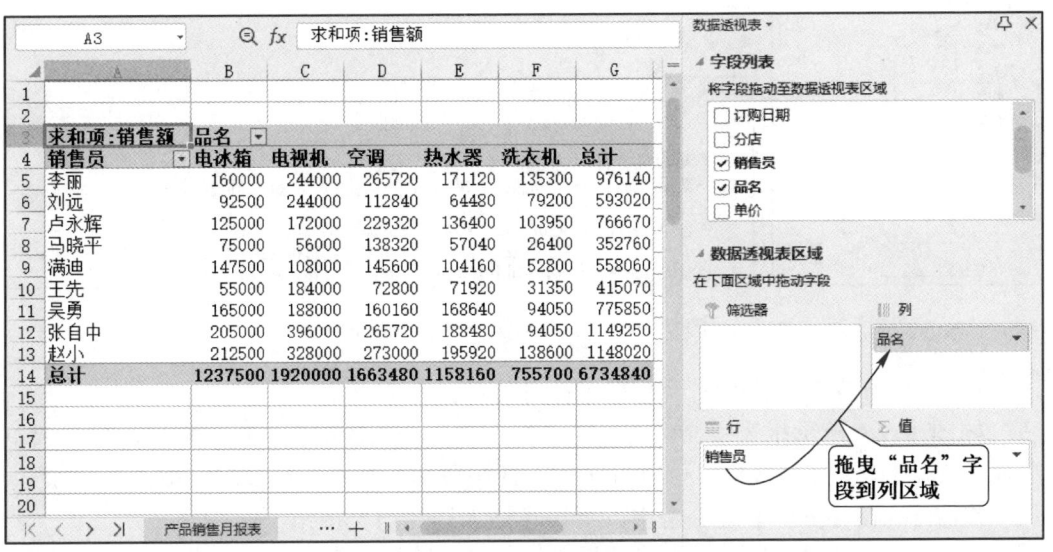

图 9-23 改变报表布局

步骤 2：单击"B1"单元格中的自动筛选按钮，在列表中选择"城南"选项，单击【确定】按钮，结果如图 9-25 所示。

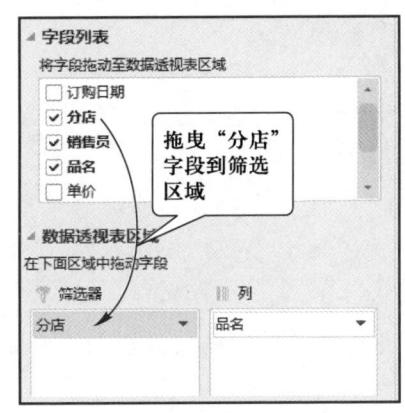

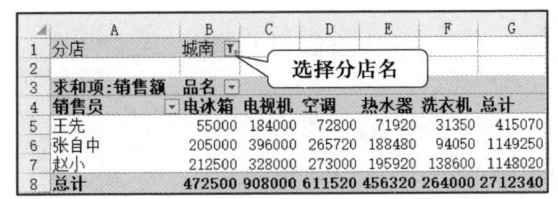

图 9-24 添加筛选字段 　　　　图 9-25 使用报表筛选查看分店数据

方法 2：插入"分店"切片器进行筛选，操作步骤如下。

步骤 1：在【分析】选项卡中，单击【插入切片器】按钮 ▤。

步骤 2：在【插入切片器】对话框中选择"分店"字段，单击【确定】按钮，在【分店】切片器窗口中单击"城南"选项，如图 9-26 所示。

📖提示：在切片器窗口中单击第一个选项后，按住 Ctrl 键再单击其他选项，可以选择不连续的多个选项，按住 Shift 键再单击其他选项可以选择连续的多个选项。单击切片器窗口右上角的【清除筛选器】按钮 🔾可以清除筛选。

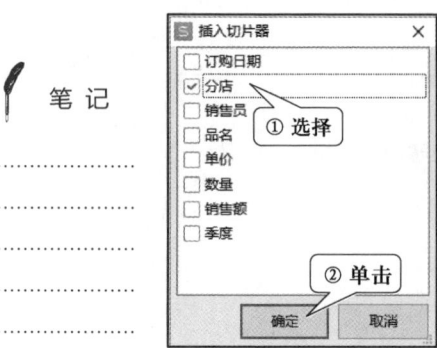

笔 记

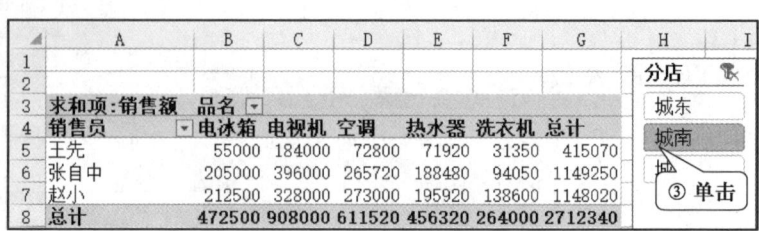

图 9-26　使用切片器查看分店数据

4．按月份查看汇总数据

如图 9-26 所示报表中显示的是"城南"分店全年的销售额汇总情况，如果要单独显示 2022 年 1 月的数据，可以再次插入订购日期切片器进行筛选，操作步骤如下。

步骤 1：在【分析】选项卡中，单击【插入切片器】按钮。

步骤 2：在【插入切片器】对话框中选择"订购日期"字段，单击【确定】按钮，在【订购日期】切片器窗口中单击"1 月"选项，如图 9-27 所示。

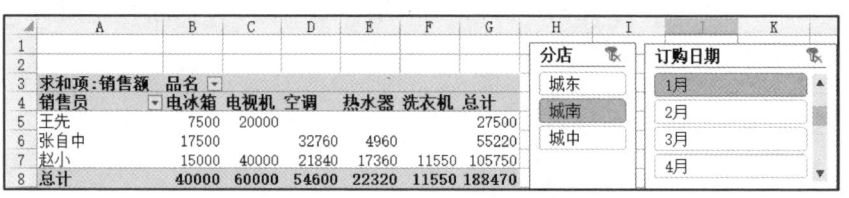

图 9-27　使用切片器按月查看数据

微课 9-7
创建产品销售
月报表

五、创建产品销售月报表

利用销售明细表中的数据创建数据透视表统计各季度各月的销售额以及占总销售额的百分比，操作步骤如下。

步骤 1：打开素材文件"销售明细表.xlsx"。

步骤 2：选中数据区域中的任意一个单元格，在【插入】选项卡中，单击【数据透视表】按钮。

步骤 3：在【创建数据透视表】对话框中单击【确定】按钮，新建一个名称为"Sheet1"的工作表，并显示【数据透视表】任务窗格。

步骤 4：在【数据透视表】任务窗格字段列表中，选中"订购日期"和"销售额"字段，得到每日销售额及总销售额。

步骤 5：选择"订购日期"列中的任意一个单元格，在【分析】选项卡中，单击【组选择】按钮，打开【组合】对话框，在对话框中选中"月"和"季度"，单击【确定】按钮。如图 9-28 所示。

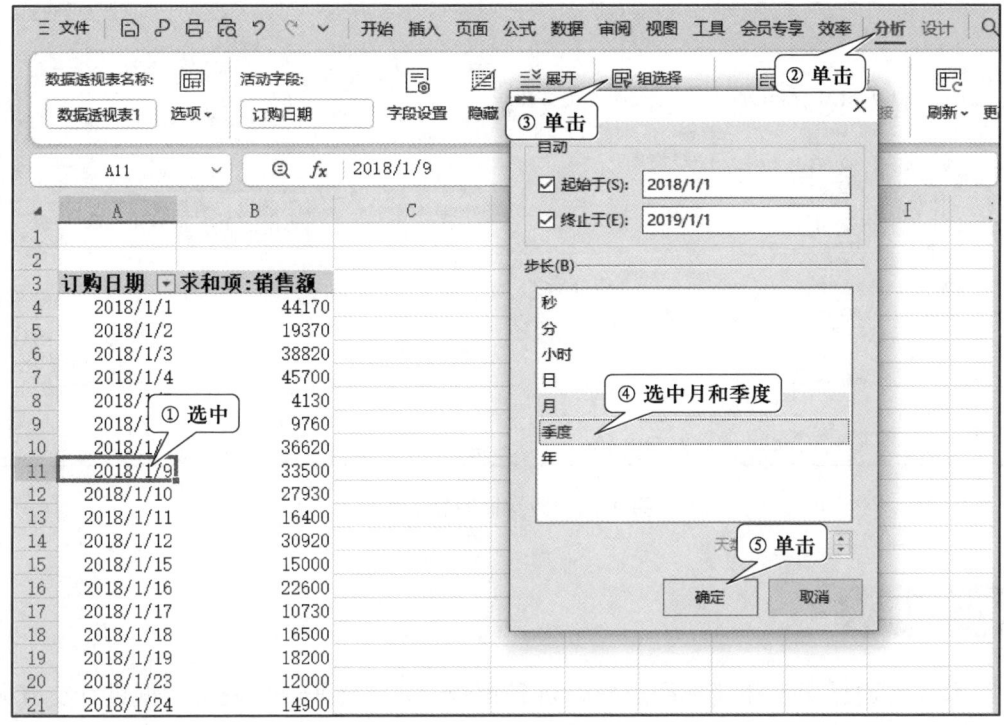

图 9-28 日期字段分组

笔 记

步骤6： 在【分析】选项卡中，单击【报表布局】按钮，在列表中单击【以压缩形式显示】；单击【分类汇总】按钮，在列表中单击【在组的顶部显示所有分类汇总】，得到的结果如图 9-29 所示。

提示： 单击报表中"第一季"旁边的"–"可以折叠第一季的明细数据，"–"变"+"；再次单击"+"又可以显示明细数据。

步骤7： 拖曳"销售额"字段到值区域，在报表中"求和项：销售额 2"列中右击任意一个值，在弹出的快捷菜单中选择【值显示方式】|【总计的百分比】命令。如图 9-30 所示。

行标签	求和项:销售额
⊟第一季	1547590
1月	444010
2月	558350
3月	545230
⊟第二季	1694400
4月	571870
5月	600820
6月	521710
⊟第三季	1775800
7月	606500
8月	613190
9月	556110
⊟第四季	1717050
10月	599480
11月	522150
12月	595420
总计	6734840

图 9-29 日期字段分组结果

注意： 创建数据透视表后，如果改变数据透视表数据源中某些单元格的值，数据透视表中的数据不会自动更新，要使数据透视表中的数据与源区域保持一致，可以在【分析】选项卡中，单击【刷新】按钮 刷新透视表中的数据。

如果在用于创建数据透视表的源区域末尾输入新的行和列，要想使已经创建好的数据透视表包含这些新输入的行和列，可以在【分析】选项卡中，单击【更改数据源】按钮 ，重新选择数据源区域以包含新的行和列。

图 9-30　改变值的显示方式

笔 记

项目总结

　　本项目通过图表和迷你图对数据进行可视化，用数据透视表对数据进行交互式分析。

　　利用图表对数据进行可视化，可以更直观地表达数据之间的关系以及数据的变化趋势。对图表的操作主要包括：创建各种类型的图表、增加删除图表元素、图表的格式设置等。制作图表时，应了解常用图表类型的特点和用途，根据需要选择合适的图表类型，特别要注意正确选择源数据。默认情况下图表插入到工作表中，生成嵌入图表，可以将图表移动到另一张图表工作表中。如果工作表中图表的源数据发生变化，图表中的数据系列也会自动更新。在图表的制作过程中，可以根据需要随时改变图表类型、修改源数据、改变图表大小和移动图表位置。在对图表进行格式设置时，要注意正确选择图表中元素，不同元素的格式设置选项是不同的。

　　用迷你图可以在工作表单元格中直观地表示数据的变化趋势、最大值和最小值，以增强数据的视觉冲击。

　　数据透视表是一个功能强大的数据分析工具，在准备数据透视表的数据源时，必须符合表格格式规范，否则不能创建数据透视表。在创建数据透视表时，要注意数据源区域的正确选取，只要选择数据清单中的任一单元格即可。在数据透视表中，可以改变数据透视表的布局来得到不同的分类统计结果，也可以改变汇总方式和值的显示方式，还可以对字段进行分组，这些操作全都可以在原透视表的基础上进行，而不需要删除原有的透视表重新建立。当数据透视表数据源中的某些值发生变化时，需要刷新数据以使透视表反映最新的数据变化。如果数据透视表数据源中增加了行或列，则需要更改数据源以使透视表包含最新的数据源区域。

项目练习

一、客观题

请扫描二维码进入即测即评。

二、操作题

1. 打开"练习素材 9-1.xlsx"文件，选取"选手号"列（A2:A10）和"总成绩"列（E2:E10）数据区域的内容建立"簇状柱形图"，图表标题为"竞赛成绩统计图"，图例放置于底部，如图 9-31 所示；将图插入到表的"A12:D28"单元格区域内，将工作表命名为"竞赛成绩统计表"，保存文件。

项目9
客观题

文本：
参考答案

素材文件

笔记

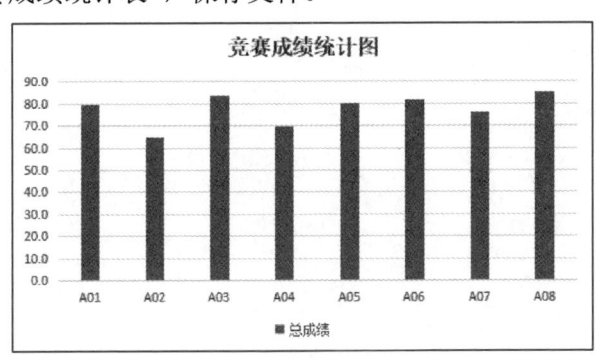

图 9-31 竞赛成绩统计图

2. 打开"练习素材 9-2.xlsx"文件，选取"产品型号"列（A2:A11）和"所占百分比"列（E2:E11）数据区域的内容建立"三维饼图"（系列产生在列），设置系列选项【饼图分离程度】为"15%"，图表标题为"产品销量统计图"，图例位置靠左，数据标志中数据标签包括"百分比"；将图插入到表的"A14:E26"单元格区域内，如图 9-32 所示。将工作表命名为"产品销量统计表"，保存文件。

3. 打开"练习素材 9-3.xlsx"文件。对工作表"产品销售情况表"内数据清单的内容建立数据透视表，行标签为"分公司"，列标签为"产品名称"，求和项为"销售额（万元）"，并置于现工作表的"J6:N20"单元格区域，如图 9-33 所示。工作表名不变，保存文件。

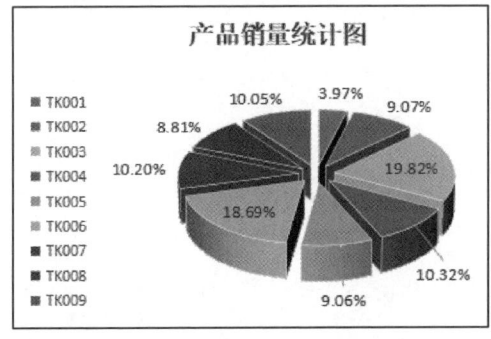

图 9-32 产品销量统计图

求和项:销售额	列标签			
行标签	电冰箱	电视	空调	总计
北部1		99.458		99.458
北部2			24.702	24.702
北部3	46.545			46.545
东部1		51.975		51.975
东部2			52.392	52.392
东部3	44.46			44.46
南部1		37.675		37.675
南部2			71.862	71.862
南部3	48.906			48.906
西部1		62.886		62.886
西部2			31.602	31.602
西部3	59.064			59.064
总计	198.975	251.994	180.558	631.527

图 9-33 产品销售统计表

项目 10　制作旅游指南

PPT：项目 10 制作旅游指南

学习目标

1. 知识目标

① 了解演示文稿的应用场景，熟悉 WPS 演示的工作界面。

② 理解幻灯片的设计及布局原则。

③ 理解幻灯片母版的概念和应用。

④ 了解幻灯片的放映类型和输出方法。

2. 能力目标

① 能熟练掌握演示文稿和幻灯片的基本操作。

② 能熟练编辑文本框、图形、图片、表格、图表、音频、视频等对象。

③ 能熟练使用幻灯片母版统一幻灯片风格。

④ 能熟练设置幻灯片切换和对象动画。

⑤ 能熟练应用超链接和动作按钮进行幻灯片跳转。

⑥ 能应用排练计时进行放映和自定义放映，能根据需要输出幻灯片。

3. 素养目标

① 通过旅游指南的精雕细琢，增强精益求精的质量意识和极致追求的工匠精神。

② 具有绿水青山就是金山银山的理念，坚持绿色、循环、低碳发展。

项目 10 德育小课堂

项目分析

1. 项目情境

小张在一家旅行社工作，因为工作需要制作一份图文并茂的贵州旅游指南演示文稿，以便向游客推广宣传贵州各地的著名旅游景点。

2. 项目要求

根据素材文件夹（项目 10\项目素材）中的文字和图片素材制作一份贵州旅游指南演示文稿，效果如图 10-1 所示。具体要求如下。

素材文件

① 演示文稿中包含 11 张幻灯片，其中包含 1 张标题页（第 1 张）、1 张目录页（第 2 张）、8 张内容页（第 3～10 张）和 1 张结束页（第 11 张）。

② 美化幻灯片、设置背景。

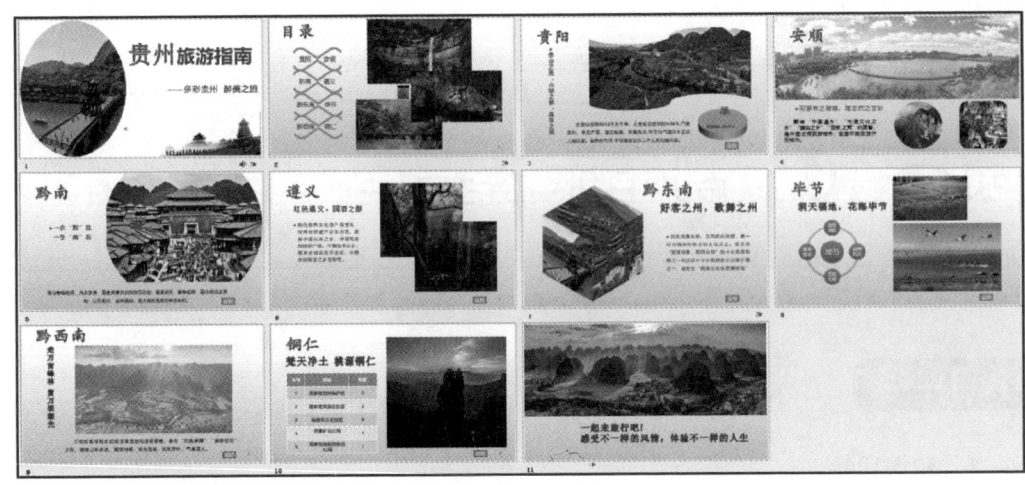

图 10-1　演示文稿效果

③ 使用图形、图片、艺术字、智能图形展示幻灯片。

④ 设置幻灯片中字体、段落和对象格式，风格一致，颜色协调。

⑤ 使用适当的幻灯片切换和动画效果丰富演示文稿。

⑥ 使用超链接和动作按钮增加演示文稿的交互功能。

⑦ 熟悉演示文稿放映和输出操作。

3．解决方案

利用 WPS 演示从大纲新建幻灯片功能将"贵州旅游指南.docx"中的内容导入，自动创建 9 张幻灯片。根据需要插入新的幻灯片，改变现有幻灯片版式，设置幻灯片背景。插入图形、图片、表格、图表和智能图形展示风景和数据。使用适当的幻灯片切换和动画效果丰富演示文稿。使用链接和动作按钮增加演示文稿的交互功能。

预备知识

WPS 演示是 WPS 办公软件系列中的重要组件之一，它拥有强大的制作和播放控制功能。用户可以通过 WPS 演示快速创建图文并茂的动态演示文稿并进行放映展示，借助演示文稿可以有效地进行表达和交流。

一、演示文稿的组成和制作原则

微课 10-1
演示文稿的组
成和制作原则

演示文稿可以通过文字、声音和视频等多种形式向观众传达与展示特定主题或内容。通过视觉展示和演示技巧，帮助演讲者更加生动有效地表达自己的观点、理念或信息。

1．演示文稿的组成

使用 WPS 演示创建的文件称为演示文稿，默认扩展名为.dps。一个演示文稿由若干张幻灯片及相关联的备注和演示大纲等内容组成。

幻灯片是演示文稿的组成部分，演示文稿中的每一页就是一张幻灯片。幻灯片由标题、文本、图形、图片、声音、视频以及图表等一个或多个对象组成。

演示文稿由多张幻灯片组成，一般结构如图 10-2 所示。通常在第 1 张幻灯片上单独显示演示文稿的主标题和副标题，即标题页；第 2 张显示各部分内容的导航，即目录页；各部分的第 1 张幻灯片通常单独显示该部分的标题，即过渡页；其余幻灯片上分别列出与主标题有关的子标题和其他幻灯片对象，即内容页；最后 1 张为结束页。

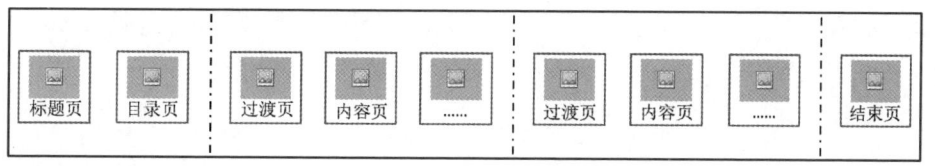

图 10-2　演示文稿的结构

2．演示文稿的制作原则

制作演示文稿的最终目的是给观众演示，能否给观众留下深刻的印象是评定演示文稿效果的主要标准。为此，制作演示文稿应遵循以下原则。

（1）主题鲜明，文字简练

演示文稿突出一个主题，文字内容要简练。一张幻灯片中的文字最好不要超过 3 个段落，辅助性说明文字可以放入幻灯片备注中。

（2）结构清晰，逻辑性强

演示文稿的结构要清晰，论点层次要分明，逻辑主线要鲜明，重点和要点要突出，播放顺序要连贯，前后格式要统一。

（3）和谐醒目，美观大方

幻灯片中的文本要选择笔画较粗的字体，色调搭配要统一，色彩反差要鲜明，一张幻灯片中的颜色一般不超过 4 种。尽可能地通过图片、图形和图表等方式表达思想，提供直观的视觉感受和体验。

（4）生动活泼，引人入胜

应用合适的幻灯片切换效果和背景音乐，激发情绪和气氛。使用动画效果强调重点和要点。使用声音和视频等加强演示文稿的表达效果。

3．制作演示文稿的步骤

制作演示文稿的一般步骤如下。

① 准备素材：准备演示文稿中所需要的图片、声音、视频等文件。

② 确定方案：对演示文稿的整体框架结构进行设计。

③ 初步制作：将文本、图片等对象输入或插入到相应的幻灯片中。

④ 装饰处理：美化幻灯片对象，对幻灯片中的字符格式和对象样式进行装饰处理。

⑤ 预演播放：查看播放效果，进行查漏补缺，满意后正式输出播放。

二、WPS 演示的工作窗口

在学习 WPS 演示功能及应用之前，应该先熟悉 WPS 演示的工作窗口和视图切换，熟悉普通视图下各区域的作用和其他视图模式的特点及用途。

启动 WPS Office，在首页中单击【新建】|【演示】|【空白演示文稿】，打开如图 10-3 所示的 WPS 演示工作窗口，并创建一个名为"演示文稿 1"的空白演示文稿。

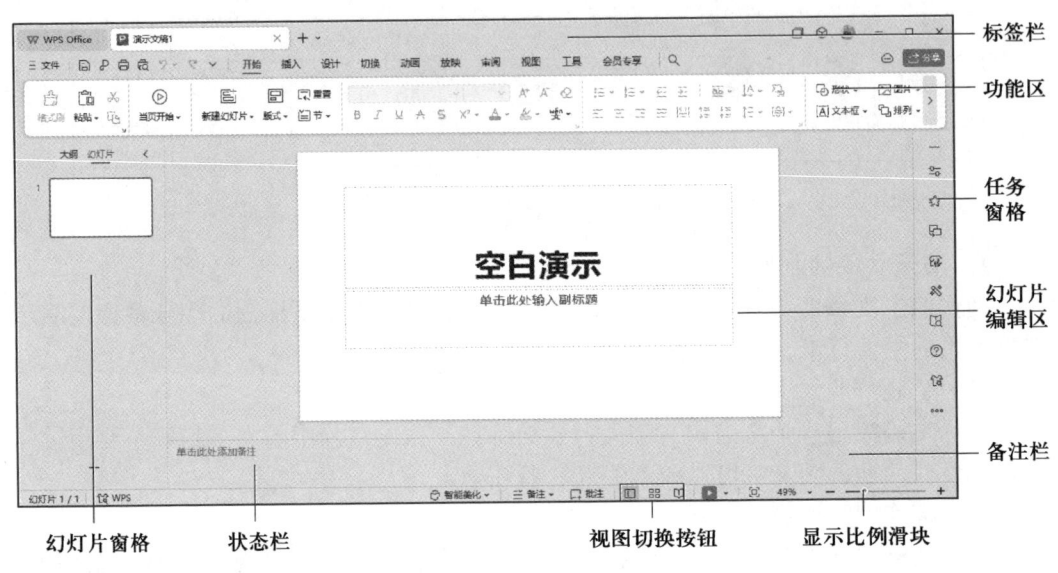

微课 10-2
WPS 演示的工作窗口和视图

图 10-3　WPS 演示的工作窗口

笔记

WPS 演示工作窗口包含标签栏、功能区、幻灯片窗格、任务窗格、幻灯片编辑区、备注栏、状态栏、视图切换按钮和显示比例滑块等，其中大部分与 WPS 文字工作窗口相同，下面只介绍不同部分的功能。

幻灯片窗格：用于预览所有幻灯片的缩略效果，单击某张幻灯片的缩略图可选中该幻灯片，此时即可在右侧的幻灯片编辑区编辑该幻灯片内容。在该窗格中可以对选中的幻灯片进行移动、复制和删除操作。

幻灯片编辑区：是编辑幻灯片的主要区域，在其中可以为当前幻灯片添加文本、图片、图形、声音和影片等，还可以创建超链接或设置动画。

备注栏：用于编辑幻灯片备注。单击状态栏中的【备注】按钮可以显示或隐藏备注栏。

三、WPS 演示的视图

WPS 演示提供了 5 种视图，包括普通视图、幻灯片浏览视图、备注页视图、阅读视图和幻灯片放映视图。利用【视图】选项卡中的相应按钮，或状态栏中的视图切换按钮可以切换演示文稿视图。各种视图的特点及用途如表 10-1 所示。

笔 记

表 10-1　WPS 演示中 5 种视图模式的特点及用途

视图模式	特点及用途	示例
普通视图	普通视图是系统默认的视图模式，也是最常用的编辑视图。该视图包括幻灯片窗格、备注窗格和编辑窗格 3 个工作区域	
幻灯片浏览视图	在幻灯片浏览视图中，演示文稿中的所有幻灯片以缩略图形式横向排列。方便用户浏览演示文稿中所有幻灯片的整体效果。可以设置幻灯片的切换效果，但不能编辑单张幻灯片的内容	
备注页视图	备注页视图用来为每张幻灯片添加备注信息，供演讲者参考。视图上方显示当前幻灯片的缩略图，下方显示备注占位符，可以在备注占位符中输入备注内容	
阅读视图	阅读视图是以窗口的形式来查看演示文稿的放映效果。包括幻灯片内容、动画、切换和声音效果。该视图隐藏了功能区选项卡，以最大的空间显示演示文稿的内容	
幻灯片放映视图	幻灯片放映视图以全屏方式动态显示每张幻灯片的效果。在该视图中可以启用鼠标的屏幕画笔功能和演讲者视图功能	

本页彩图

187

项目实施

制作演示文稿的基本流程是创建演示文稿结构，输入和格式化文本，插入和编辑图形、图片、表格、图表、音频和视频对象，设置动画效果和交互功能，放映和输出演示文稿。

一、创建演示文稿

微课 10-3
创建演示文稿

笔记

在进行具体编辑前，应该首先创建演示文稿，并设置演示文稿的主题和背景，创建演示文稿的框架结构。

1. 新建和保存演示文稿

新建一个文档，并保存为"贵州旅游指南.pptx"，操作步骤如下。

步骤 1：单击【开始】按钮田，在程序列表中单击【WPS Office】选项，在首页中单击【新建】|【演示】|【空白演示文稿】打开 WPS 演示工作窗口，并创建一个名为"演示文稿 1"的空白演示文稿。如图 10-4 所示。

图 10-4 新建空白演示文稿

📖**提示：** 新建空白演示文稿时，WPS 演示使用默认模板创建演示文稿，如果需要使用专业的模板创建演示文稿，可以在【新建演示文稿】界面的【搜索】框中输入需要查找的模板关键字，按 Enter 键即可从在线模板中搜索与关键字相关的模板，在界面中选择需要的模板并下载，下载完成后根据该模板新建一个演示文稿。

步骤 2：在【文件】菜单中单击【保存】，在【另存为】对话框中选择保存路径，在【文件名】文本框中输入文件名"贵州旅游指南"，在【文件类型】列表中选择"Microsoft PowerPoint 文件（*.pptx）"，单击【保存】按钮。如图 10-5 所示。

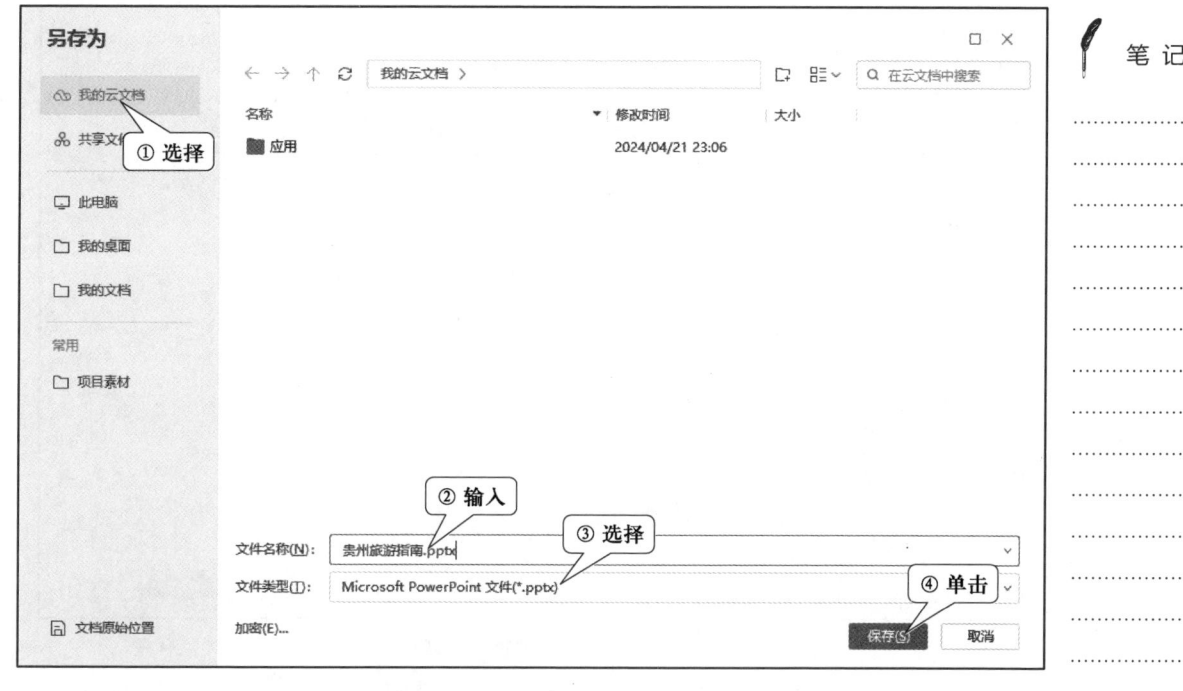

图 10-5　保存演示文稿

2. 新建和调整幻灯片

新建空白演示文稿时只包含一张标题版式的幻灯片，用户可以在演示文稿中插入、复制、删除和移动幻灯片或改变幻灯片版式。幻灯片的基本操作可以在普通视图的幻灯片窗格中操作，也可以在幻灯片浏览视图中操作。

（1）新建幻灯片

在"贵州旅游指南.pptx"中新建幻灯片的操作步骤如下。

步骤 1：在幻灯片窗格中，单击第 1 张幻灯片，在【开始】选项卡中单击【新建幻灯片】下拉按钮，在列表中单击【从文字大纲导入】命令。在【插入大纲】对话框中找到并选中素材文件"贵州旅游指南.docx"文档，单击【打开】按钮。如图 10-6所示。系统根据选择的大纲文件创建 9 张新幻灯片。

📖**提示**：从大纲新建幻灯片时，WPS 演示只提取大纲文件中大纲级别为 1～9 级的文本，不提取正文文本，所以需要加入幻灯片的内容必须应用对应级别的标题样式或设置段落的大纲级别。

步骤 2：在幻灯片窗格中，将光标定位到第 2 张幻灯片前，在【开始】选项卡中单击【新建幻灯片】按钮🖼，插入一张幻灯片。

📖**技巧**：将光标定位在要新建幻灯片的位置后，按 Enter 键或 Ctrl + M 组合键，可以插入一张新幻灯片。

（2）修改幻灯片版式

修改第 2 张和第 11 张幻灯片的版式为"空白"版式，操作步骤如下。

189

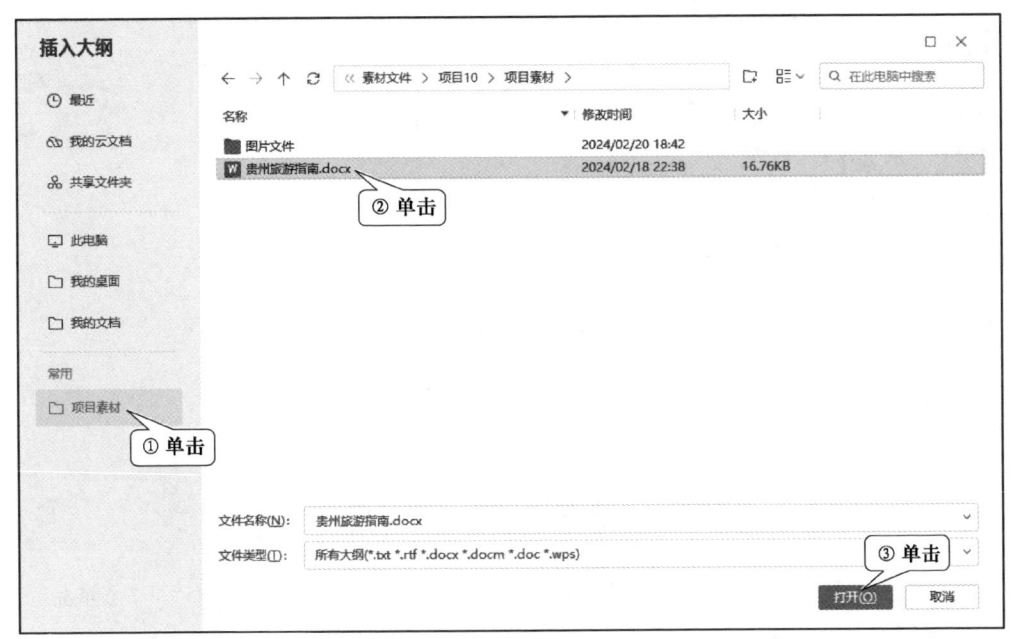

图 10-6　从大纲新建幻灯片

步骤 1：选择第 2 张幻灯片，按住 Ctrl 键，再选择第 11 张幻灯片。

步骤 2：在【开始】选项卡中，单击【版式】按钮，在列表中单击【空白】版式。如图 10-7 所示。

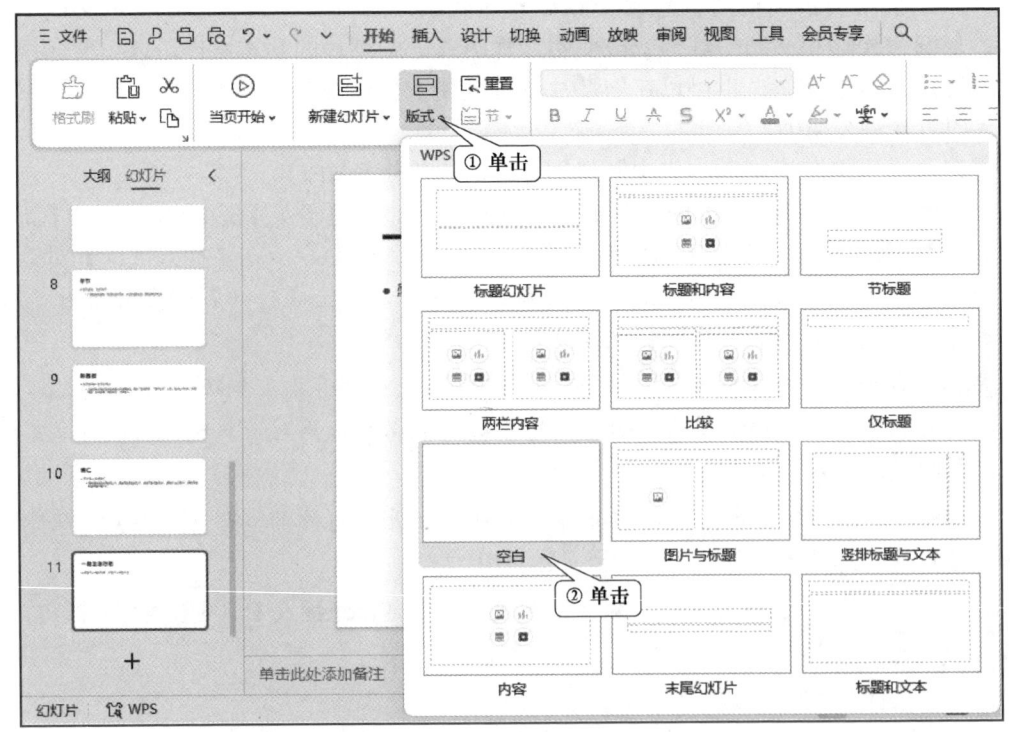

图 10-7　新建空白版式幻灯片

笔 记

190

提示：选择幻灯片后，按 Delete 键或右击，在快捷菜单中单击【删除幻灯片】命令可以删除选中的幻灯片。

拖曳幻灯片到目标位置后释放鼠标，可以将幻灯片移动到指定位置；按住 Ctrl 键同时拖曳幻灯片到目标位置后先释放鼠标，再释放 Ctrl 键，可以复制幻灯片。同样可以使用 Ctrl + C、Ctrl + X 和 Ctrl + V 组合键进行复制、剪切和粘贴操作。

在复制、移动和删除幻灯片时，可以同时选择多张幻灯片进行操作。在幻灯片窗格中，按住 Ctrl 键可以选择多张不连续的幻灯片，按住 Shift 键可以选择连续的多张幻灯片。

3. 设置演示文稿的外观

在 WPS 演示中，可以通过应用模板、单页美化、统一字体、智能配色、背景设置、页面设置和编辑母版等功能来统一设置演示文稿的外观。

（1）应用设计模板

对演示文稿应用设计模板，可以将模板中预设的字体格式，配色方案，版式布局等应用到当前演示文稿中。如果对模板中预设的格式或背景图片不满意，可以在【幻灯片母版】视图中修改。为整个演示文稿应用设计模板的操作方法如下。

方法 1：在【设计】选项卡中单击【母版】|【导入模板】，在【应用设计模板】对话框中选择需要的模板文件，单击【打开】按钮。

方法 2：在【设计】选项卡中单击【更多设计】按钮▦，在【全文美化】窗口中单击需要的模板进行预览，然后单击【应用美化】按钮。

（2）设置幻灯片背景

幻灯片的背景格式和其他形状的填充格式相同，包括纯色填充、渐变填充、图片或纹理填充和图案填充。

设置第 1 张幻灯片的背景为"无填充"。操作步骤如下。

步骤 1：在【幻灯片】窗格中单击第 1 张幻灯片。

步骤 2：在【设计】选项卡中单击【背景】按钮，打开【对象属性】任务窗格，在【填充】下拉列表中单击【无填充】。

（3）设置幻灯片页面

设置幻灯片的高度为"19 厘米"，宽度为"33 厘米"，方向为"横向"。操作步骤如下。

步骤 1：在【设计】选项卡中，单击【幻灯片大小】|【自定义大小】，打开【页面设置】对话框。

步骤 2：在【幻灯片大小】选项组【宽度】数值框中输入"33"、【高度】数值框中输入"19"，在【方向】|【幻灯片】中选择"横向"，单击【确定】按钮，在随后弹出的提示对话框中单击【确保适合】按钮。如图 10-8 所示。

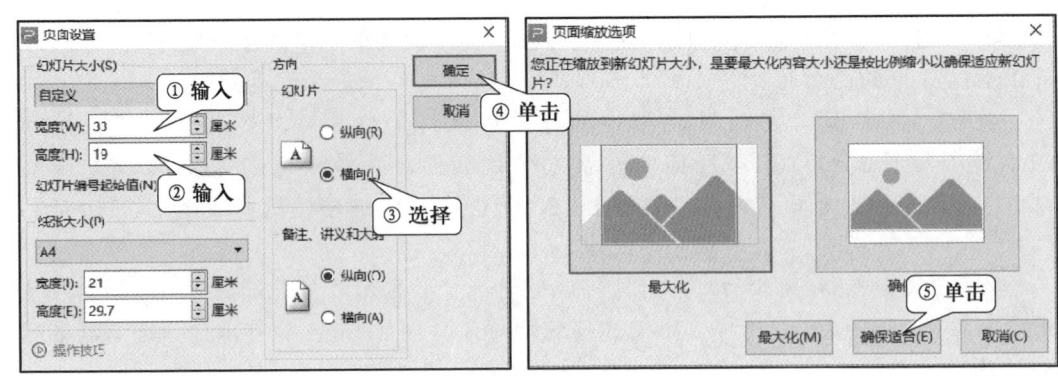

图 10-8　设置幻灯片页面

（4）添加页眉和页脚

通过添加页眉和页脚可以为幻灯片统一添加日期和时间，幻灯片编号和页脚等内容。在除标题页幻灯片外的所有幻灯片中显示幻灯片编号，操作步骤如下。

步骤 1：在【插入】选项卡中，单击【页眉页脚】按钮，打开【页眉和页脚】对话框。

步骤 2：在【页眉和页脚】对话框中选择【幻灯片编号】和【标题幻灯片不显示】选项，单击【全部应用】按钮。如图 10-9 所示。

> 提示：如果选择【日期和时间】选项中的【自动更新】选项，插入的时间会随系统时间自动更新，打开演示文稿时显示当前日期和时间。

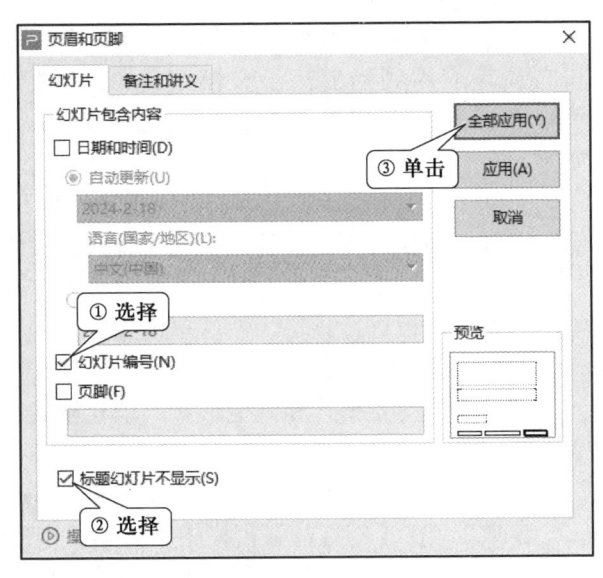

图 10-9　添加页眉和页脚

二、输入和格式化文本

微课 10-4
输入和格式化
文本

在幻灯片中不能直接输入文本，只能通过占位符、文本框等文本对象来输入文本。

1. 在占位符中输入文本

在第 1 张幻灯片的标题占位符中输入"贵州旅游指南"，在副标题占位符中输入"——多彩贵州 醉美之旅"，操作步骤如下。

步骤 1：在【幻灯片】窗格中单击第 1 张幻灯片。

步骤 2：在幻灯片编辑区单击"空白演示"占位符，输入文本"贵州旅游指南"。

步骤 3：单击"单击此处添加副标题"占位符，输入文本"——多彩贵州 醉美之旅"。

2．使用文本框添加文本

在第 1 张幻灯片中插入一个文本框，并输入"中国·贵州"文本，操作步骤如下。

步骤 1：在【幻灯片】窗格中单击第 1 张幻灯片。

步骤 2：在【插入】选项卡中，单击【文本框】按钮，在幻灯片底部居中位置单击，输入"中国·贵州"，调整文本框大小和位置。

步骤 3：参照演示文稿效果，将第 3～10 张幻灯片内容按段落分成两个文本框。

3．设置字体格式

输入文本后，可以利用【开始】选项卡中的命令按钮设置文本的字体、字形、字号、下画线、字符间距、字体颜色等格式。

在第 1 张幻灯片中，设置标题中"贵州"文本的字体格式为"宋体、80 磅、红色、加粗"，操作步骤如下。

步骤 1：选中第 1 张幻灯片标题中的"贵州"文本。

步骤 2：在【开始】选项卡中单击【字体】对话框按钮，打开【字体对话框】。

步骤 3：在【中文字体】组合框中选择"宋体"。在【字号】列表中选择"80"。在【字形】列表中选择"加粗"，单击【字体颜色】下拉按钮，在列表中选择"标准色-红色"。

4．设置艺术字样式

选中文本后，可以利用【对象属性】窗格和【文本工具】选项卡中的命令按钮设置艺术字样式。

设置"中国·贵州"文本的填充颜色为蓝色，填充效果为"线性对角-右下到左上"的渐变填充。文本轮廓为"无轮廓"。文本效果为"全倒影，8 pt 偏移量"的倒影变体。操作步骤如下。

步骤 1：选择"中国·贵州"文本框。

步骤 2：在任务窗格中单击【对象属性】按钮，单击【文本选项】，在【填充与轮廓】|【文本填充】下拉列表中选择【渐变填充】。在【渐变样式】列表中选择【线性渐变】|【右下到左上】。设置两个色标的颜色分别为"蓝色"和"深蓝色"。在【文本轮廓】下拉列表中选择【无】，如图 10-10 所示。

步骤 3：在【文本工具】选项卡中单击【效果】|【倒影】，在列表中单击【倒影变体】中的"全倒影，8 pt 偏移量"。如图 10-11 所示。

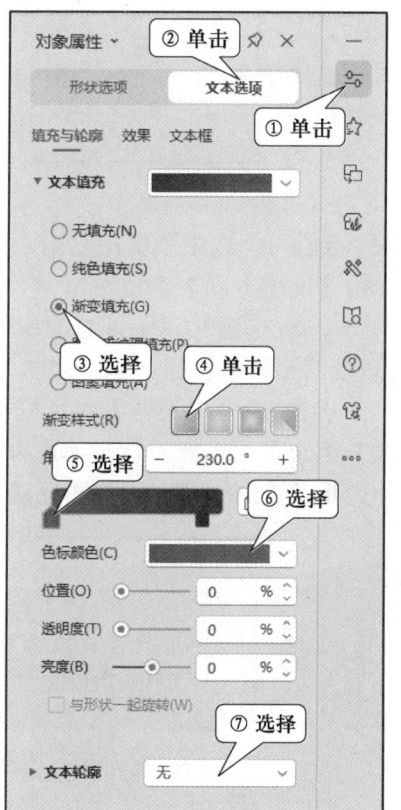

图 10-10　设置文本填充和轮廓

5．设置段落格式

在演示文稿中，多行文字的段落一般使用两端对齐方式，行距一般大于 1.25 倍行距。

在第 3 张幻灯片中，文本"贵山之南，山国之都，森林之城"的文字方向为"竖排"；文本"土地总面积……23.9 摄氏度。"的对齐方式为"两端对齐"，首行缩进"1.27 厘米"，行间距为"1.5 倍行距"。操作步骤如下。

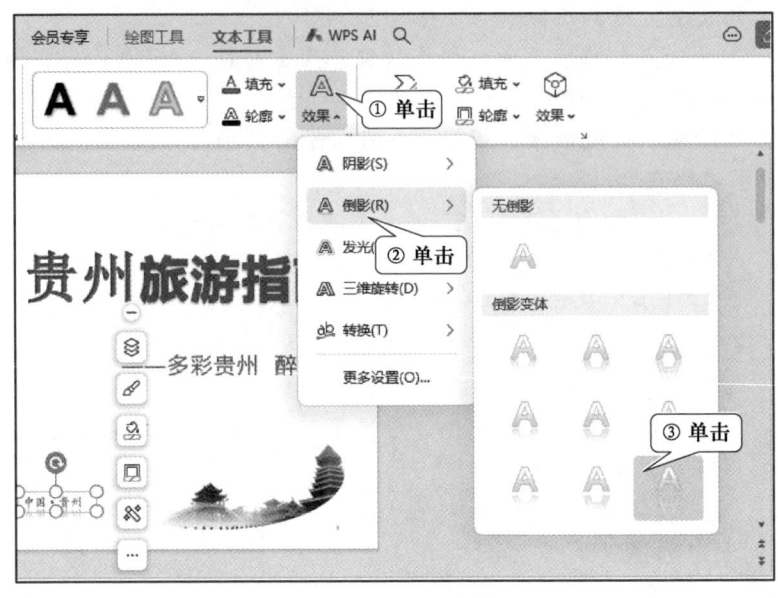

图 10-11　设置文本效果

步骤 1：选中"贵山之南，山国之都，森林之城"文本框，在【开始】选项卡中单击【文字方向】下拉按钮 ↕⟐，在列表中单击【竖排（从右到左）】。

步骤 2：选中"土地总面积……23.9 摄氏度。"文本框，在【开始】选项卡中单击【段落对话框】按钮。

步骤 3：在【段落】对话框【对齐方式】组合框中选择"两端对齐"。在【特殊格式】组合框中选择"首行缩进"，设置【度量值】为"1.27 厘米"。在【行距】组合框中选择"1.5 倍行距"。单击【确定】按钮，如图 10-12 所示。

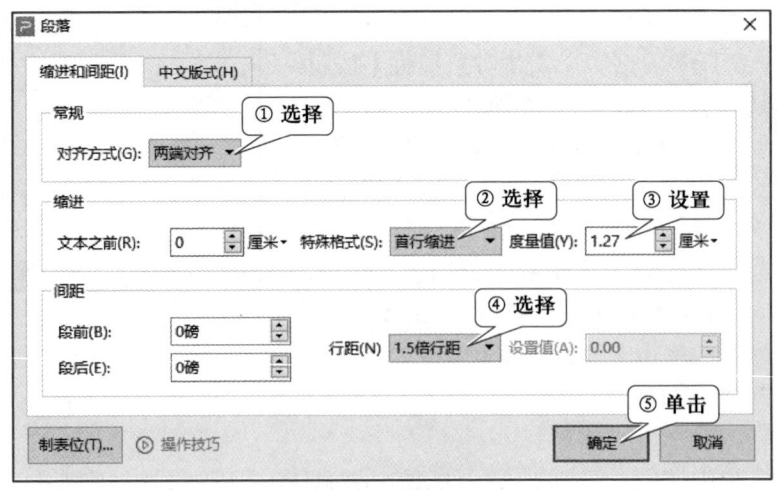

图 10-12　设置段落格式

三、插入和编辑对象

在幻灯片中插入和编辑形状、图片、图形、表格和图表的方法与在 WPS 文字中的操作基本相同。不同的是在幻灯片中的图形对象不需要设置文字环绕方式，增加了合并形状功能。除此之外，幻灯片中还可以插入声音和视频。

微课 10-5
插入和编辑
对象

1. 使用形状和图片美化标题幻灯片

在幻灯片中可以对形状、图片等进行合并得出新的图形，利用形状的渐变填充和透明度设置可以制作蒙版，从而对图片进行高级处理。

使用形状和图片美化标题幻灯片，操作步骤如下。

步骤 1：选中第 1 张幻灯片，在【插入】选项卡中单击【形状】下拉按钮，在列表中选择【基本形状】中的【椭圆】，在幻灯片左侧拖曳光标绘制一个椭圆，椭圆三面与幻灯片边界相切，宽度"14.73 厘米"。

✐ 笔记

步骤 2：在【插入】选项卡中，单击【图片】|【本地图片】，找到图片文件夹中的封面图片"1.jpg"，单击【插入】按钮。调整图片和椭圆相交位置，如图 10-13 所示。

步骤 3：选中图片后，按住 Ctrl 键的同时选择椭圆，在【绘图工具】选项卡中单击【合并形状】下拉按钮，在列表中单击【相交】命令。结果如图 10-14 所示。

图 10-13　调整图片和形状位置

图 10-14　标题幻灯片美化效果

2. 创建和美化智能图形

将第 8 张幻灯片中的内容转换为智能图形并设置格式。操作步骤如下。

步骤 1：选中第 8 张幻灯片。在【插入】选项卡单击【智能图形】按钮，在对话框中单击【SmartArt】，选择"射线循环"。如图 10-15 所示。

步骤 2：在智能图形中间的圆形中输入"毕节"，在四周的圆形中依次输入"岩溶地貌""自然风光""名胜古迹""革命旧址"。

步骤 3：选中智能图形，在【设计】选项卡【高度】编辑框中输入"9.24 厘米"。在【对象属性】任务窗格中，单击【位置】，设置【水平位置】为"2.70 厘米"，【垂直位置】为"6.95 厘米"，在两个【相对于】组合框中选择"左上角"，如图 10-16 所示。

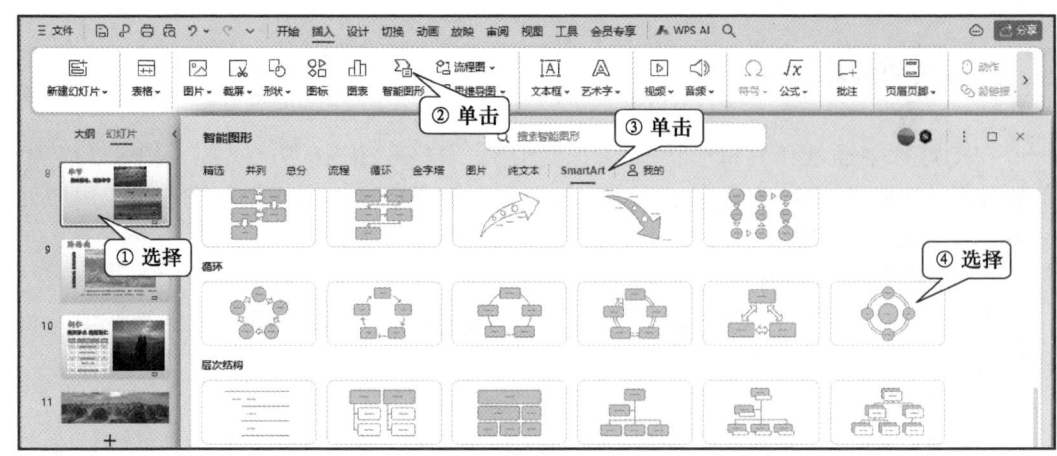

图 10-15　插入智能图形

图 10-16　设置智能图形的大小和位置

3．插入和美化图表

在 WPS 演示中插入和编辑图表的方法与在 WPS 表格中相同，选择图表类型后在对应的数据表中输入数据即可创建图表。在第 3 张幻灯片中创建并美化图表的操作步骤如下。

步骤 1：选择第 3 张幻灯片，在【插入】选项卡中单击【图表】按钮。

步骤 2：在【图表】对话框左侧导航栏中单击【饼图】，在右侧图表子类型栏中单击【三维饼图】，选择第 1 个三维饼图。

步骤 3：选中图表，在【图表工具】选项卡中单击【编辑数据】按钮。

步骤 4：在【WPS 演示中的图表】窗口中编辑图表数据，删除多余的数据行。如图 10-17 所示。

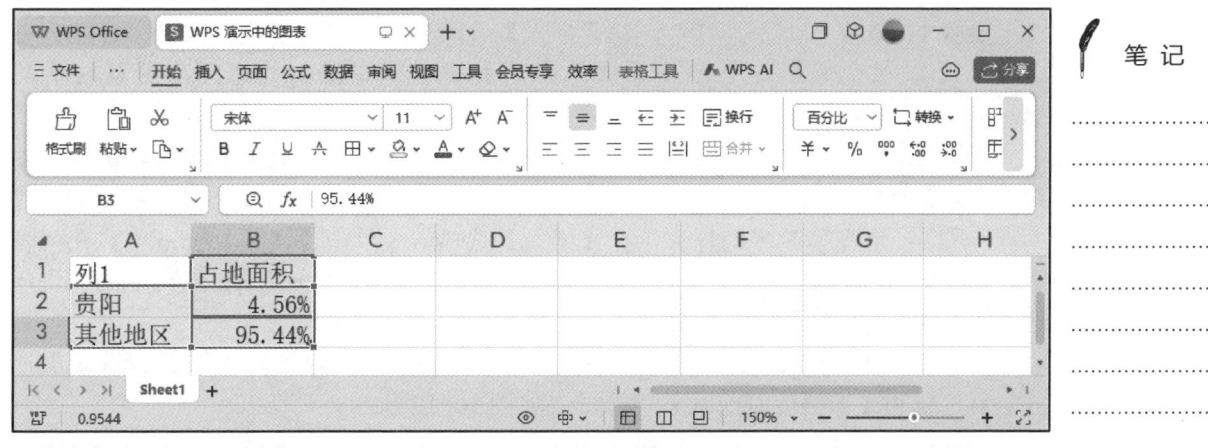

图 10-17　编辑图表数据

步骤 5：选中图表标题和图例，按 Delete 键删除。

步骤 6：在图表右上角依次单击【图表元素】|【数据标签】|【更多选项】，在【对象属性】窗格中，选择【类别名称】复选框，选择【标签位置】为"居中"，如图 10-18 所示。

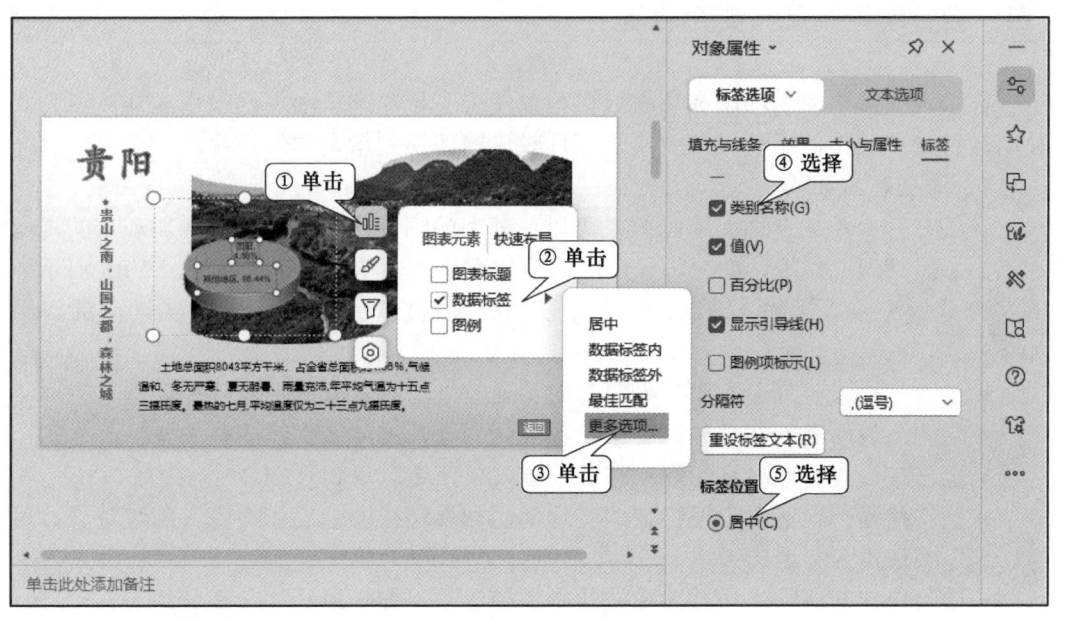

图 10-18　设置图表数据标签格式

步骤 7：调整图表的大小和位置。

4. 插入音频和视频

在第 1 张幻灯片中插入音频 "music.mp3"，并设置当放映演示文稿时作为背景音乐在后台播放，在第 2 张幻灯片中插入视频 "贵州这五年.mp4"，并设置播放幻灯片时自动全屏播放。操作步骤如下。

步骤1：选择第1张幻灯片，在【插入】选项卡中单击【音频】按钮，在列表中单击【嵌入音频】命令。在【插入音频】对话框中找到并选择项目素材中的"music.mp3"，单击【打开】按钮。

步骤2：单击幻灯片中的喇叭图标选中音频，在【音频工具】选项卡单击【设为背景音乐】按钮。

步骤3：选择第2张幻灯片，在【插入】选项卡中单击【视频】按钮，在列表中选择【嵌入视频】命令。在【插入视频】对话框中找到并选择项目素材中的"贵州这五年.mp4"，单击【打开】按钮。

步骤4：在【视频工具】选项卡中，选择【开始】方式为"单击"，选择【全屏播放】复选框和【未播放时隐藏】复选框。如图10-19所示。

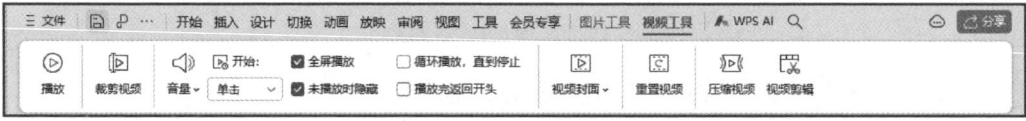

图10-19　设置视频播放选项

四、设置动画效果和交互功能

在演示文稿中使用动画和切换效果可以使内容更加丰富多彩，吸引观众注意力。使用超链接和动作按钮可以在放映幻灯片时快速切换到指定的幻灯片。

1．添加基本动画

在幻灯片中添加合适的动画效果可以使静态的幻灯片生动起来，增加观众的视觉冲击力，提高观看兴趣，加深印象。但动画并不是越多越好，越炫越好。WPS演示中的动画分为进入、强调、退出、动作路径和绘制自定义路径五类。各类动画的作用如下。

- 进入：设置对象进入放映界面时的动画效果，让对象进入幻灯片。
- 强调：为已进入幻灯片的对象设置强调动画效果，以引起注意。
- 退出：设置对象离开幻灯片时的动画效果，让对象离开幻灯片。
- 动作路径：设置对象按指定路径运动，如果路径的起点和终点在幻灯片外，可以实现进入和退出效果。
- 绘制自定义路径：设置对象按绘制路径运动，如果路径的起点和终点在幻灯片外，可以实现进入和退出效果。

为第2张幻灯片中的三张图片设置"飞入"进入动画，动画属性为"自右侧"，持续时间为"0.5秒"，进入顺序自上而下。操作步骤如下。

步骤1：选择第2张幻灯片中的3张图片。

步骤2：在【动画】选项卡中，单击【更多动画效果】按钮，在动画效果库中选择【进入】|【飞入】效果。如图10-20所示。

图 10-20　为幻灯片对象添加动画

步骤 3：单击【动画属性】下拉按钮，在列表中单击【自右侧】选项；在【开始】组合框中选择"单击时"；在【持续时间】数值框中输入"00.50"，如图 10-21 所示。

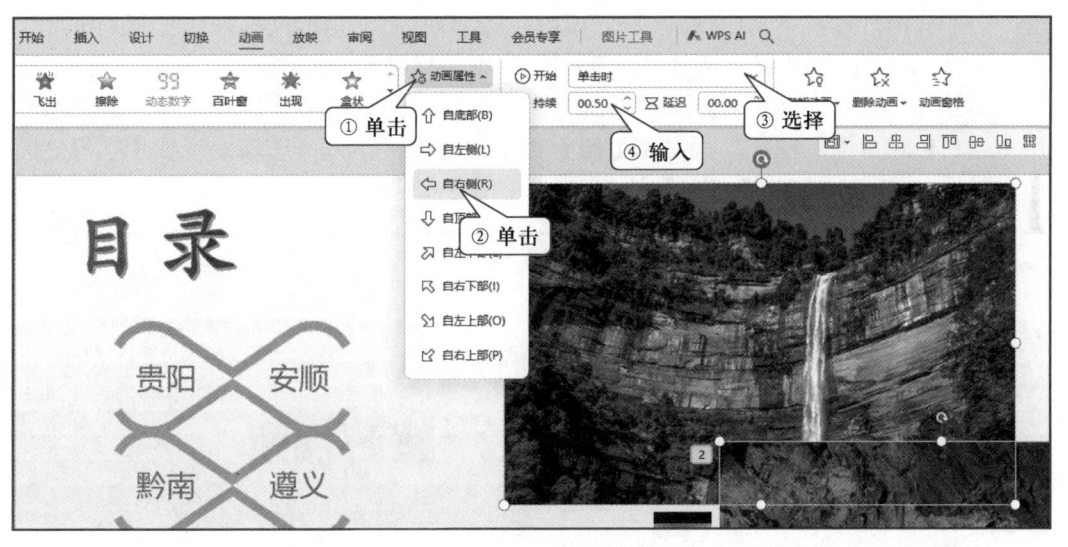

图 10-21　设置动画属性和持续时间

步骤 4：在【任务窗格】中单击【动画窗格】按钮，在【动画窗格】中列出了当前幻灯片中的所有动画，选择动画后单击动画窗格中的上移 或下移 按钮可以改变动画的顺序，如图 10-22 所示。

199

图 10-22　设置动画顺序

📖提示：在【动画】选项卡【动画效果】库中列出了最近使用过的动画效果，单击即可应用到当前选定的对象。设置动画过程中单击【动画】选项卡最左侧的【预览效果】按钮可以预览动画效果。

2. 添加高级动画

在 WPS 演示中可以对同一对象添加多个基本动画，或将多个对象的动画效果叠加，通过动画窗格排列动画的播放顺序和开始时间、持续时间等形成连续播放的高级动画。

在第 1 张幻灯片中，设置动画自动按字飞入标题和副标题中的文本后，"中国·贵州"文本从幻灯片左下角出现经过幻灯片后从幻灯片右上角消失。操作步骤如下。

步骤 1：按住 Ctrl 键，选择第 1 张幻灯片中的标题和副标题。

步骤 2：在【动画效果】库中单击【飞入】按钮。单击【其他效果选项】按钮打开【飞入】对话框，在【动画文本】组合框中选择"按字母"选项，设置【字母之间延迟】为"20%"，单击【确定】按钮。如图 10-23 所示。

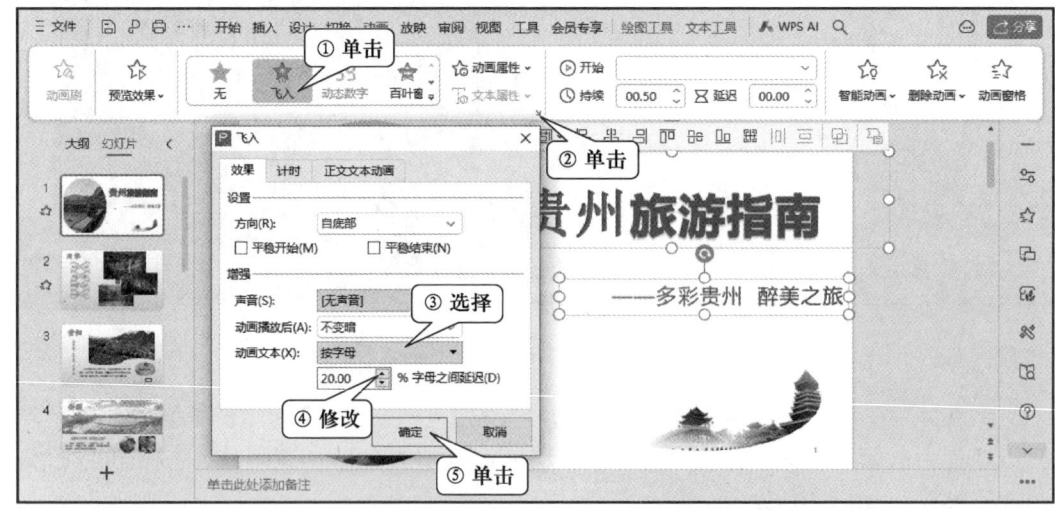

图 10-23　设置飞入动画效果选项

步骤 3：选择"中国·贵州"文本框，在【动画效果】库中选择【绘制自定义路径】动画类型中的【自由曲线】。从幻灯片左下角拖曳光标至幻灯片右上角绘制一条动画路径，如图 10-24 所示。拖曳路径四周的控制点可以调整路径的大小和位置。

图 10-24　绘制自定义动画路径

步骤 4：选择副标题文本框，在【动画】选项卡中单击【动画窗格】按钮，在【动画窗格】中单击【添加效果】按钮，在效果列表中单击【飞出】退出动画。

步骤 5：在【动画窗格】中按住 Shift 键选择动画 1～3，在【开始】组合框中选择"在上一动画之后"，实现动画连续播放，如图 10-25 所示。

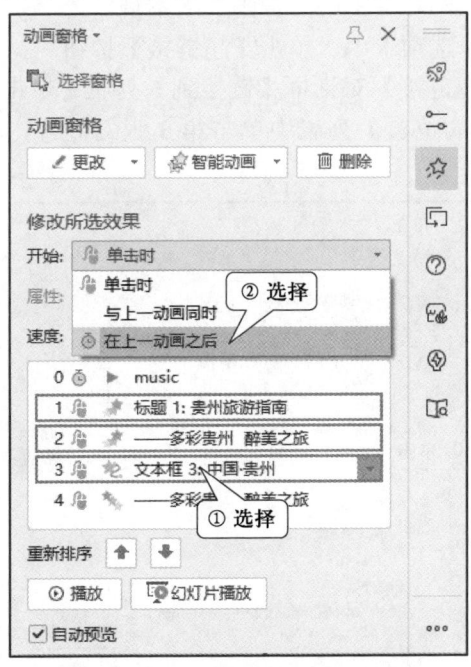

图 10-25　在动画窗格中编辑动画

3．设置幻灯片的切换效果

幻灯片的切换效果是指从上一张幻灯片切换到此幻灯片过程中的动画效果。设置"贵州旅游指南"演示文稿中第 1 张幻灯片的切换效果为"立方体"，效果选项为"右侧进入"，速度为"01.00"，声音为"风铃"。操作步骤如下。

步骤 1：选中第 1 张幻灯片。

步骤 2：在【切换】选项卡单击【更多切换效果】按钮，在列表中选择【立方体】，单击【效果选项】按钮，在列表中单击"右侧进入"选项。

步骤 3：在【声音】组合框中选择"风铃"，在【速度】数值框中设置动画的速度为"01.00"。如 10-26 所示。

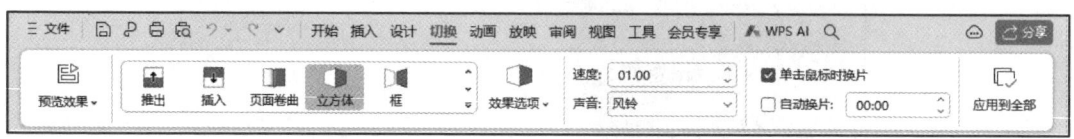

图 10-26　设置幻灯片的切换效果

📖**提示**：默认情况下是单击时切换幻灯片，如果选中【自动换片】复选框并输入值，幻灯片显示时间结束后会自动切换。单击【应用到全部】按钮可以将当前设置的切换效果应用于全部幻灯片。

4．使用超链接

为第 2 张幻灯片中的目录文本框设置超链接，单击文本框时切换到对应的幻灯片，操作步骤如下。

步骤 1：选中第 2 张幻灯片上的"贵阳"文本框。

步骤 2：在【插入】选项卡中，单击【超链接】按钮。

步骤 3：在【编辑超链接】对话框【链接到】列表中单击【本文档中的位置】选项，在【请选择文档中的位置】列表中单击第 3 张幻灯片，单击【确定】按钮，如图 10-27 所示。

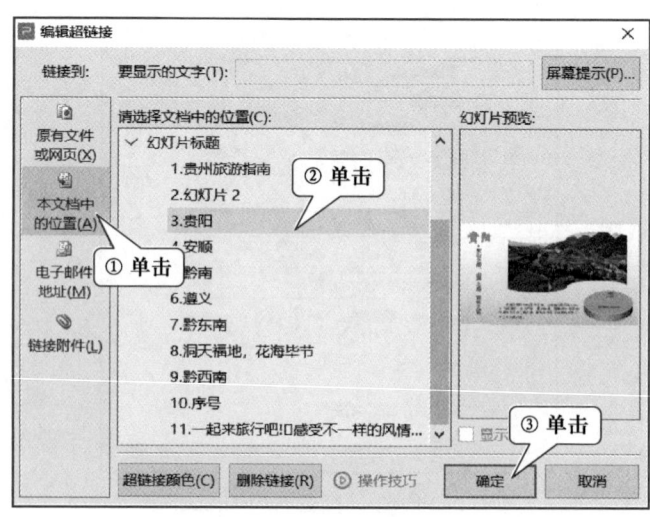

图 10-27　编辑超链接

> 📖**提示**：如果要删除超链接，可以右击超链接对象，在快捷菜单中单击【超链接】|【取消超链接】命令。也可以进入【编辑超链接】对话框，单击【删除链接】按钮。

步骤 4：重复上述步骤，将第 4～10 张幻灯片链接到目录中对应的文本框。

5．批量添加动作按钮

在 WPS 演示中可以通过编辑母版来统一幻灯片格式或添加相同的图形，在【幻灯片母版】视图中对任意版式的修改，都将体现在应用了该版式的所有幻灯片中。

通过编辑母版在第 3～10 张幻灯片中添加动作按钮，单击动作按钮时返回第 2 张幻灯片。操作步骤如下。

步骤 1：在【设计】选项卡中单击【母版】按钮，进入【幻灯片母版】视图。

步骤 2：在左侧导航栏中选择"标题和文本版式：由幻灯片 3-10 使用"，在【插入】选项卡单击【形状】下拉按钮，在列表底部【动作按钮】栏中单击【动作按钮：自定义】按钮。当光标变成十字形状时，在幻灯片母版右下角拖曳光标绘制一个动作按钮。

步骤 3：在【动作设置】对话框中，选择【超链接到】单选按钮，在组合框中选择"幻灯片…"选项。在【超链接到幻灯片】对话框中选择第 2 张幻灯片，单击【确定】按钮。

步骤 4：右击动作按钮，在快捷菜单中单击【编辑文字】，输入"返回"，按 Enter 键。

步骤 5：在【幻灯片母版】选项卡中单击【关闭】按钮⊠退出母版编辑。

> 📖**提示**：在母版中添加"返回"按钮后，在应用了"标题和文本版式"的第 3～10 张幻灯片中都会显示。如果不需要在某张幻灯片中显示，可以选中该幻灯片后，在【设计】选项卡中单击【背景】按钮，在【对象属性】任务窗格中，勾选【隐藏背景图形】复选框。

五、放映演示文稿

演示文稿制作完成后，可以根据需要创建自定义放映或隐藏不需要放映的幻灯片，还可以根据需要设置由演讲者放映或展台自动循环放映，控制是否加动画，是否自动切换幻灯片等。放映演示文稿时，可以通过鼠标和键盘对放映过程进行控制，以及添加墨迹注释等。

微课 **10-7**
放映演示文稿

1．自定义幻灯片放映

在"贵州旅游指南"演示文稿中，设置"主要内容"自定义放映，只放映第 3～10 张幻灯片。操作步骤如下。

步骤 1：在【放映】选项卡中单击【自定义放映】按钮。在【自定义放映】对话框中单击【新建】按钮。

步骤 2：在"定义自定义放映"对话框的【幻灯片放映名称】文本框中输入"主要内容"，在【在演示文稿中的幻灯片】列表框中选择需要放映的第 3～10 张幻灯片，单击【添加】按钮添加到【在自定义放映中的幻灯片】列表，单击【确定】按钮，如图 10-28 所示。

步骤 3：在【自定义放映】对话框【自定义放映】列表中，单击【主要内容】，单击【放映】按钮即可放映该自定义放映。

2．隐藏幻灯片

如果在放映时某些幻灯片不需要放映，可以将其隐藏，操作方法是选择需要隐藏的幻灯片，在【放映】选项卡中，单击【隐藏幻灯片】按钮 ⬚。

3．设置放映方式

放映演示文稿时默认使用演讲者放映类型自动播放全部幻灯片，要改变放映类型就需要设置幻灯片放映。设置"贵州旅游指南"演示文稿的放映方式展台自动循环放映全部幻灯片，放映时不加动画。操作步骤如下。

步骤 1：在【放映】选项卡中，单击【放映设置】按钮，打开【设置放映方式】对话框。

步骤 2：在【放映类型】中选择【展台自动循环放映】单选项；在【放映选项】中选择【放映不加动画】；在【放映幻灯片】中选择【全部】单选项，单击【确定】按钮。如图 10-29 所示。

等级考试真题
演示文稿 1

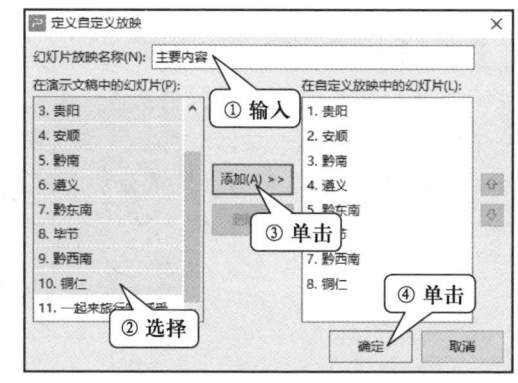

图 10-28　定义自定义放映

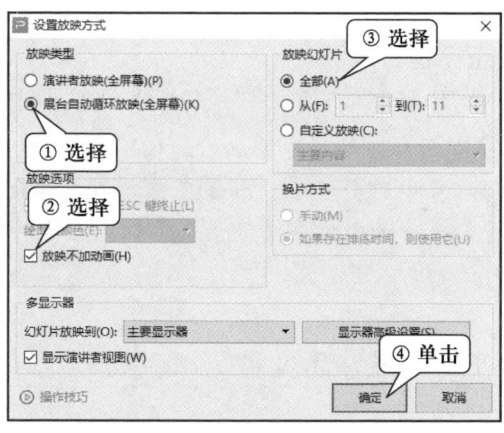

图 10-29　设置放映方式

4．放映演示文稿

放映演示文稿时，可以通过鼠标和键盘对放映过程进行控制，或者在幻灯片上添加墨迹注释等。以演讲者放映类型为例，介绍演示文稿的放映操作。

（1）启动放映

打开演示文稿后，可以用以下几种方法来启动幻灯片放映。

方法 1：在【放映】选项卡中，单击【从头开始】按钮 ⬚，或者按 F5 键开始放映演示文稿。

方法 2：在【放映】选项卡中，单击【当页开始】按钮 ⓘ，或者按 Shift＋F5 组合键，从当前幻灯片开始放映演示文稿。

方法 3：在【状态栏】中单击【从当前幻灯片开始播放】按钮，或者从其下拉列表中选择【从头开始】。

（2）放映过程控制

在放映过程中，可根据制作演示文稿时的设置来切换幻灯片和显示幻灯片内容。例如，通过单击切换幻灯片和显示动画，通过单击超链接或动作按钮跳转到指定的幻灯片。除此之外还可以通过以下方式控制播放。

➢ 按↓、→、N、Enter、空格、PageDown 键显示下一张幻灯片。

➢ 按↑、←、P、Backspace、PageUp 键显示前一张幻灯片。

➢ 按 B 键黑屏，按 W 键白屏。

➢ 利用屏幕左下角的控制按钮和右键菜单命令进行操作。

（3）添加墨迹注释

在放映过程中右击，在快捷菜单中单击【墨迹画笔】命令，选择一种绘图笔，然后在放映画面中按住鼠标左键并拖曳，可以为幻灯片中需要强调的内容添加墨迹注释，使用完成后再次在快捷菜单中选择【墨迹画笔】|【箭头选项】|【自动】返回。

（4）结束放映

演示文稿放映完毕后，单击结束放映。如果想在中途终止放映，可以按 Esc 键，也可以右击，在快捷菜单中单击【结束放映】命令。如果在放映中添加了墨迹标记，结束放映时会弹出提示框，单击【放弃】按钮，可以不在幻灯片中保留墨迹。

六、输出演示文稿

演示文稿制作完成后，经常需要将演示文稿拿到其他计算机中播放，或将演示文稿内容分享给他人学习和欣赏，WPS 演示提供的打包输出功能可以完成这些工作。

1. 打包演示文稿

打包演示文稿是一个非常实用的功能，打包演示文稿后，程序会自动创建一个文件夹，里面包含演示文件及相关的媒体文件。将"贵州旅游指南"演示文稿打包为"贵州旅游指南"文件夹，操作步骤如下。

微课 10-8
输出演示文稿

步骤 1：在【文件】菜单中依次单击【文件打包】|【将演示文档打包成文件夹】。

步骤 2：在【演示文稿打包】对话框中的【文件夹名称】文本框中输入"贵州旅游指南"，单击【浏览】按钮，选择打包文件夹的保存位置，单击【确定】按钮，开始复制到文件夹，复制完成后，演示文稿被打包到指定位置。

2. 输出演示文稿

当需要把演示文稿分享给其他用户又不希望演示文稿中的内容被复制时，可以将演示文稿输出为图形文件。操作步骤如下。

等级考试真题
演示文稿 3

步骤 1：依次单击【文件】|【另存为】，打开【另存为】对话框，选择保存路径后，在【文件名】文本框中输入文件名，在【文件类型】下拉列表中选择一种图片格式（如"PNG 可移植网络图形格式"），单击【保存】按钮。

步骤 2：在弹出的提示对话框中选择需要导出的幻灯片，这里单击【所有幻灯片】。

步骤 3：在弹出的提示对话框中单击【确定】按钮，将幻灯片保存为图片。

3．打印演示文稿

演示文稿制作完成后，可以将演示文稿按幻灯片打印，也可以打印成讲义。打印讲义的操作步骤如下。

步骤 1：在【文件】菜单中单击【打印】命令。

步骤 2：在【打印】对话框中选择打印机，设置打印份数为"1"，打印范围为"全部"，打印内容为"讲义"，每页幻灯片张数为"6"，单击【确定】按钮。如图 10-30 所示。

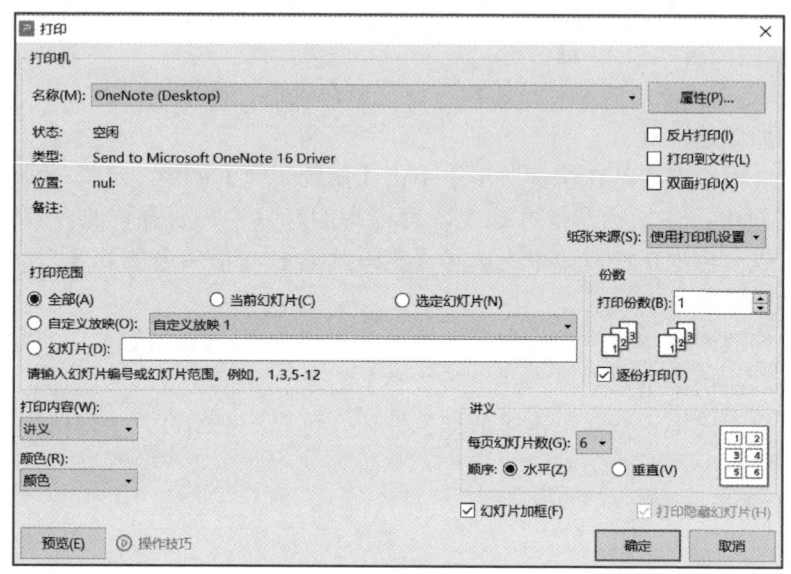

图 10-30　打印演示文稿

等级考试真题
演示文稿 4

项目总结

本项目通过制作贵州旅游指南演示文稿，学习使用 WPS 演示制作演示文稿的方法。演示文稿由若干幻灯片组成，在普通视图和幻灯片浏览视图中，可以对演示文稿中的幻灯片进行插入、删除、移动、复制、隐藏、分节等操作。在幻灯片中对文本、图形、图片、艺术字等对象的编辑方法与在 WPS 文字中基本相同，不同的是在幻灯片中的图形对象不需要设置文字环绕方式，增加了合并形状功能。除此之外，幻灯片中还可以插入声音和视频。

在幻灯片中添加合适的动画效果可以使静态的幻灯片生动起来，增加观众的视觉冲击力，提高观看兴趣，加深印象。但动画并不是越多越好，越炫越好。WPS 演示中的动画分为进入、强调、退出、动作路径和绘制自定义路径五类。每个对象可以添加多个动画，多个动画可以同时播放，也可以按设定的顺序和时间播放。幻灯片之间可以使用切换效果来增加换片过程中的动画效果。使用超链接和动作按钮可以在放映幻灯片时快速切换到指定的幻灯片。

等级考试真题
演示文稿 5

多张相同结构的幻灯片尽量使用幻灯片版式来布局，以便在母版视图中进行统一的格式设置。除占位符外，在母版视图中编辑的对象都以背景形式出现在幻灯片中，在普通视图中不能编辑。

演示文稿制作完成后，可以根据需要创建自定义放映或隐藏不需要放映的幻灯片，还可以根据需要设置由演讲者放映或展台自动循环放映，控制是否加动画，是否自动切换幻灯片等。放映演示文稿时，可以通过鼠标和键盘对放映过程进行控制，以及添加墨迹注释等。

项目练习

项目 10
客观题

一、客观题

请扫描二维码进入即测即评。

二、操作题

1. 打开"北京植物园.pptx"，完成如下操作。

① 在演示文稿的【幻灯片母版】视图中，将"标题页幻灯片"版式的"副标题"文本格式设置为"微软雅黑，36 号字"。对于"标题页幻灯片"版式以外的其他版式，将标题样式的格式设置为"隶书，48 号字"，文本样式的格式设置为"楷体，20 号字"。

② 将第 2 张幻灯片中的智能图形，在"锁定纵横比"情况下，图形的大小缩放60%。图形相对于"左上角"水平位置为"7.5 厘米"，垂直位置为"5 厘米"。

③ 将第 3 张幻灯片的版式调整为"图片与标题"，且在左侧图片区域插入"植物园.jpg"。

④ 第 5～9 张幻灯片是对"专类花园"的介绍，但第 6 张幻灯片的排版与其他 4 张幻灯片不一致，需要使用"比较"版式，并参照其他 4 张幻灯片格式进行调整。

文本：
参考答案

素材文件

⑤ 对第 4 张幻灯片中的表格应用表格样式"中度样式 4"。表格内容设置为"楷体，20 号字，居中对齐"。表格进入动画设置为"飞入"，且飞入方向为"自右下部"，速度为"中速"。

⑥ 将所有幻灯片的"切换"效果设置为"抽出"，且切换效果播放的速度为"1 秒"。

⑦ 新建"自定义放映 1"，包含第 3～8 张幻灯片。设置放映方式放映"自定义放映 1"。将演示文稿打包成压缩文件"北京植物园.zip"。

2. 自备素材，制作一份参加学生干部竞职演讲的演示文稿。

项目 11　信息检索与信息素养

PPT：项目 11
信息检索与
信息素养

学习目标

1. 知识目标

① 理解信息检索的基本概念，了解信息检索的基本流程。

② 理解布尔逻辑检索、位置检索、截词检索、字段限制检索等检索方法。

③ 了解信息技术发展史及知名企业的兴衰变化过程，树立正确的职业理念。

④ 了解信息素养的概念及要素、信息伦理知识与职业行为自律要求。

2. 能力目标

① 能熟练使用浏览器浏览网页并对浏览器进行管理和设置。

② 能通过网页、搜索引擎等不同信息平台进行常规检索和自定义检索。

③ 能通过期刊、论文、专利等专用平台进行信息检索。

④ 能运用数字化资源与工具开展自主学习、协同工作、知识分享与创新实践。

3. 素养目标

① 能遵守相关法律法规，信守信息社会的道德与伦理准则。

② 能够遵守学术规范，自觉抵制学术不端行为。

项目 11
德育小课堂

项目分析

1. 项目情境

小张在撰写毕业论文过程中，需要查阅大量学术论文，以便了解学科前沿知识和科研成果。

2. 项目要求

① 会使用浏览器浏览网页并对浏览器进行管理和设置。

② 会使用网页、搜索引擎等不同信息平台检索需要的信息。

③ 了解期刊、论文、专利等专用平台，并使用专用平台进行信息检索。

3. 解决方案

Internet 上的资源非常丰富，不仅有各种各样的文字信息，还有图片、视频、软件和文档等。利用搜索引擎可以高效地从 Internet 中检索需要的信息。检索学术论文可以通过中国知网、万方数据知识服务平台和维普中文期刊服务平台等专用平台进行检索。

209

预备知识

信息检索是人们进行信息查询和获取的主要方式，是查找信息的方法和手段。掌握网络信息的高效检索方法，是现代信息社会对高素质技术技能人才的基本要求。信息素养与社会责任是指在信息技术领域，通过对信息行业相关知识的了解，内化形成的职业素养和行为自律能力。

一、信息技术

微课 11-1
信息技术

📝 笔记

信息技术是用于对信息进行采集、传输、存储、加工、表达的各种技术的总称，主要包括传感技术、计算机与智能技术、通信技术和控制技术。它主要是应用计算机科学和通信技术来设计、开发、安装和实施信息系统及应用软件。

1. 信息与数据

信息是对客观世界中各种事物的运动状态和变化的反映，是客观事物之间相互联系和相互作用的表征，表现的是客观事物运动状态和变化的实质内容。

数据是事实或观察的结果，是对客观事物的逻辑归纳，是用于表示客观事物未经加工的原始素材。在计算机科学中，数据是所有能输入计算机并被计算机程序处理的符号的总称，是用于输入电子计算机进行处理，具有一定意义的数字、字母、符号、图像、声音、视频等的统称。

数据是信息的表现形式和载体，而信息是加载于数据之上，对数据作具有含义的解释，是数据的内涵。信息是对数据进行加工处理之后所得到的并对决策产生影响的数据。数据本身没有意义，数据只有对实体行为产生影响时才成为信息。例如，"38℃"是一个表示温度的数据，并不能使用户做出决策，但"今天的气温 38℃"就是一个信息，用户可以根据该信息决定今天出门"该穿什么衣服"。

2. 信息技术发展史

信息技术的发展经历了一个漫长的时期，一般认为人类社会已经发生过五次信息技术革命。

第一次信息技术革命是语言的产生和使用（距今约 35000 年～50000 年前）。语言的应用是从猿进化到人的重要标志。语言已成为人类进行思想交流和信息传递不可缺少的工具。

第二次信息技术革命是文字的创造和使用（大约在公元前 3500 年）。文字的应用使人类对信息的保存和传播取得重大突破，打破时间和空间的限制。

第三次信息技术的革命是印刷术的发明和使用（大约在公元 1040 年，欧洲国家在 1451 年）。印刷术使信息的记录和保存更加方便快捷。公元 105 年蔡伦改进造纸术后，书籍、报刊成为重要的信息储存和传播媒体，为知识的积累和传播提供了更为可靠的保证。

第四次信息技术革命是电报、电话、广播和电视的发明和普及应用（19 世纪后期—

20 世纪初）。电报、电话的发明和电磁波的发现，实现了利用金属导线上的电脉冲来传递信息以及通过电磁波来进行无线通信。

第五次信息技术革命是计算机技术与现代通信技术的普及应用（20 世纪后期）。

3．信息社会

信息社会也称信息化社会，是信息起主要作用的社会。所谓信息社会，是以电子信息技术为基础，以信息资源为基本发展资源，以信息服务性产业为基本社会产业，以数字化和网络化为基本社会交往方式的新型社会。

在信息化社会中，人类借助计算机和通信技术，处理信息的能力和传输信息的速度得到快速提高。信息社会的交流在很大程度上围绕信息网络及其服务中心开展。因此，信息网络已成为信息化社会的基础设施。

进入 21 世纪后，世界各国都在加强信息化建设，而信息化建设又推动了信息技术与信息化社会的发展，从而产生了移动互联网、物联网、大数据、云计算、人工智能等新技术，彻底改变了人们的工作、学习和生活方式。

二、信息检索

微课 11-2
信息检索

信息检索是指将信息按一定的方式组织起来，并根据用户的需求找出有关信息的过程和技术。下面介绍信息检索的定义、分类和技术。

1．信息检索的定义

信息检索是用户进行信息查询和获取的主要方式，是查找信息的方法和手段。广义的信息检索是信息按一定的方式进行加工、整理、组织并存储起来，再根据用户特定的需要将相关信息准确查找出来的过程。因此，也称为信息的存储与检索。狭义的信息检索仅指信息查询，即用户根据需要，采用某种方法或借助检索工具，从信息集合中找出所需要的信息。

2．信息检索的分类

根据检索手段的不同，信息检索可分为手工检索和计算机检索。手工检索即以手工翻检的方式，利用图书、期刊和目录卡片等工具来检索信息的一种手段，其优点是回溯性好、没有时间限制和不收费；缺点是费时、效率低。计算机检索是利用计算机检索数据库的过程，其优点是速度快、效率高；缺点是回溯性不好、有时间限制。在计算机检索中，网络文献检索最为常用，目前已成为信息检索的主流。

按检索对象的不同，信息检索又可分为文献检索、数据检索和事实检索。这 3 种检索的主要区别在于数据检索和事实检索是需要检索出包含在文献中的信息本身；而文献检索则检索出包含所需要信息的文献即可。

3．常用信息检索技术

计算机信息检索的基本检索技术主要有如下 4 种。

（1）布尔逻辑检索

布尔逻辑检索是一种比较成熟且较为流行的检索技术，其基础是逻辑运算。常用的逻辑运算有逻辑与（AND）、逻辑或（OR）和逻辑非（NOT）3 种。

笔记

（2）位置检索

位置检索有时也称为邻近检索，是指用一些特定的位置算符来表达检索词与检索词之间的顺序或词间距的检索。这种检索可以不依赖主题词表而直接使用自由词进行检索。位置算符主要有（W）算符、（nW）算符、（N）算符、（nN）算符、（F）算符以及（S）算符。

（W）算符表示其两侧的检索词必须紧密相连，除空格和标点符号外，不得插入其他词或字母，两词的词序不可以颠倒。

（nW）算符表示此算符两侧的检索词必须按此前后邻接的顺序排列，顺序不可颠倒，而且检索词之间最多有 n 个其他词。

（N）算符表示其两侧的检索词必须紧密相连，除空格和标点符号外，不得插入其他词或字母，两词的词序可以颠倒。

（nN）算符表示允许两词间插入最多 n 个其他词，包括实词和系统禁用词。

（F）算符表示其两侧的检索词必须在同一字段中出现，词序不限，中间可插入任意检索词项。

（S）算符表示在此运算符两侧的检索词只要出现在记录的同一个子字段内，此信息即被命中。要求被连接的检索词必须同时出现在记录的同一子字段中，不限制它们在此子字段中的相对次序，中间插入词的数量也不限。

（3）截词检索

截词检索是预防漏检、提高查全率的一种检索技术，其含义是用截断的词的一个局部进行检索，并认为凡是满足这个词局部中的所有字符的文献，都为命中的文献。

截词按截断的字符数目分为有限截词和无限截词。按截断的位置来分，截词有后截断、前截断、中截断 3 种类型。不同的系统所用的截词符也不同，常用的有 "?" "$" 和 "*" 等。"?" 表示截断一个字符，"*" 表示截断多个字符，下面以无限截词举例说明：

① 前截断表示后方一致。例如，输入 "*ware"，可以检索出 software、hardware 等所有以 ware 结尾的单词及其构成的短语。

② 后截词表示前方一致。例如，输入 "recon*"，可以检索出 reconnoiter、reconvene 等所有以 recon 开头的单词及其构成的短语。

③ 中截词表示词两边一致，截去中间部分。例如，输入 "wom?n"，则可检索出 women 以及 woman 等词语。

（4）字段限制检索

字段限制检索是指计算机检索时，将检索范围限定在数据库特定的字段中。常用的检索字段主要有标题、摘要、关键词、作者、作者单位以及参考文献等。

字段限制检索的操作形式有两种：一种是在字段下拉菜单中选择字段后输入检索词；另一种是直接输入字段名称和检索词。

4．搜索引擎

搜索引擎是指根据一定的策略，运用特定的计算机程序从互联网上搜集信息，在对信息进行组织和处理后，为用户提供检索服务，并将用户检索相关的信息展示给用户的系统。搜索引擎最重要的搜索体验是搜索信息的及时性、有效性和针对性。搜索

笔 记

引擎可以分为全文搜索引擎、目录式搜索引擎和元搜索引擎等。

全文搜索引擎是目前应用最广泛的搜索引擎，典型代表有百度搜索、360 搜索等。它们从互联网提取各个网站的信息，建立数据库，并能检索与用户查询条件相匹配的记录，按一定的排列顺序返回结果。

目录式搜索引擎的典型代表主要有新浪分类目录搜索。它是以人工方式或半自动方式搜集信息，由搜索引擎的编辑依据一定的标准对网络资源进行选择、评价，人工形成信息摘要，并将信息置于事先确定的分类框架中而形成的主题目录。目录式搜索引擎虽然有搜索功能，但严格意义上不能称为真正的搜索引擎，而只是按目录分类的网站链接列表而已。用户完全可以按照分类目录找到所需要的信息，不依靠关键词进行查询。

元搜索引擎接受用户查询请求后，通过一个统一的界面，同时在多个搜索引擎上搜索，并将结果返回给用户。著名的元搜索引擎有 InfoSpace、Dogpile 和 Vivisimo 等，中文元搜索引擎中具有代表性的是搜星搜索引擎。

笔 记

三、信息素养和社会责任

信息素养和社会责任是指在信息技术领域，通过对信息行业相关知识的了解，内化形成的职业素养和行为自律能力。信息素养和社会责任对个人在各自行业内的发展起着重要作用。

1. 信息素养

（1）信息素养的定义

信息素养是在信息化社会中人们对信息社会的适应能力。1974 年，美国信息产业协会主席 Paul Zurkowski 认为信息素养是利用大量的信息工具及主要信息源使问题得到解答的技能。1987 年信息学家 Patrieia Breivik 将信息素养概括为一种"了解提供信息的系统并能鉴别信息价值、选择获取信息的最佳渠道、掌握获取和存储信息的基本技能"。我国教育部 2021 年 3 月发布的《高等学校数字校园建设规范（试行）》对信息素养的定义是："信息素养是个体恰当利用信息技术来获取、整合、管理和评价信息，理解、建构和创造新知识，发现、分析和解决问题的意识、能力、思维及修养。"

（2）信息素养的四要素

信息素养包括信息意识、信息知识、信息能力和信息道德四个要素。其中，信息意识是先导，信息知识是基础，信息能力是核心，信息道德是保证。一个有信息素养的人应该能够判断什么时候需要信息，并且懂得如何去获取信息，如何去评价和有效利用信息。

（3）信息素养的表现

信息素养主要表现为以下 8 个方面的能力。

① 运用信息工具：能熟练使用各种信息工具，特别是信息检索、查询和交流工具。

微课 11-3
信息素养与
社会责任

② 获取信息：能根据自身需求，运用阅读、访问、讨论、参观、实验、检索等方法获取信息。

③ 处理信息：能对收集的信息进行归纳、分类、存储记忆、鉴别、遴选等。

④ 生成信息：在收集信息的基础上，能准确地概述、综合、履行和表达所需要的信息。

⑤ 创造信息：在多种信息交互作用的基础上，迸发创造思维，产生新信息的生长点，从而创造新信息。

⑥ 应用信息：善于运用接收的信息解决问题，让信息发挥最大的社会和经济效益。

⑦ 信息协作：能使用信息和信息工具与他人合作、共享信息，实现信息的更大价值。

⑧ 信息免疫：能自觉抵御和消除垃圾信息及有害信息的干扰和侵蚀，并且完善合乎时代的信息伦理素养。

2．信息伦理

笔 记

信息伦理是指涉及信息开发、信息传播、信息管理和利用等方面的伦理要求、伦理准则、伦理规约，以及在此基础上形成的新型的伦理关系。信息伦理又称为信息道德，它是调整人与人之间以及个人和社会之间信息关系的行为规范的总和。

当前，以互联网、大数据、人工智能为代表的新一代信息技术日新月异，给全球经济社会发展、国家管理、社会治理、人民生活带来重大而深远的影响。现代信息技术的深入发展和广泛应用，深刻改变着人类的生存方式和社会交往方式，深刻影响着人们的思维方式、价值观念和道德行为。

（1）信息时代的伦理变革

信息化正在广泛而深刻地影响和改变着人类社会，它不仅对人类引以为荣的智能唯一性发出有力挑战，而且有可能动摇人类的道德主体地位。

目前，智能机器已获得深度学习能力，可以识别、模仿人的情绪，能独立应对复杂问题。那么，智能机器能否算作"人"？人与智能机器之间的关系应当如何定位、如何处理？智能机器应当为其行为承担怎样的责任？智能机器的设计者、制造者、所有者和使用者又应当为其行为承担怎样的责任？人们会不会设计、制造并使用旨在控制他人的智能机器？这样的情况一旦出现，人类将面临怎样的命运？这一系列问题关乎人伦关系的根本属性和价值基础，也关乎人类整体的终极命运。

（2）信息时代的伦理进步

信息技术已渗透到人们的日常生活中，也深度融入国家治理、社会治理的过程中，对于实现美好生活、提升国家治理能力、促进社会道德进步发挥着越来越重要的作用。

信息化深入发展有助于增强政府部门为人民服务的能力。例如，在政务服务领域，各地积极推进"互联网+政务服务"，推出"最多跑一次"事项清单，甚至部分事项"一趟不用跑"，打通政务服务的"最后一公里"，实现"让数据多跑路、让群众少跑腿"，不断增强人民群众的获得感、幸福感、安全感。

信息化深入发展为最大程度实现社会公平提供技术条件。例如，在教育领域信息技术打破时空藩篱，让即便身在地球两端的学生也能同上一堂课；打破城乡壁垒，让农村孩子有机会与城里孩子享受到同等教育资源；打破线上线下界限，让学习无处不在，课堂互动"永不下线"，进一步促进优质资源共享和教育公平。

信息化深入发展使包括身份信息和行为信息在内的各类信息变得更透明、更对称、更完整，大大提升了对悖德行为乃至违法犯罪行为的防控、识别、监督、追究与惩处能力。例如，政府部门借助发达的网络和信息传递技术，广泛而及时地向人们公布、推送失信人或其他违法犯罪分子的相关信息；重要公共场所安装高清摄像头，有的场所则配置更为先进的人脸识别技术。这使得悖德行为者及违法犯罪分子无处遁形，促使人们更审慎地权衡利弊并尽可能地减少、规避失信行为或其他违法犯罪行为，有效维护、巩固和增进以诚信为基础的主流伦理道德。

（3）信息时代的信息伦理风险

智能信息技术在为人们带来便利的同时，也导致了信息伦理风险的加剧。

① 信息的不对称、不透明以及信息技术不可避免的知识技术门槛，客观上会导致并加剧信息壁垒、数字鸿沟等违背社会公平原则的现象与趋势。

② 信息技术在加速大数据传播、搜集、共享的同时，也为一些国家或组织利用网络霸权干涉别国内政或实施网络攻击提供了漏洞和暗网，严重威胁国家主权的稳定和安全。

③ 有些人沉迷于网络虚拟世界，厌弃现实世界中的人际交往。这种去伦理化的生存方式，从根本上否定传统社会伦理生活的意义和价值，放弃自身的伦理主体地位以及相应的伦理责任担当。

④ 随便下载、复制他人知识成果，传播和使用盗版软件等侵犯知识产权的行为。

⑤ 泄漏或侵犯个人隐私、商业秘密等不负责任的行为。

⑥ 传播虚假信息、有害信息、不负责任的交友、不友好的语言等网络欺诈和网络暴力行为。

⑦ 破解他人的密码，使用他人计算机资源，散布计算机病毒，盗窃他人银行存款或游戏装备等危害信息安全行为。

（4）应对信息伦理风险的原则

应对信息化深入发展导致的伦理风险应当遵循以下道德原则。

① 服务人类原则。要确保人类始终处于主导地位，始终将人造物置于人类的可控范围，避免人类的利益、尊严和价值主体地位受到损害，确保任何信息技术特别是具有自主性意识的人工智能机器持有与人类相同的基本价值观。始终坚守不伤害人自身的道德底线，追求造福人类的正确价值取向。

② 安全可靠原则。新一代信息技术尤其是人工智能技术必须是安全、可靠、可控的，要确保民族、国家、企业和各类组织的信息安全、用户的隐私安全以及与此相关的政治、经济、文化安全。如果某一项科学技术可能危及人的价值主体地位，那么

无论它具有多大的功用性价值，都应果断叫停。对于科学技术发展，应当进行严谨审慎的权衡与取舍。

③ 以人为本原则。信息技术必须为广大人民群众带来福祉、便利和享受，而不能为少数人所专享。要把新一代信息技术作为满足人民基本需求、维护人民根本利益、促进人民长远发展的重要手段。同时，保证公众参与度和个人权利的行使，鼓励公众提出有效的质疑或有价值的反馈，从而共同促进信息技术产品性能与质量的提高。

④ 公开透明原则。新一代信息技术的研发、设计、制造、销售等各个环节，以及信息技术产品的算法、参数、设计目的、性能、限制等相关信息，都应当是公开透明的，不应当在开发、设计过程中给智能机器提供过时、不准确、不完整或带有偏见的数据，以避免人工智能机器对特定人群产生偏见和歧视。

（5）安全文明上网，增强保护意识

为增强青少年自觉抵御网上不良信息的意识，共青团中央、教育部、原文化部、国务院新闻办、全国青联、全国学联、全国少工委、中国青少年网络协会向全社会发布了《全国青少年网络文明公约》。公约内容如下。

要善于网上学习，不浏览不良信息。

要诚实友好交流，不侮辱欺诈他人。

要增强自护意识，不随意约会网友。

要维护网络安全，不破坏网络秩序。

要有益身心健康，不沉溺虚拟时空。

3. 信息社会责任

信息社会责任是指在信息社会中，个体在文化修养、道德规范和行为自律等方面应尽的责任。一个具备信息社会责任的人，在现实世界和虚拟空间中都能遵守相关法律法规，信守信息社会的道德与伦理准则；具备较强的信息安全意识与防护能力，能有效维护信息活动中个人、他人的合法权益和公共信息安全；关注信息技术创新所带来的社会问题，对信息技术创新所产生的新观念和新事物，能从社会发展、职业发展的视角进行理性的判断和负责的行动。

项目实施

一、浏览网页信息

Internet 上的资源非常丰富，不仅有各种各样的文字信息，还有图片、视频、软件和文档等。通过浏览网页可以查找需要的资料或下载文件。在上网过程中可以将网页内容保存至本地，将需要经常访问的网页收藏到收藏夹以便下次访问，利用搜索引擎可以高效地检索需要的信息。

笔记

1．浏览网页

使用浏览器浏览网页的操作步骤如下。

步骤 1：单击【开始】按钮，在程序列表中单击"Microsoft Edge"打开浏览器。

步骤 2：在地址栏中输入网址。例如，输入网易主页的网址"https://www.163.com"，按 Enter 键即可打开网易主页。

步骤 3：浏览网页时，可以拖曳浏览器右侧的滚动条或滚动鼠标查看更多的网页内容。找到感兴趣的内容标题或栏目后单击超链接，即可在新的标签页打开对应的网页阅读具体内容。

微课 11-4
浏览网页信息

📖**提示**：浏览网页时，将光标放置在网页中的对象上，若光标变为手形"🖑"，说明该对象是超链接，单击可打开相应页面。

2．保存网页内容

在浏览网页时，经常需要将有用的信息保存下来以后使用，保存网页内容的操作步骤如下。

步骤 1：若要保存网页中的文本，可以选择后按 Ctrl + C 组合键复制，打开记事本或 WPS 文字程序，按 Ctrl + V 组合键粘贴，然后保存文档。

步骤 2：若要保存网页中的图片，可以在需要保存的图片上右击，在弹出的快捷菜单中单击【将图像另存为】命令，打开【另存为】对话框，选择保存位置后，输入图片名称，单击【保存】按钮保存图片。

3．收藏网页

在浏览网页时，可以将喜欢的或常用的网址以简单易记的标签形式保存到收藏夹中，下次访问时只需要单击收藏夹中对应的标签即可打开网页。操作步骤如下。

步骤 1：打开要收藏的网页，单击地址栏中的【编辑此页面的收藏夹】按钮 ☆。

步骤 2：在【名称】文本框中输入网页名称，在【保存位置】下拉列表中选择保存位置"收藏夹栏"，单击【添加】按钮，如图 11-1 所示。将当前网页保存到收藏夹根目录下的收藏夹栏中。

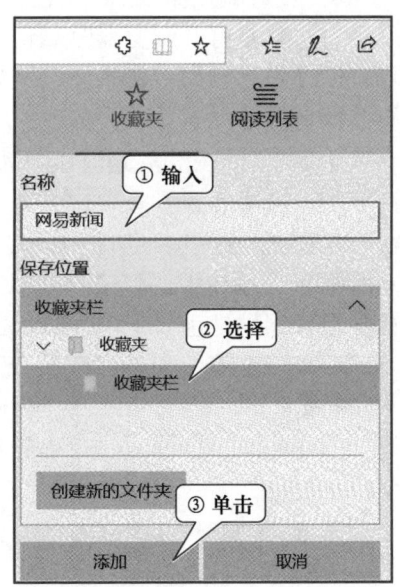

图 11-1　添加网页到收藏夹

📖**提示**：若要打开收藏的网页，可以单击【收藏夹】按钮🏛，在列表中单击收藏的网页标签即可打开，如图 11-2 所示。右击收藏的网页标签，在快捷菜单中单击【删除】命令可以将其删除。

笔　记

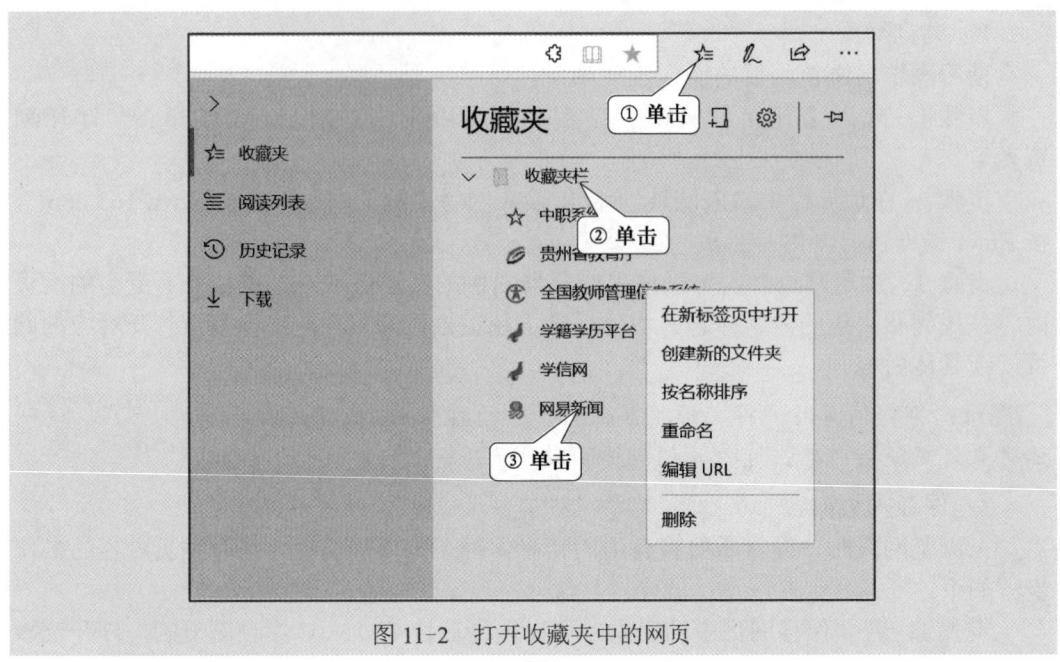

图 11-2　打开收藏夹中的网页

4．设置浏览器首页

首页就是打开浏览器时默认打开的网页。可以将常用的网页设置为浏览器首页，以方便使用。例如，将某导航网站"www.***.com"设置为 Microsoft Edge 浏览器首页，操作方法如下。

步骤 1：在 Microsoft Edge 浏览器中，单击右上角的【设置及其他】按钮 ⋯，在列表中单击【设置】选项。

步骤 2：在左侧导航栏中单击【开始、主页和新建标签页】，在【Microsoft Edge 启动时】单选按钮中选择【打开以下页面：】选项，单击【添加新页面】按钮，在文本框中输入网站地址"www.***.com"，单击【添加】按钮，如图 11-3 所示。

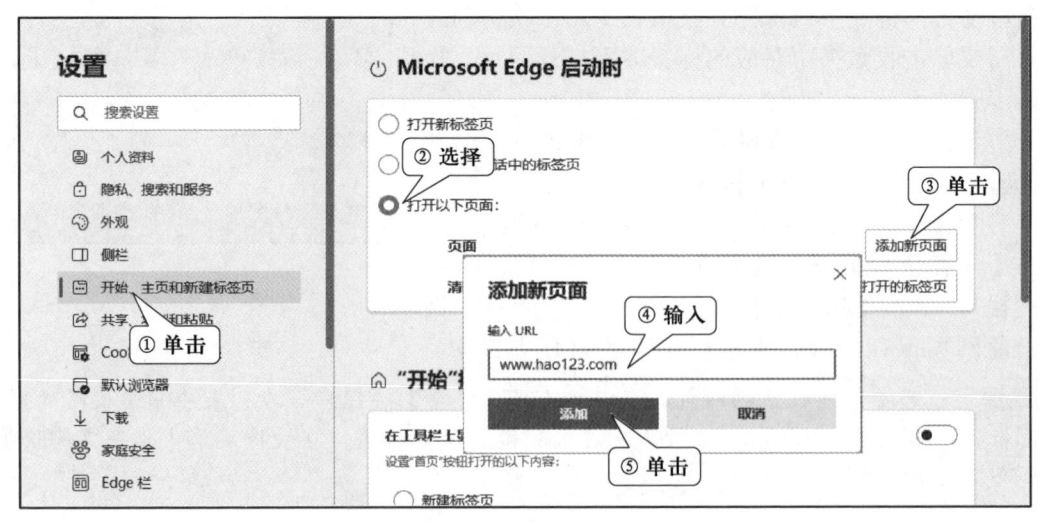

图 11-3　设置浏览器首页

218

5．清除历史记录和临时文件

在浏览网页时，浏览器会自动记录用户曾经浏览过的网址、下载的文件、在某网站输入的用户名和密码等信息，为了避免泄露个人隐私，可以将其清除。此外，浏览器还会将浏览过的网页、网页中的文件等作为临时文件保存在计算机中，一般这些文件都没有太大用处，可以定期对其进行清理，以释放磁盘空间。清除网页浏览历史记录和临时文件的操作步骤如下。

步骤 1：在 Microsoft Edge 浏览器中，单击右上角的【设置及其他】按钮，在列表中选择【历史记录】选项。

步骤 2：在【历史记录】对话框中显示了近期的浏览记录，单击【更多选项】按钮，选择【清除历史数据】选项，在【清除浏览数据】列表中，选择要清除的数据类型，单击【立即清除】按钮，即可删除这些记录，如图 11-4 所示。

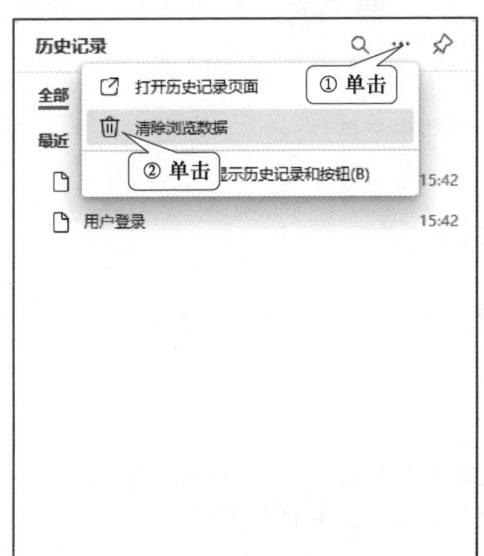

图 11-4　清除浏览器历史记录和临时文件

二、使用百度搜索引擎

目前常用的搜索引擎平台有百度、360、搜狗等。下面介绍百度搜索引擎的使用方法。

在浏览器地址栏中输入百度网址按 Enter 键打开百度搜索引擎首页，如图 11-5 所示。

1．常规搜索

在图 11-5 所示页面的搜索框中输入需要搜索的关键词，单击【百度一下】按钮即可显示搜索结果列表。例如，在搜索框中输入"中国共产党第二十次全国代表大会"，单击【百度一下】按钮即可显示搜索结果列表，如图 11-6 所示，单击搜索框下方的【网

微课 11-5
使用百度搜索
引擎

页】【咨询】【图片】【视频】等标签可以显示对应类型的搜索结果。

图 11-5　百度搜索引擎首页

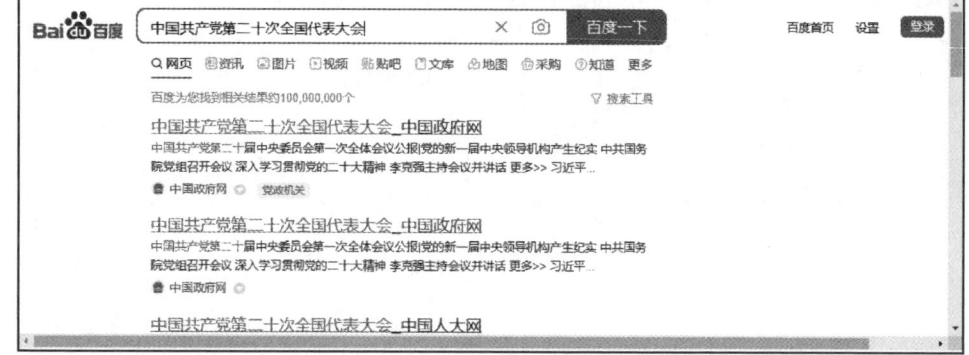

图 11-6　搜索结果

2．按图片搜索

单击图 11-6 所示页面搜索框右侧的【照相机】按钮，然后单击【选择文件】按钮，如图 11-7 所示。选择图片文件上传后，可以搜索与上传图片相似内容。

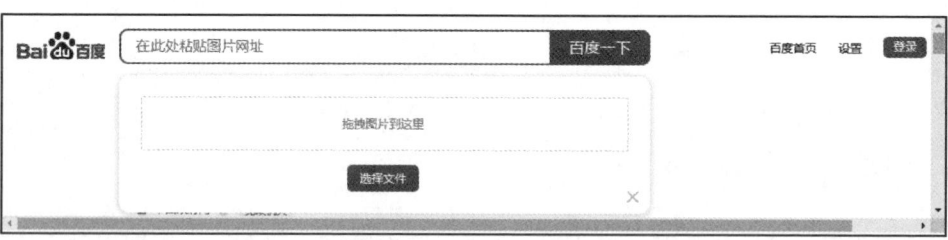

图 11-7　按图片搜索

3．高级搜索

在图 11-7 所示的页面右上角单击【设置】按钮，在下拉列表中单击【高级搜索】选项，即可打开高级搜索页面，如图 11-8 所示，在高级搜索页面中设置高级搜索条件组合后，单击【高级搜索】按钮。

4．百度搜索技巧

使用百度搜索引擎时，在输入的关键词中加上运算符和限制字符可以更加精准地定位搜索结果。

图 11-8　高级搜索

（1）排除含有指定关键词的结果

使用"-"可以有目的地排除某些无关网页，在"-"之前必须留一个空格，语法是"A -B"。例如，要搜索关于"信息技术"，但不含"百科"的资料，可使用"信息技术 -百科"进行搜索。

（2）并行搜索

使用"A|B"来搜索包含关键词"A"，或者包含关键词"B"的内容。

例如：要查询"信息技术"或"计算机应用基础"相关资料，无须分两次查询，只要输入"计算机应用基础|信息技术"进行搜索即可。

（3）相关检索

如果无法确定输入什么关键词才能找到满意的资料，可以先输入一个简单词语，在百度搜索框列表中选择百度推荐的相关搜索词进行搜索。

（4）精确匹配

在使用较长的搜索关键词进行查询时，百度给出的搜索结果中的关键词可能是拆分的。如果需要让百度对搜索关键词进行精确匹配，可以将搜索关键词放入双引号中进行搜索。

书名号是百度独有的一个特殊查询语法。加上书名号的搜索关键词有两个特殊功能，一是书名号会出现在搜索结果中；二是在书名号之间的内容不会被拆分。

（5）指定搜索的文档类型

百度支持对 Office 文档（包括 Word、Excel、PowerPoint）、PDF 文档、RTF 文档进行全文搜索，要搜索这类文档，只需要在搜索关键词后面加一个"filetype："文档类型限定，"filetype:"后可以跟以下文件类型：DOC、XLS、PPT、PDF、RTF、ALL。其中，ALL 表示搜索所有这些文件类型。

三、检索学术论文

学术论文撰写是大学毕业生的必修课，在撰写毕业论文前需要广泛阅读学术文献，了解学科前沿知识。目前国内主流的论文检索平台有中国知网、维普中文期刊服务平台和万方数据知识服务平台。下面以中国知网为例，介绍检索学术论文的方法。

1．进入中国知网

在浏览器地址栏中输入中国知网的网址，按 Enter 键即可打开中国知网首页，如图 11-9 所示。

图 11-9　中国知网首页

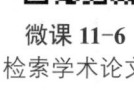
微课 11-6
检索学术论文
和专利

笔 记

2．简单检索

单击检索框中的下拉列表，选取【主题】【关键字】【篇名】【作者】等检索字段，在输入框内输入需要检索的内容，单击【检索】按钮即可显示检索结果列表。例如，在下拉列表中选择【主题】，在输入框内输入"信息检索"，单击【检索】按钮即可显示检索结果列表，如图 11-10 所示。单击窗口中的【学术期刊】【学位论文】【会议】【报纸】等标签即分类显示检索结果。

图 11-10　检索结果

3．高级检索

在中国知网首页中单击【高级检索】按钮即可打开高级检索页面，如图 11-11 所示，在高级检索页面中可以进行多条件组合检索，每个检索条件还可以按照【高级检索使用方法】框中的说明进行组合运算。

图 11-11　高级检索

4．排序检索结果

无论采用何种检索方式，单击【检索】按钮后都会显示检索结果列表，在检索结果列表上方单击排序依据中的【相关度】【发表时间】【被引】【下载】等排序关键字，即可按指定关键字对检索结果进行升序或降序排序。

5．查看和下载论文

中国知网的注册用户登录后可以查看和下载文献全文。在检索结果列表的操作栏中，单击【下载】按钮可以下载 PDF 文件；单击【HTML 阅读】按钮可以进行全文阅读；单击文献的题名可以查看文献的摘要和关键词等概要信息，如图 11-12 所示。单击【CAJ下载】和【PDF下载】按钮即可下载对应类型的文件。需要注意的是 PDF 文件和 CAJ 文件需要在本地计算机上安装对应的阅读软件才能打开浏览。

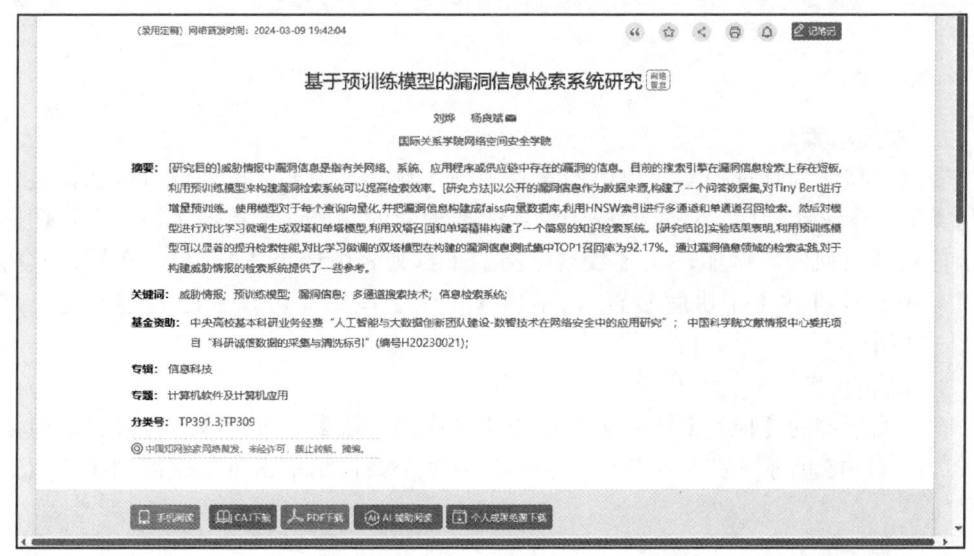

图 11-12　文献查看和下载

四、检索专利

专利权是指一项发明创造的首创者所拥有的受保护的独享权益。一项发明创造只有在申请专利并获得授权之后，才会受到法律保护，其他人未经授权许可不得使用。通过查询行业内的专利技术可以了解业内的发明创造和创新方向。目前国内主流的专利检索平台有国家知识产权局专利检索平台、中国知网、企知道专利检索平台等。下面以国家知识产权局专利检索平台为例，介绍专利的检索方法。

1. 进入专利检索平台

在浏览器地址栏中输入国家知识产权局专利检索平台网址，按 Enter 键即可进入国家知识产权局专利检索平台，首次使用时需要单击【注册】按钮进行注册，注册完成后单击【登录】按钮登录。登录后的界面，如图 11-13 所示。

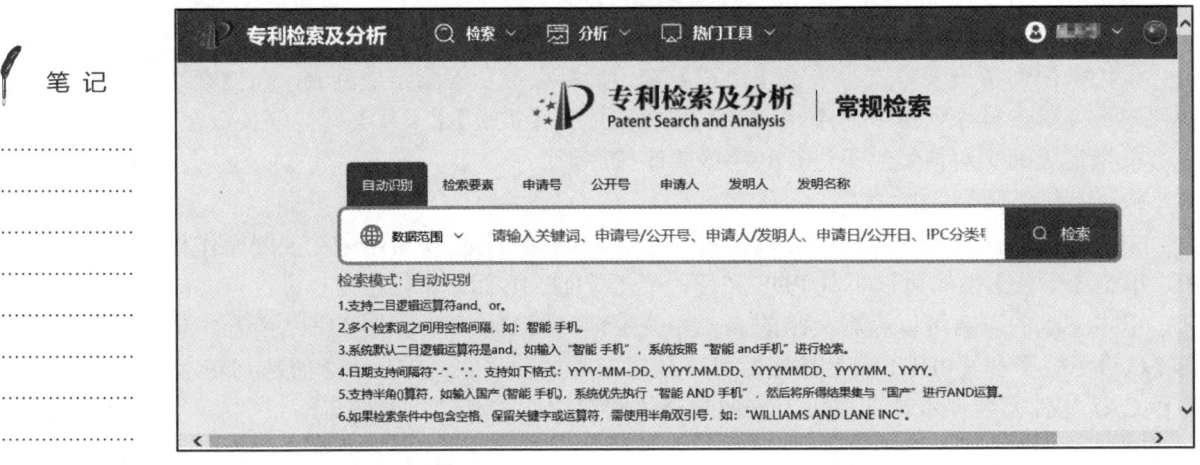

图 11-13　常规检索

2. 常规检索

登录后默认为常规检索，单击检索框中的【数据范围】下拉列表可以选择检索的专利类型、国家或地区，在检索框中输入需要搜索的关键词，单击【检索】按钮即可显示检索结果列表。例如，在【数据范围】下拉列表中选择【发明】，在输入框内输入"一种计算机教学用讲解装置"，单击【检索】按钮即可显示检索结果列表，如图 11-14 所示。

3. 高级检索

在页面顶部的【检索】下拉列表中单击【高级检索】选项，即可打开高级检索页面，如图 11-15 所示。在高级检索页面中设置多个条件后单击页面底部的【检索】按钮即可。

图 11-14 检索结果

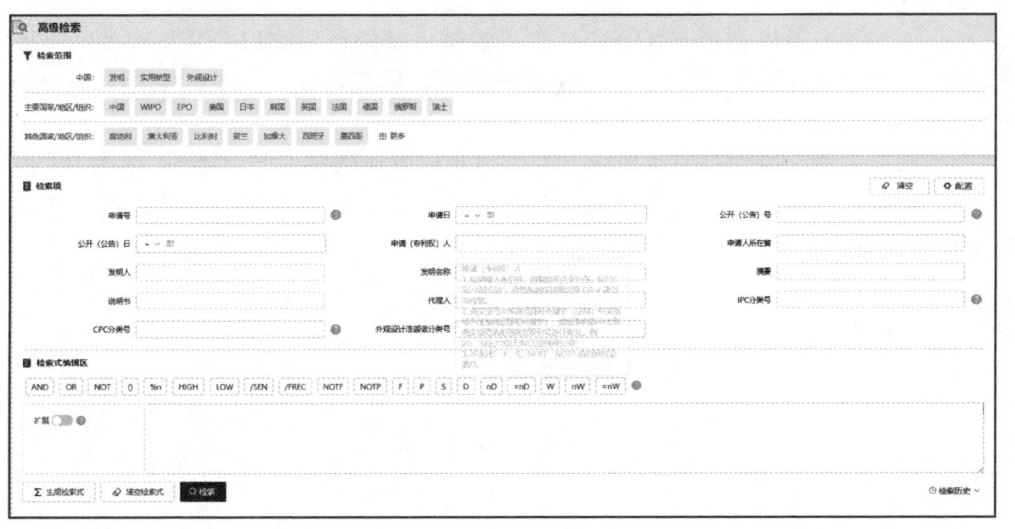

图 11-15 高级检索

项目总结

本项目介绍信息技术及发展史，信息检索的定义、分类和检索技术，信息素养，信息伦理和信息社会责任。

信息检索是人们进行信息查询和获取的主要方式，是查找信息的方法和手段。掌握网络信息的高效检索方法，是现代信息社会对高素质技术技能人才的基本要求。掌握常用搜索引擎的自定义搜索方法，掌握布尔逻辑检索、位置检索、截词检索、限制检索等检索技术可以有效提高信息检索效率。通过期刊、论文、专利等专用平台进行信息检索可以更加精准地检索需要的信息。

信息素养与社会责任是指在信息技术领域，通过对信息行业相关知识的了解，内化形成的职业素养和行为自律能力。信息素养与社会责任对个人在各自行业内的发展起着重要作用。了解信息技术发展史及知名企业的兴衰变化过程，有助于我们树立正确的职业理念；掌握信息伦理知识并能有效辨别信息伦理风险，从而在信息社会中更好地生存和发展。

项目练习

项目 11
客观题

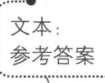
文本：
参考答案

笔记

一、客观题

请扫描二维码进入即测即评。

二、简答题

1．常用的信息检索技术有哪些？

2．简述信息素养的四个要素。

三、操作题

1．使用搜索引擎搜索有关全国计算机等级考试的百科知识，并将有关一级计算机基础及 WPS Office 应用的题型及分值比例的内容保存在桌面上，文件名为"一级 WPS Office 考试题型.txt"。

2．撰写一篇小论文，论述当代大学生应如何遵守信息伦理道德。

3．通过互联网了解易趣、快播、饭否等网络公司的兴衰变化过程，树立正确的职业发展理念。

项目 12 新一代信息技术

PPT：项目 12
新一代信息技术

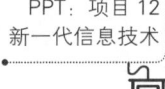

学习目标

1. 知识目标

① 了解新一代信息技术的范畴。

② 了解云计算的概念和云计算技术的应用场景。

③ 了解大数据技术的相关概念及应用场景。

④ 了解人工智能关键技术及应用场景。

⑤ 了解物联网技术的概念及应用场景。

2. 能力目标

① 具备自主学习和持续学习的能力，能适应信息技术领域的快速发展和变化。

② 能运用新一代信息技术知识进行创新实践。

③ 能够使用新一代信息技术的相关产品和工具解决实际问题。

3. 素养目标

① 熟悉信息技术领域的法律法规和道德规范。

② 具备自我提升意识、创新意识和创业精神。

项目 **12**
德育小课堂

项目分析

20 世纪以来，信息技术得到了长足发展。到 21 世纪，以云计算、大数据、人工智能为代表的新一代信息技术被广泛应用在生产、生活中，对推动社会发展和进步发挥了积极的作用。

云计算技术的应用，让人们更加方便地存储和处理大量数据，不管人们身在何处，只要能接入互联网，就能访问和使用这些数据。云计算技术改变了人们获取和处理信息的方式，并使人类对数据的管理和应用变得更加方便、快捷。

利用大数据技术从海量的数据中寻找规律，帮助人们预测趋势、优化决策；帮助企业优化资源配置、实现精准营销；在医疗领域，大数据可以辅助医生进行疾病诊断，提高疾病诊断准确率。

通过人工智能技术，计算机可以模拟人类的智能，代替人进行思考。人们正在利用人工智能技术完成许多重复和烦琐的任务，让具有智能的机器人代替人类完成危险的工作。随着人工智能技术的不断进步，必将对人类产生广泛而深远的影响。

物联网技术让万物互联，用以实现物与物、物与人之间的信息交互，将为人类社会带来更加智能化、高效化的生产与生活方式。

新一代信息技术作为核心生产力要素，已经深度渗透到人类社会的各个角落。它革新了人们的生产模式和生活方式，帮助人们提高工作效率，为人类社会的持续进步与发展注入了源源不断的驱动力。

预备知识

"新一代信息技术"以计算机和网络技术为核心，其范畴包括云计算、大数据、人工智能、物联网、区块链、下一代网络、三网融合、新型平板显示、高性能集成电路和高端软件等方面的技术。与传统的信息技术相比，"新"体现在网络互联的移动化和泛在化、信息处理的集中化和大数据化、信息服务的智能化和个性化等方面。新一代信息技术正与各行业各领域深度融合，为实现制造强国和网络强国提供了有力支撑。

新一代信息技术被认为是当今世界创新最为活跃、渗透性最强的领域之一，不仅在推动科技进步方面发挥着关键作用，而且在促进经济发展和社会进步中扮演着重要角色，使得科技、经济和社会发展日新月异。新一代信息技术具有数字化、网络化、高速化、智能化、融合化和绿色化等特点。

数字化：数字化技术使得信息的获取、传输、处理、存储和应用更加便捷和高效。

网络化：通过互联网和其他通信技术将各种信息设备连接在一起，实现信息的全球共享和交互。信息的网络化使得其传播范围和速度得到了极大地扩展和提高。

高速化：采用计算技术和通信技术实现了信息处理和传输的高速化，使得信息的获取和传输更加实时和快速。

智能化：借助先进的人工智能技术，人们可以深入理解和精准分析复杂信息，实现信息的智能化处理与高效应用，提升信息使用的精确度和效率。

融合化：新一代信息技术的融合性特征体现在跨领域技术的整合与渗透，形成综合性技术体系，推动各行业的数字化转型和创新发展。

绿色化：新一代信息技术不仅自身凸显环保节能的理念，还积极助力其他行业降低能源消耗，提升资源利用效率。

本项目将重点介绍新一代信息技术中的云计算、大数据、人工智能、物联网几个技术方向的内容。

一、云计算技术

微课 12-1
云计算技术

云计算是一种利用互联网实现随时随地、按需、便捷地使用和共享计算设施、存储设备、应用程序等资源的计算模式。云计算技术是助力新基建、推动产业数字化升级、构建现代数字社会、实现数字强国的重要技术之一。以下介绍云计算的相关知识。

1. 云计算的起源

2006 年 8 月，"云计算"（Cloud Computing）的概念被提出之后，云计算的发展进入了快车道，越来越多的企业开始进入云计算领域，推出各种云计算服务和解决方案。2008 年，微软发布其公共云计算平台（Windows Azure Platform）。2009 年 4 月，阿里巴巴集团旗下子公司阿里软件在江苏南京建立首个"电子商务云计算中心"。同年 11 月，中国移动云计算平台"大云"计划启动。

笔记

云计算的最终目标是将计算、服务和应用作为一种公共设施提供给公众，使人们能够像使用水、电、天然气那样便捷地使用计算资源。

2．云计算的定义

关于云计算的定义，业界的描述众说纷纭。其中被人们广为接受的说法是：云计算是一种模型，它可以实现随时随地、便捷地、随需应变地从可配置计算资源共享池中获取所需的资源（如网络、服务器、存储、应用及服务），资源能够快速供应并释放，使管理资源的工作量降低，用户与服务提供商之间的交互减小到最低限度。

说明一下定义中的重点。

① 准确地讲，云计算不是技术，而是一种模型。

② 通过云计算，用户可以使用的资源包括网络、服务器、存储、应用及服务等，云计算的目标就是让大众像获取水、电一样方便地获取到这些资源。

③ 在网络可达的前提下，资源可随时随地使用。

④ 用户与服务提供商可以通过最低限度的交互，获取并释放资源。

除了从以上角度来认识云计算之外，还可以从另一个角度来认识云计算。将云计算拆分为"云"与"计算"来进行理解，"云"其实是网络、互联网的一种比喻说法，即表示互联网与建立互联网所需要的底层基础设施的抽象；而"计算"指的是一台足够强大的计算机所提供的计算服务（包括各种功能、资源、存储）。因此可以将"云计算"理解为：通过互联网，我们可以使用由足够强大的计算机为用户提供的资源服务，而这种服务的使用量可以使用统一的单位来描述，如为用户提供了多少 GB 的存储空间。

3．云计算的特点

云计算资源可以根据用户需求灵活增减，云计算可以支持各种规模的业务，用户根据自身使用情况付费，还具备高可靠性和强大的安全保障，减少了本地数据丢失的风险。其特点如下。

（1）按需自助服务

消费者可以按需部署处理能力，如服务器使用时间和网络存储，而不需要与每个服务供应商进行人工交互。

（2）广泛网络接入

用户可以通过互联网获取各种资源，并可以通过标准方式访问，还可以通过各种客户端接入使用，如移动电话、笔记本计算机、平板计算机等。

（3）资源池化

供应商的计算资源被集中起来，以便以多用户租用模式服务所有客户，不同的物理和虚拟资源可根据客户需求动态分配和重新分配，通常情况下，客户无法控制或知道资源的准确位置。这些资源包括存储、处理器、内存、网络带宽和虚拟机等。

（4）快速部署，弹性扩容

云计算服务可以迅速、弹性地提供，资源可快速扩展也可快速释放。对客户来说，可以租用的资源看起来似乎是无限的，并且可在任何时间购买任何数量的资源。

（5）可计量服务

云服务的收费是基于用户实际使用的资源进行计量，比如云主机的 CPU、内存、网络带宽等资源，通常按使用时长计费。

4. 云计算的部署模式

云计算服务的部署模式有公有云、私有云和混合云三大类。

（1）公有云

公有云是最先出现的云计算部署模式，公有云通常是由云服务提供商搭建。从最终用户的角度来说，只需要购买云计算资源或者服务，而云计算所用到的硬件及相应的管理工作都由云服务提供商负责。公有云的资源向公众开放，使用公有云需依赖互联网。

（2）私有云

私有云通常部署在企业或单位内部，运行在私有云上的数据全部保存在企业自有的数据中心内，如果需要访问这些数据，就需要经过部署在数据中心入口的防火墙，这样可以在最大程度上保护数据。

（3）混合云

混合云是一种比较灵活的云计算模式，是指由私有云资源和公共云资源组成的云计算环境，用户的业务可以根据需求在公有云和私有云上切换。由于安全和控制原因，很多企业会选择使用公有云和私有云组成的混合云。

5. 云计算的服务模式

为用户提供云计算服务的模式主要有三种：基础设施即服务（Infrastructure as a Service，IaaS）、平台即服务（Platform as a Service，PaaS）和软件即服务（Software as a Service，SaaS）。

（1）基础设施即服务（IaaS）

基础设施即服务是一种向用户提供虚拟化计算资源，如虚拟机、存储、网络和操作系统，并根据用户实际使用资源情况进行收费的服务模式。

（2）平台即服务（PaaS）

平台即服务是为开发人员提供通过互联网创建、测试和部署应用程序平台的服务模式，PaaS 可为开发人员提供必要的基础设施和工具，用户按需购买即可。

（3）软件即服务（SaaS）

软件即服务是让用户通过互联网连接来使用基于云的应用程序，常见的如电子邮件服务。它是用户获取软件服务的一种形式，不需要用户将软件产品安装在自己的计算机上，而是直接在云端使用。

6. 云计算的技术架构

目前被广泛应用的云计算技术架构可以分为云服务和云管理两大部分，如图 12-1 所示。云服务部分划分为基础架构层、中间层和应用层 3 个层次，对应的服务模式分别为 IaaS、PaaS 和 SaaS。

图 12-1 云计算技术架构

（1）基础架构层

基础架构层位于底层，包括大量的主机、存储设备、网络设备及其他基础设施，基础架构层通过虚拟化技术将所有可用的资源统一虚拟为资源池中的资源。通过虚拟资源池按照用户需求将互联网上的主机、存储设备、网络设备等资源提供给中间层或者用户。

（2）中间层

中间层位于基础架构层之上，它通过使用中间件、数据库、访问控制和负载均衡等技术，为厂商提供构建和运行云应用程序的能力。中间层是云平台中的一个重要组成部分，它与其他层次协同工作，共同构建完整的云计算平台。

PaaS 提供开发框架、中间件、数据库、消息传递和队列等功能，允许开发人员使用平台支持的编程语言和工具在平台上构建应用程序。云服务提供商通过 PaaS 可以为用户提供一整套开发运营应用软件的支撑平台，云计算的平台层可以向用户提供类似操作系统和开发工具的功能。

（3）应用层

应用层位于最上层，云服务商可以使用 Web 技术在应用层中部署 IM、OA、CIM、ERP 等企业应用模板，提供人脸识别、语音识别、图像识别等接口服务，向用户提供 SaaS 服务。在使用 SaaS 服务时，用户只需要支付一定的租赁费用，就可以通过互联网享受相应的服务，整个系统的维护由云服务商来完成。

云管理部分是纵向的，为基础架构层、中间层和应用层提供管理和维护方面的技术支撑，保证整个云计算中心能被有效管理并且安全稳定地运行。由于各云服务商使用的技术方案不同，云管理部分的内容也不尽相同。例如，腾讯云的云管理部分可以提供账号管理、配置管理、计费管理、安全管理、流程管理、运维管理、SLA 监控管理和 API 接口等功能。

7．云计算的关键技术

云计算通过网络为用户提供服务，服务过程中，设备需要使用到网络基础设施并接入 Internet。云计算以低成本的方式提供高可靠、高可用、规模可伸缩的个性化服务，需要分布式计算、云计算平台管理技术、分布式数据存储技术、海量数据管理技术、虚拟化等关键技术的支持。

（1）分布式计算

分布式计算是一种策略，其思想是把要进行计算的任务分割成小块交给多台计算机进行处理，然后把计算结果合并得到最终结果。

（2）云计算平台管理技术

云计算资源规模庞大，通过云计算平台管理技术可以有效地管理这些资源。例如，大量的服务器协同工作，大规模系统的自动化、智能化、可靠运营，这些都可以通过云计算平台管理技术实现。

（3）分布式数据存储技术

分布式数据存储技术是一种数据存储方法，是将数据分散存储在多台独立的设备上。与传统的集中式存储相比，分布式存储具有更高的可靠性、可用性和可扩展性，还具有较高的存取效率。

（4）海量数据管理技术

云计算需要对分布在不同服务器上的海量数据进行分析和处理，因此，数据管理技术必须能够高效稳定地管理大量的数据。BigTable 和 HBase 都是为云计算环境下的海量数据设计的数据管理技术。

（5）虚拟化技术

虚拟化技术是云计算的核心技术之一，它将计算机的物理资源（CPU、内存、磁盘等）以及操作系统和应用程序等虚拟化，使多个虚拟机在同一台物理机上运行且互不影响。它将大量的计算资源和服务以虚拟化的方式提供给用户使用，实现了计算资源的共享和高效利用。云计算的虚拟化还具有快速部署和管理、灵活性和可靠性高、成本低廉的特点。

8．主流云服务商

市场上的云计算产品、服务类型多种多样，用户在选择时不仅要看产品类型是否符合自身需求，还要看云计算服务提供商的品牌声誉、技术实力以及政府的监管力度。近年来，国内云计算品牌发展迅速，已经占据国内较大市场份额，目前国内比较知名的云计算品牌主要有阿里云、华为云、腾讯云、百度智能云，国外的主要有 AWS（Amazon Web Services）、Azure 等。

（1）阿里云

阿里云创立于 2009 年，是阿里巴巴集团旗下的云计算品牌，全球知名的云计算服务提供商。根据 2023 年的数据显示，阿里云在中国公有云市场上的份额遥遥领先，

笔记

超过第二至第五名市场份额的总和。

（2）华为云

华为云隶属于华为公司，能为用户提供云计算、云存储、云网络、云安全、云数据库、云管理与部署运用等服务。

（3）腾讯云

腾讯云是腾讯公司旗下产品，能为用户提供云服务器、云数据库、云存储、视频与 CDN、域名注册等全方位云服务。

（4）百度智能云

百度智能云是百度旗下面向企业及开发者的智能云计算服务平台，为客户提供人工智能、大数据和云计算服务。百度智能云提供的服务范围比较广泛，涵盖智能边缘、云端全功能 AI 芯片、安全存储等多个方面，百度智能云以"云"和"AI"为基础，与众多厂商共同打造了层次丰富的产业智能化生态。

（5）AWS

AWS（Amazon Web Services）是美国亚马逊公司旗下全面、应用广泛的云计算平台。AWS 面向全球用户提供了一整套基础设施和云解决方案，提供包括弹性计算、存储、数据库、物联网等云计算服务。

（6）Azure

Azure 是美国微软公司的云计算平台，为全球用户提供了计算、存储、数据、网络和应用程序等方面的服务。Azure 具有服务类型多样化、开放灵活、良好的稳定性、功能丰富的特点。

9. 云计算的典型应用

云计算技术的应用，主要以服务形式呈现给用户。云计算的服务涵盖存储、计算、数据库、网络安全、物联网、人工智能等方面。云服务的产品包括云主机、云空间、云开发、云测试等。下面主要介绍云存储、云备份、云计算、云数据库服务四种具体的应用。

（1）云存储

云存储是一种网络在线储存模式，用户通过互联网访问和管理存储在远程服务器上的数据，存储空间可以根据用户自己的需求购买，可以解决个人数据、企业数据的云端存储和管理的问题。云存储具有高可靠性、高可扩展性和灵活性、高安全性等特点，可以大大降低数据丢失和灾难恢复的损失，提高数据的管理效率和安全性。因此，云存储被广泛应用于各种领域，如企业备份、在线视频、社交媒体等。

（2）云备份

云备份是一种灵活、低成本、安全可靠的网络存储服务，用户通过服务提供商的软件将数据备份至互联网上的云存储空间中，需要的时候可随时获取这些备份的数据，数据的安全得到了很好的保障。华为公司的华为云空间和苹果公司的 iCloud 都对用户提供云备份服务。

（3）云计算

计算层面，云服务提供商可以为需要大量计算资源的计算任务提供算力，比如为大数据分析、金融交易、物联网数据处理、人工智能模型训练提供算力支持。

（4）云数据库服务

云数据库是部署在云端的数据库，个人或企业向服务提供商购买服务。服务提供商可为用户提供关系数据库、非关系数据库、分析数据库和数据库工具，帮助用户构建自己的应用。云数据库具有高可靠性、高可用性、高性能等特点。

二、大数据技术

大数据是指无法在一定时间范围内用常规软件工具获取、存储、管理和处理的数据集合，具有大量、高速、多样、低价值密度和真实五大特征。2010年以后，大数据开始被大众熟知。目前，大数据技术已在社会各个领域广泛应用，为各行各业的发展提供了强有力的技术支撑。以下介绍大数据的概念、大数据的特征、大数据的处理流程及相关技术、大数据处理平台、大数据的典型应用。

1．大数据的概念

关于大数据的概念是："一种规模大到在获取、存储、管理、分析方面大大超出了传统数据库软件工具能力范围的数据集合"。是指在承受的时间范围内使用通常的软件工具捕获和管理的数据集合。2012年进一步对大数据的定义进行完善："大数据是大量、高速、及/或多变的信息资产，它需要新型的处理方式去促成更强的决策能力、洞察力与最优化处理"。

大数据的核心并不在于数据量的大小，而是在于怎么从复杂海量，看似毫无关系的数据中成功挖掘出我们认为有价值的信息，通过对已有的海量数据分析数据的趋势，判断数据走向。所以说，大数据最大的价值在于预测。

2．大数据的特征

一般认为大数据具备五个特征，分别是大量（Volume）、多样（Variety）、高速（Velocity）、低价值密度（Value）、真实（Veracity），即5V特征。

大量（Volume）。形容的是大数据的容量大，人类生产与生活中产生的数据都可以是大数据的来源。当前，人们可利用的大数据主要来自各种媒体和互联网平台，其次是政府、电信部门，再者是金融、教育、医疗、制造、交通、气象、服务业等行业，它们都是重要的数据源。

多样（Variety）。大数据的多样性，一是数据类型多样，包含各种网站系统产生的数据、电话通话记录和手机定位信息、各类社交媒体存储的文本、图片和视频等。二是存储形式多样，包括结构化、半结构化和非结构化数据，随着大数据应用场景的不断拓展，非结构化数据的比例会越来越高。

高速（Velocity）。高速是指大数据产生、更新和处理的速度非常快。当今社会，人们利用大数据的领域越来越广泛，各种数据被采集、存储和运用。从个人用户的手机到企业的生产设备，各种媒体、网站、信息管理系统，它们既是数据的采集者，也是数据的应用者，每天都有大量的数据被产生和存储，数据的快速增长和快速处理是大数据高速性的体现。

低价值密度（Value）。低价值密度特征体现的是大数据的价值性。在计算能力有限的

微课 12-2
大数据技术

笔 记

时代，人们采集和运用的数据有限，数据发挥的价值也有限。在大数据时代，在强大的计算和存储能力的支持下，大量低价值密度的数据被采集和存储，人们从大量看似不相关的低价值密度信息中进行挖掘和萃取，提取出有价值的信息，为人们提供预测分析服务。

真实（Veracity）。真实是对大数据的基本要求，大数据的真实性通过数据源的真实性、采集和处理过程的规范性、数据的处理分析结果的准确性等方面来保障。

3. 大数据的处理流程及相关技术

在人类生产与生活过程中采集的数据可能种类繁复且并不完整，还可能存在隐私和敏感信息。为了从规模庞大的、价值密度较低的数据中发掘出有价值的信息，需要根据用户需求对数据进行处理，并确保处理结果的准确性和可靠性。大数据的处理流程一般包含数据采集、数据清洗和预处理、数据分析与挖掘、数据可视化等环节，如图 12-2 所示。

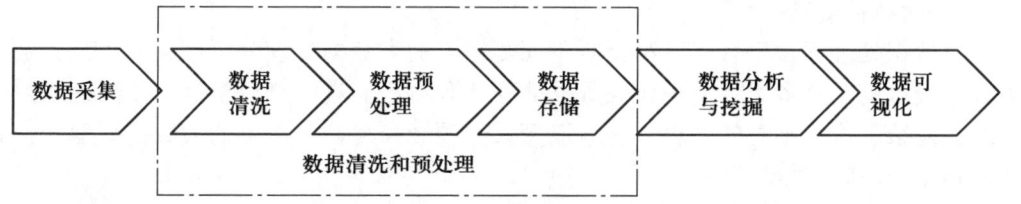

图 12-2　大数据的处理流程

（1）数据采集

数据采集是从各种信息系统、互联网平台、智能设备、数据采集终端获取数据的过程。常用的数据采集方法包括通过数据库进行采集，系统日志采集工具采集，网络爬虫或公开 API 等方式从网站采集，以及通过传感器、摄像头等感知设备采集。

（2）数据清洗和预处理

数据清洗和预处理是对不准确、不合法、不规范、不完整的数据（俗称脏数据）进行处理的过程。数据清洗解决格式、单位、冗余等问题；数据预处理完成缺失值、异常值的处理。大数据预处理技术包括数据清洗、数据集成、数据抽取、数据转换、数据规范化、数据平滑和数据聚合等方面。

数据处理过程中可能要考虑数据的存储。对于大数据的存储，要求存储系统具备大容量、高可扩展性、高可用性等特性，同时对吞吐率、延时等也有相应的要求。存储系统的安全性、管理维护的成本、使用的方便性也是衡量大数据存储系统的性能指标。大数据的存储可以考虑使用分布式文件系统，如 HDFS、GlusterFS、GFS 等，也可以使用分布式数据库，如 HBase、Cassandra、MongoDB 等数据库产品，还可以根据具体的应用场景和需求，使用数据仓库和数据湖等技术方案。

（3）数据分析与挖掘

对数据进行深入分析，可以发现数据中的潜在规律，可以为业务决策提供数据支持。为了完成数据分析，会用到 Spark、Flink、Storm 等系统或框架，还会用到如分类、聚类、决策树、神经网络等数据挖掘和机器学习算法。为了呈现数据分析和挖掘的结果，还需要使用数据可视化工具、数据预处理工具、数据安全和隐私保护技术等。常用的数据分析与挖掘工具有 R 语言、Python、Weka、SAS 和 SPSS 等。

（4）数据可视化

数据可视化就是将数据转换成图或表等直观的元素，以一种更直接的方式为用户呈现数据，让用户一看图表就能明白其中包含的信息。"可视化"使复杂的数据通过图形化的手段进行有效表达，准确、高效、简捷、全面地传递某种信息。通过图表更容易发现数据中蕴含的特征和规律，助力用户挖掘数据背后的价值。数据的可视化可以通过 Python、R、PHP 等语言编写程序实现，也可以使用 Excel、TableAU、FineBI、Power BI 等工具实现，用户可以根据不同的应用环境进行选择。

由于大数据处理完成后的数据分析结果通常要应用于业务决策、预测分析、风险管控等具体业务工作，数据处理过程中要提高数据安全保护意识，采用必要的数据安全技术和手段，确保数据不被非法获取和利用。

4. 大数据处理平台

大数据处理平台整合了各种具有不同侧重点的大数据处理分析框架和工具。一般大数据处理需要众多组件支撑，大数据处理平台将它们进行有机整合，协同完成数据处理的复杂工作。不同的平台具有自己擅长的领域和功能，常用的大数据处理平台有 Hadoop、Spark、Flink 等。

（1）Hadoop

Hadoop 是一个由 Apache 基金会开发的分布式系统基础架构，主要用于大规模数据集处理。它提供了一种具有可靠性、可扩展性、容错性的计算和存储解决方案，适用于处理大数据和构建分布式应用程序。

（2）Spark

Apache Spark 是一个用于数据处理的计算引擎，Spark 具有类似于 MapReduce 的优点，能更好地适用于数据挖掘与机器学习。Spark 启用了内存分布数据集，能够提供交互式查询并可优化迭代工作负载。开发 Spark 应用程序可以选择 Scala、Python、Java 或 R 等语言，Spark 是对 Hadoop 的有力补充，Spark 可以在 Hadoop 中并行运行，可用来构建大型的、低延迟的数据分析应用程序。

（3）Flink

Apache Flink 是一个流处理和批处理的开源框架，用于构建有状态的计算。它提供了一个统一的编程模型，用于处理无界和有界数据流。Flink 的流处理功能强大且高效，可以在分布式环境中进行高性能的实时计算。此外，Flink 还提供了高级的窗口函数和时间语义，支持事件时间和处理时间语义以及多种窗口类型。Flink 被广泛应用于数据流分析、实时数据管道、批处理等场景，并被许多大型公司和组织所采用。

5. 大数据的典型应用

各行各业的发展离不开大数据技术的支撑，目前大数据已深度融入电子政务、电子商务、智慧交通、智慧农业、智慧医疗等领域。

（1）电子政务

大数据技术推动了政府部门信息应用的汇聚、数据共享和业务协同，比如通过大数据实现业务办理"一网通办""一证通办""跨省通办"。通过全面的、实时的大数据支持，帮助政府做出更科学、更精准的决策。通过对数据的分析、挖掘和预测，为

笔记

人们提供更加精准的个性化服务。

（2）电子商务

利用大数据技术对用户的购物行为进行分析，根据用户的喜好进行个性化推送，实现精准营销。利用大数据技术对企业的经营活动数据进行有效的监管，分析可能存在的风险和危机。利用大数据分析商务活动过程中的各种数据，对未来的数据走向进行预测，帮助企业制订未来运营的业务计划。

（3）智慧交通

智能交通系统通过大数据技术对路况信息进行分析，能够帮助驾驶员合理规划路线，提示停车场位置及停车泊位使用情况。通过对实时车流量和人流量变化情况的分析，能够自动调整信号灯的等待时间，提高道路通行效率。通过对历史交通事故数据和实时路况数据分析，能够及时发现某些路段潜在的安全隐患，为驾驶员提供预警信息，减少交通事故的发生。通过对公共交通客流数据进行分析，能够优化公交、地铁等公共交通线路，提高公共交通的便利性和舒适度。

（4）智慧农业

在农业生产中，通过传感器对农作物的生产环境（旱情、气象、土质、苗情）中的各项参数进行采集，将采集到的数据传输至智慧农业大数据平台，实时监控生产数据。通过对各种数据进行分析，帮助农民合理规划农作物种植面积、科学把握生产进度、预测农产品产量、避免潜在的风险。

（5）智慧医疗

在医疗领域，大数据技术的应用可以提升诊治的准确性。通过对大量的病例数据进行分析和挖掘，寻找其中最具价值的规律，形成准确有效的治疗方案。通过对病人病历的分析和同类病症的参考，可以大幅提高诊断的准确性，形成更优治疗方案，降低医生个人经验的误判，为医生诊断治疗提供方案参考，让病患获得更有效的治疗。

三、人工智能

人工智能（Artificial Intelligence，AI）是计算机科学的一个分支，它是研究、开发用于模拟、延伸和扩展人的智能的理论、方法、技术及应用系统的一门技术科学，人工智能的基础是数学、计算机、哲学、神经科学、控制论、语言学等学科。人工智能技术的最终目标是实现对人的意识、思维的模拟。其技术领域主要涵盖计算机视觉、语音识别、机器人技术、图像识别、自然语言处理、专家系统等。

一般认为人工智能技术经历了 6 个发展阶段，分别是起步发展期（1956 年—20 世纪 60 年代初）、反思发展期（20 世纪 60 年代初—70 年代初）、应用发展期（20 世纪 70 年代初—80 年代中期）、低迷发展期（20 世纪 80 年代中期—90 年代中期）、稳步发展期（20 世纪 90 年代中期—2010 年），蓬勃发展期（2011 年至今）。2010 年以后，计算机硬件的处理能力持续提升，图像识别、语音识别、无人驾驶、机器翻译等技术的应用获得实质性的进展，旺盛的应用需求促使人工智能技术不断创新和进步，人工智能研究成果进入爆发式增长期。2023 年，美国 OpenAI 公司开发的 ChatGPT 大语言模型备受

微课 12-3
人工智能

世人瞩目。同年，国内多家互联网企业相继发布了自己的大语言模型，如百度的文心一言、阿里巴巴的通义千问、讯飞星火认知大模型等。2024 年 2 月 15 日，美国 OpenAI 公司的人工智能文生视频大模型 Sora 面世，该模型能通过文本生成视频，在业界引起广泛关注。随着硬件算力的不断提升，各种大模型将会更加智能，功能越来越强大。

人工智能技术需要强大的算力支撑。在人工智能技术的底层，需要用于数据计算的硬件。GPU 是当前应用最广泛的 AI 芯片，对人工智能技术的发展发挥着重要的作用。人工智能技术的底层还需要用于数据采集的传感器、数据传送处理、存储等技术。另外，人工智能的发展离不开强大的数据集支撑。人工智能底层基础和人工智能核心技术，以及人工智能应用领域，一同构成了人工智能的技术生态。人工智能技术生态如图 12-3 所示。

图 12-3　人工智能的技术生态

1．人工智能核心技术

人工智能的核心技术主要有计算机视觉、机器学习、自然语言处理、机器人技术和语音识别技术等。

（1）计算机视觉

计算机视觉（Computer Vision，CV）是一门研究计算机模拟人眼对目标进行识别、跟踪和测量的学科，其过程是计算机从图像或者多维数据中获取"信息"，从图像中识别出物体。计算机视觉是使用计算机及相关设备对生物视觉进行模拟，用各种成像设备代替人眼作为输入手段，用计算机来模拟人的大脑完成信号的处理，最终目标是使计算机能像人那样通过视觉观察来理解世界，并自主适应周边环境。当前，计算机视觉已经广泛应用于人类的生产与生活，如人脸识别系统、车牌识别系统、手写文字识别、驾驶员疲劳检测、图像识图等。

（2）机器学习

机器学习（Machine Learning，ML）是指计算机从数据中学习，然后利用经验来改善自身性能的技术。机器学习是人工智能的一个子集，机器学习的算法首先从大型数据集中发现模式和相关性，然后根据数据分析结果做出最佳决策和预测。机器学习是人工智能核心，它是使机器具有智能的根本途径。机器学习的算法具有自我演进能力，能获取新的知识或技能，重新组织已有的知识结构，不断改善自身性能。用于训练的数据越多，预测的准确性就会越高。机器学习包含多种使用不同算法的学习模型，根据数据的性质和期望的结果，可以将学习模型分成四种，分别是监督学习、无监督学习、半监督学习和强化学习。

（3）自然语言处理

自然语言处理（Natural Language Processing，NLP）是人工智能研究的一个重要分支。它是研究人与计算机之间用自然语言进行有效沟通的理论和方法。简单地说，自然语言处理是实现机器像人一样能够理解和运用人类语言。自然语言处理技术主要应用于机器翻译、语音识别、语音合成、信息检索、文本分类、问题解答、文本语义对比、中文光学字符识别（Optical Character Recognition, OCR）等领域。

ChatGPT（Chat Generative Pre-trained Transformer）是由 OpenAI 公司研发的一款聊天机器人程序，于 2022 年 11 月 30 日发布。它基于 Transformer 模型构建，通过在预训练阶段学习大量的自然语言数据，能够生成与输入相匹配的响应。ChatGPT 具有强大的语言生成能力，可以自然、流畅地回答各种问题，并且可以进行文本生成、摘要、翻译等任务。ChatGPT 是一种基于深度学习的自然语言处理技术，通过训练模型来模拟人类对话，从而实现自然语言理解和生成的自动化。

（4）机器人技术

机器人是人工智能的一个重要应用领域，集成了计算机视觉、生物、机械、电气、控制等诸多领域的科学和技术。广义上的机器人是指能够半自主或全自主工作的智能机器，它们可以通过学习和经验来改进自己的性能，并可以根据人类的指令或预设的程序来执行任务。狭义上的机器人通常指具有类似人类形态和功能的机器，如人形机器人、仿生机器人，这些机器人通常具有模拟人类运动、感知和交互的能力，可用于危险环境中代替人类进行重复的劳动，或执行人类无法完成的工作。

（5）语音识别技术

语音识别技术，又称为自动语音识别（Automatic Speech Recognition，ASR），其目标是通过语音信号处理和模式识别，让机器理解人类语言，并通过机器转换为计算机可识别的数字信号。语音识别技术涉及信号处理、模式识别、概率论和信息论、发声机理和听觉机理等技术。

2021 年，科大讯飞提出"语音识别方法及系统"专利，通过"静态+动态"网络空间实时融合路径解码寻优算法解决了面向多领域、多用户、多场景下识别效果差、反应速度慢、系统构建时间长等技术问题，显著提升了语音识别效果。

2．人工智能的应用场景

人工智能技术已经取得了很大的进步，在家居、制造、军事、金融、医疗、安防、交通、零售、教育和物流等多个领域有着广泛的应用，给一些行业带来了实质性的改变。以下是人工智能技术的两个典型应用场景。

（1）高铁站旅客身份识别

高铁站检票口闸机身份验证的过程，是通过闸机上的摄像头捕捉旅客的面部图像并与身份证上的照片进行比对，如果比对成功，闸机会打开放行旅客，这个身份验证

笔 记

过程需要用到人脸识别技术。人脸识别技术包括人脸图像采集、人脸定位、人脸识别预处理、身份确认以及身份查找等一系列环节，它是计算机视觉的一个重要应用领域。人脸识别技术已经比较成熟，在安全监控、身份验证、电子支付等领域有着广泛应用。

（2）无人驾驶

无人驾驶技术也是人工智能的典型应用之一。自动驾驶系统使用大量的传感器和雷达，通过实时感知周围环境，获取自身和周边车辆的位置信息，通过这些信息，系统可以识别道路标记、车辆、行人和其他障碍物，并根据这些信息做出相应的驾驶决策。系统通过高精度地图数据帮助车辆进行路径规划和导航，运用深度学习和神经网络等技术帮助系统识别和处理获取的传感器数据，以做出更准确和可靠的驾驶决策。当前的无人驾驶已经具备相当高的自主驾驶能力，通过一些无人驾驶的测试视频可以看到，在高速公路上，无人驾驶的车辆可以自动变道、超车和避让其他车辆。在城市道路上，车辆可以自动识别交通信号、行人和障碍物，并做出相应的驾驶决策。目前由于技术还不成熟和面临的环境过于复杂，自动驾驶系统在某些情况下可能会出现误判或反应不及时的情况，对安全造成威胁。随着技术的不断进步和完善，无人驾驶汽车有望在未来得到更广泛的应用和发展。

笔记

3. 人工智能开发框架和平台

人工智能开发框架和开发平台是开发人员构建和训练人工智能模型的重要工具，它们提供了丰富的算法、工具和库，使得开发人员能够快速地开发出自己的人工智能应用程序。

（1）人工智能开发框架和库

人工智能领域的开发框架可以为用户提供基础的、可复用的功能。框架是一套完整的解决方案，可以简化用户的操作。除了框架之外，还有一些 AI 的库可供开发人员使用，开发者能够利用 AI 库中提供的模型和算法，加速开发过程。人工智能领域的开发框架有 TensorFlow、Caffe、PyTorch 等。AI 库有 OpenCV、Keras、Spark MLlib 等。

（2）人工智能开发平台

当前用于人工智能学习和开发的平台较多，如百度 AI 开放平台、华为云 AI 平台 ModelArts、腾讯 AI 开放平台、阿里云视觉智能开放平台等。这些平台各具特色，为各行各业使用人工智能提供了强有力的技术支持。以下简单介绍百度 AI 开放平台和华为 AI 开发平台 ModelArts。

① 百度 AI 开放平台面向多种类型用户，包括企业、机构、创业者、研发者，百度 AI 开放平台以 API 或 SDK 等形式对外共享相关技术。提供全球前沿的语音技术、图像技术、人脸识别、文字处理、视频技术、NLP、AR/VR 等多项服务。

百度 AI 开放平台包括飞桨 PaddlePaddle、AI Studio、BML 全功能 AI 开发平台、EasyDL 零门槛 AI 开发平台、智能对话平台 UNIT、智能创作平台、iOCR 自定义模板文字识别等应用于不同领域的子平台，为智能教育、智能医疗、智能零售、智能工业、企业服务、智能政务、信息服务、智能园区等行业用户提供全方位服务。

② 华为 AI 开发平台 ModelArts 包括 HUAWEI HiAI 和华为云 ModelArts。

HUAWEI HiAI 是面向智能终端的 AI 能力开放平台，基于"芯、端、云"三层开放架构，即芯片能力开放、应用能力开放、服务能力开放，构筑全面开放的智慧生态，让开发者能够快速地利用华为强大的 AI 处理能力，为用户提供更好的智慧应用体验。

华为云 ModelArts 是面向 AI 开发者的一站式开发平台，提供海量数据预处理及半自动化标注、大规模分布式训练、自动化模型生成及端-边-云模型按需部署能力，帮助用户快速创建和部署模型，管理全周期 AI 工作流。ModelArts 不仅支持自动学习功能，还预置了多种已训练好的模型，同时集成了 JupyterLab。JupyterLab 是一个基于 Web 的集成开发工具，提供在线的代码开发环境。

四、物联网技术

微课 12-4
物联网技术

物联网技术的起源可以追溯到 20 世纪 80 年代。当时人们开始探索通过计算机网络连接物理设备，意图实现设备间的信息交换和远程控制。由于当时的技术水平有限，物联网的发展相对缓慢。进入 21 世纪后，随着计算机、通信和传感技术的进步，物联网技术得到了快速发展。人们开始意识到物联网的巨大潜力，多国纷纷将物联网列为国家创新战略，积极推动物联网技术的研发和应用。

1. 物联网的相关概念

物联网是指通过信息传感设备，按约定的协议将任何物体与网络相连接，物体通过信息传播媒介进行信息交换和通信，从而实现智能化识别、定位、跟踪、监管等功能的一种网络。

物联网的典型体系架构分为四层，自下而上分别是感知层、网络层、平台层和应用层。

感知层：物联网依靠感知层识别物体和采集信息。主要设备包括射频识别（Radio Frequency Identification，RFID）读写设备、二维码读写设备、摄像头、各种传感器、传感器网络和传感器网关等。

网络层：感知层获取信息后，要利用网络层进行数据传输，还要对数据进行处理分析。网络层包括互联网和各种有线或无线的接入网、网络运行管理设备、云平台等。

平台层：平台层是物联网系统的核心层，它提供数据存储、处理和管理等功能。平台层通常包括云计算平台和物联网平台。云计算平台用于存储和处理大规模的物联网数据，提供计算和分析能力。物联网平台则提供设备管理、数据流管理、应用程序开发和部署等功能，为物联网系统的运行提供支持。

应用层：应用层面向的是用户，针对不同用户的多种应用需求，构建合适的数据管理中心、终端管理软件、手机 App 等，提供智能化的应用服务。云平台上，面向用户的服务也属于应用层。

物联网包含了两种网络，即互联网和接入网络。

互联网是通信节点到通信节点的信息交互，但是没有打通通信节点到物体的信息交互，后来发展出接入网技术，实现了物体和通信节点的连接。通过这种"接入网+互联网"的模式，可以将物与互联网连接，实现人和物的信息交互，大大延伸了信息网络的范围，更有利于运用大数据、人工智能、VR、云计算等技术，为生产生活提供丰富的便利。

接入网络可以是有线网络，也可以是无线网络。有线网主要包括以太网、串行通信（RS-232、RS-485 等）和 USB 等。无线网是最常见的接入方式，根据通信距离不同，可分为近距离无线通信、短距离无线通信和长距离无线通信。近距离无线通信主要包括 NFC、RFID、IC 等，短距离无线通信主要包括 Wi-Fi、ZigBee、蓝牙等，长距离无线通信主要包括 4G、5G、LoRa、NB-IoT 等。

2. 物联网的主要技术

物联网技术涵盖了传感网技术、无线网络技术、云平台技术和信息安全技术等方面，在进行物联网应用开发时，还可能涉及程序开发和数据处理及存储方面的技术。

（1）传感网技术

传感网技术是利用各种传感器，获取温度、压力、光照、速度等各种物理量，并转换为数字信号进行简单处理的技术。当前主流的传感网是无线传感网，一个典型的无线传感网的硬件结构包括传感器接口、ADC（模数转换器）、微处理器、电源以及无线收发装置。传感器应用广泛，在工业生产、环境探测、智能家居、采矿、农业生产、医学诊断等领域都有实际运用。

（2）无线网络技术

物联网中的物体要与人无障碍地交流，必然离不开高速和大批量数据传输的无线网络。目前主流的无线网络技术主要有：

RFID：射频识别（Radio Frequency Identification），也称电子标签。它通过射频信号自动识别并获取物体的相关数据，这个过程无须直接接触。RFID 可工作于各种恶劣环境，可同时识别多个高速运动的物体。电子标签内存中存储有物体信息的电子数据，数据存取有密码保护。RFID 系统由数据采集端、信息处理端和数据传输端构成。数据采集端由读写器对电子标签的数据进行采集；信息处理端是主机与服务器，负责信息的处理与备份；数据传输端是一个局域网，负责信息的传送。如今，RFID 技术市场逐渐应用成熟，电子标签成本低廉，在我国，这项技术主要用于身份证识别、电子收费和物流管理等领域。

Wi-Fi：是目前家庭网络中无线传输技术的典型代表，是家庭网关、路由器、手机、计算机等通信电子设备的标配。

蓝牙技术：是一种低成本的近距离无线连接通信技术。生活中的蓝牙耳机、鼠标、键盘等日常电子产品都是使用了蓝牙技术的物联网设备。

ZigBee：是一种短距离、低功耗的无线通信技术，广泛用于智能电网、智能交通、工业自动化等物联网产业。

NFC：近场通信（Near-field communication，NFC）技术，是一种短距高频的无线电技术，能够使两个电子设备在几厘米范围内进行快捷通信。目前主要运用在智能手机、智能手表的电子支付场景，也用于刷地铁卡、公交卡、门禁卡等。

LoRa：远距离无线电（Long Range Radio，LoRa）技术，是低功耗广域网络主流技术之一，其功耗低、传输距离远、组网灵活，被广泛应用于智慧农业、智慧社区、智能物流等行业。

NB-IoT：窄带物联网（Narrow Band Internet of Things，NB-IoT）技术，是热度较高的低功耗广域网技术，相比 LoRa，NB-IoT 工作的频段是收费的，其安全性较高，信号质量好。

笔记

（3）云平台技术

现代物联网都是智能化的网络，每时每刻要对海量数据进行存储和计算，这就需要使用云平台对物联网进行管理。云平台就像物联网的大脑，能对各种数据进行处理和存储。云平台为物联网提供后端支撑平台，可以提高设备的运行、管理和使用效率。通过服务器虚拟化、网络虚拟化和存储虚拟化等手段，实现计算能力的高效利用，为各类物联网的应用提供支撑。

（4）信息安全技术

物联网应用中，网络的信息传输有可能被第三方获取，电子标签或二维码容易在不直接接触的情况下被远程扫描，这些都是物联网中存在的信息安全隐患。确保物联网中传播的信息安全是一项重要而复杂的任务，相关技术是物联网信息安全研究的重点。目前，物联网广泛运用的信息安全技术主要是数字加密技术、数字签名技术，入侵探测技术等。

3. 物联网的典型应用

物联网应用的一个典型案例是智能家居。智能家居系统是一种将家居设备和智能化系统相结合的应用，通过物联网技术实现家庭设施的远程监控、自动化控制和智能化管理。智能家居系统集成了各种传感器、控制器和执行器，能够实现以下功能。

远程监控：用户可以通过手机应用程序远程查看家中的监控视频、门窗开关状态、电器工作状态等信息，随时掌握家庭安全状况。

自动化控制：用户可以通过语音命令、手机应用程序或自动化场景设置等方式，控制家中的灯光、空调、门窗、窗帘等设备，实现智能化的家居环境控制。

智能化管理：智能家居系统能够根据用户的生活习惯和需求，智能调节室内温度、湿度、光照等环境参数，提供舒适的居住环境。同时，系统还能够根据用户的用电量、用水量等数据，提供节能环保的能源管理方案。

智能家居系统的应用不仅提高了家庭生活的便利性和舒适性，还有助于降低能源消耗和减少碳排放。随着物联网技术的不断发展，智能家居系统的功能和应用场景也在不断拓展，将成为未来智慧城市的重要组成部分。

五、其他技术

除了我们最为常见的云计算、大数据技术、人工智能技术、物联网等技术之外，新一代信息技术还包括区块链、下一代网络、三网融合、新型平板显示、高性能集成电路等前沿技术，这些技术相互融合、相互促进，共同推动着社会的发展和创新。

1. 区块链

区块链技术是一种基于去中心化、分布式、不可篡改的数据存储和传输技术，以链式数据结构为基础，通过密码学算法保证数据传输和访问的安全。它的出现彻底改变了人们对于数据的存储、传输和管理方式，被认为是互联网自 20 世纪 90 年代以来最重要的创新之一。

区块链技术最初起源于比特币，作为比特币的底层技术，用于去中心化和去信任地维护一个可靠的数据库。随着比特币的兴起，区块链技术逐渐受到人们的关注，并

笔 记

且得到了广泛的应用和发展。区块链技术的核心是去中心化、分布式和不可篡改。与传统的中心化数据存储不同，区块链技术将数据分散地存储在多个节点上，每个节点都有完整的账本副本，从而避免了中心化存储的风险。同时，区块链技术通过密码学算法保证数据传输和访问的安全，使得数据难以被篡改或伪造。

区块链技术的应用非常广泛，除了最初的数字货币领域，区块链技术还可以应用于金融、供应链管理、版权保护、医疗保健、社会管理等多个领域。通过区块链技术，可以实现更加高效、安全和透明的管理方式，解决许多传统技术难以解决的问题。

2. 下一代网络

下一代网络（Next Generation Network，NGN）又称为次世代网络。其思想是在一个统一的网络平台上运用统一管理的方式提供多媒体业务。随着互联网的快速发展和各种新型应用的出现，传统的通信网络已经面临许多挑战，如带宽不足、延迟较大、安全问题突出等。下一代网络旨在构建一个更加高效、可靠、智能的网络通信系统。

下一代网络具有高带宽、高速率、低延迟、实时、稳定、安全、智能化等特征。随着高清视频、云计算、大数据等应用的普及，数据传输的带宽和速率需求越来越高。下一代网络需要提供更高的带宽和更快的传输速率，以满足各种应用的需求。一些需要实时交互的应用，如在线游戏、远程医疗等，对低延迟和实时性的要求比较高，下一代网络需要优化路由和传输协议，降低延迟和提高实时性。随着通信网络的发展，各种服务和应用对网络的依赖性也越来越强。因此，下一代网络需要提供高可靠性和可用性，保证服务的连续性和稳定性。随着网络安全威胁的增加，保护用户隐私和数据安全变得越来越重要。下一代网络需要采用更加先进的加密技术和安全机制，提高网络的安全性和可靠性。下一代网络需要具备智能化和自动化的能力，能够自动调整网络资源、优化网络性能、实现自我修复和自我保护等。

3. 三网融合

三网融合是指电信网、广播电视网和互联网的相互融合、渗透和整合，实现三网互联互通、资源共享，为用户提供语音、数据和广播电视等多种服务。

三网融合有利于提高网络资源利用率，提升网络服务质量和性能，还有利于业务创新、资费优化和行业协同。

4. 新型平板显示

新型平板显示技术是一种新兴的显示技术，相对于传统的显示技术而言，具有更薄、更轻、更节能的优点。目前，新型平板显示技术主要包括液晶（LCD）显示、有机发光二极管（OLED）显示、电子纸（E-Paper）等。这些技术都具有不同的特点和优势，适用于不同的应用场景。新型平板显示技术的应用领域十分广泛，包括电视、计算机、手机、平板计算机、智能家居等。未来，新型平板显示技术将继续朝着更高分辨率、更广色域、更低能耗、更轻薄便携的方向发展。同时，新型平板显示技术还将与其他技术进行融合创新，如柔性显示、透明显示等，为人们带来更加丰富多样的视觉体验。

5. 高性能集成电路

高性能集成电路是指具有高速率、低功耗、高集成度、高可靠性等特性的集成电路，是现代电子系统的重要组成部分。随着科技的不断发展，高性能集成电路在各个

笔记

领域都得到了广泛应用。

高性能集成电路的应用领域非常广泛，包括通信、计算机、航空航天、医疗、智能制造等。在通信领域，高性能集成电路被广泛应用于基站、路由器、交换机等通信设备中，提高了通信系统的传输速度和稳定性。在计算机领域，高性能集成电路是中央处理器、图形处理器、内存等关键部件的核心技术。在航空航天领域，高性能集成电路被用于控制飞机和火箭的导航、控制和监测系统，保证了飞行的安全性和可靠性。

未来，高性能集成电路将会继续朝着更小尺寸、更高性能、更低成本的方向发展。同时，随着人工智能、物联网等新兴技术的快速发展，高性能集成电路的应用场景也将不断拓展和创新。

项目实施

一、体验大数据

大数据技术已广泛应用在人类社会的各个领域。在这个大数据时代，每个人都是数据的生产者和消费者。数据已经成为一种重要的资源，而大数据技术则是人们挖掘和利用这些资源的利器。

1. 网络购物后面的大数据

网络购物极大地方便了普通民众，电子商务平台通过收集和分析用户的个人信息、购买记录、浏览行为等数据，形成用户画像，针对用户的兴趣、需求和偏好向用户推荐产品和服务。通过大数据技术分析商品信息，包括价格、品牌、库存、销量等数据，商家可以了解哪些商品受欢迎，哪些商品需要调整价格，从而针对性制定销售策略。通过对大量用户行为数据和商品数据的分析，可以预测商品市场的变化和走势。通过用户的地理位置信息，分析不同地区的消费习惯和市场需求，针对不同地域制定差异化的营销策略。

2. 使用大数据和人工智能技术预测天气

华为气象盘古大模型是华为推出的一款基于人工智能和大数据技术的气象预测模型。它采用了机器学习算法和大规模数据处理技术，通过对全球气象数据的实时处理和分析，提供高精度、高分辨率的气象预测结果，为天气预报、气候预测、灾害预警等领域提供重要的数据支持和服务。华为气象盘古大模型的核心技术包括数据采集、预处理、特征提取、预测模型和可视化五个部分。该模型通过数据采集模块从各种气象数据源中获取海量的气象数据，包括温度、湿度、风速、风向、气压、降水等要素。然后对这些数据进行预处理，消除异常值和缺失值，统一数据格式。再通过特征提取模块，从原始数据中提取出与气象预测相关的特征，如季节性趋势、地理位置、气候类型等。

在预测模型部分，华为气象盘古大模型采用了深度学习算法，如长短期记忆网络（Long Short Term Memory，LSTM）、门控循环单元（Gated Recurrent Unit，GRU）等，对提取出的特征进行学习和预测。这些算法能够自动从大量数据中提取出有用的信

笔记

息，并基于历史气象数据预测未来的气象情况。最后通过可视化模块，将预测结果以图表、图像等形式呈现给用户，方便用户进行数据分析和解读。

华为气象盘古大模型的应用场景非常广泛，包括天气预报、气候预测、灾害预警等。在天气预报方面，该模型能够提供短期、中期和长期的气象预报服务，为人们的生活和工作提供重要的参考。在气候预测方面，该模型能够对全球和区域的气候变化进行预测和分析，为政府决策、能源规划、农业发展等领域提供科学依据。在灾害预警方面，该模型能够提前预测气象灾害的发生和影响范围，为灾害防范和应对提供重要依据，减少灾害造成的人员伤亡和经济损失。

华为气象盘古大模型的优势在于其高精度、高分辨率的气象预测结果。该模型采用了大规模的数据集和先进的机器学习算法，能够更加准确地模拟和预测气象情况。同时，该模型还具有高效性和灵活性，能够快速处理海量的气象数据，支持多种应用场景。此外，华为气象盘古大模型还具有可扩展性，可以根据实际需求进行定制和优化。

二、体验人工智能

笔记

人工智能涉及的领域非常广泛，在语音处理、文字识别、人脸识别、图像处理、语言与知识、视频处理等方面，人工智能都已经有非常多的应用成果。下面通过百度AI开放平台中简单的案例体验一下人工智能中图像识别技术的应用。

百度AI开放平台中，除了提供了开发的文档和技术资料，也提供了很多人工智能技术的功能演示。以下是百度AI开放平台提供的用于水果、蔬菜识别方面的功能，该功能能够识别近千种水果和蔬菜的名称，但仅适用于识别只含有一种果蔬的图片。使用过程中会提示登录平台，如果没有百度账号，需要注册后方可使用。具体操作步骤如下。

步骤1：打开百度AI开放平台页面，单击【功能演示】，如图12-4所示。

图12-4 百度果蔬识别功能演示

步骤 2：在功能演示区域找到【检测】，在其前面的文本框中填入网络图片地址然后点击【检测】按钮，或点击【本地上传】选择本地图片进行识别。模拟人对水果进行识别，这是人工智能技术中的最为简单的应用，也是人工智能技术最为直观的体验。

目前，市场上已经有很多成熟的 AI 产品供用户使用，以百度提供的 AI 技术为例，有不少产品在拍照功能中接入了百度大脑的图像识别、物体检测等功能。将这些功能嵌入到微信小程序中，就可直接进行物体识别。

三、体验云计算

云盘，是云存储的一种应用形式，是普通用户对云计算最直接的体验。而云存储本身，又是云计算技术应用的一个分支。云盘是一种专业的互联网存储工具，它通过互联网为企业和个人提供信息的储存、分享、读取、下载等服务，具有安全稳定、海量存储的特点。常见的云盘有百度网盘、微云、阿里云盘等。下面以百度网盘为例，讲解网盘的简单操作。

步骤 1：进入百度网盘官方网站，下载并安装百度网盘客户端。

步骤 2：打开客户端软件，如图 12-5 所示。扫码登录或以账号密码登录，也可以手机号登录。如果没有账号，则需要点击【注册账号】进行注册后再登录。

步骤 3：登录成功后界面如图 12-6 所示。在这里可以进行文件、文件夹的添加、修改、删除、上传、下载、

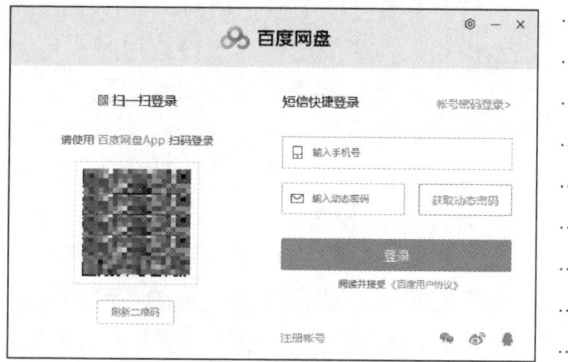

图 12-5　百度网盘登录界面

分享等操作。百度网盘还具有群组、通讯录备份、相册、智能管理、文档扫描等功能。

图 12-6　百度网盘界面

247

四、体验物联网

物联网技术在农业生产中有广泛应用，下面通过智慧农业系统体验物联网技术的应用。

小林从事高档盆景栽培和销售工作，他的花圃有 300 m^2，生产中，需要有经验的栽培人员花费很多时间进行环境监测和养护管理。比如夏秋季高温时，透气的紫砂盆土壤干得很快，要每天监测土壤湿度 2～3 次，土干了必须及时浇水，否则可能会造成苗木脱水死亡；在光照过强的时候，要打开活动遮阴网进行遮阴；有时阳光直射，大棚里面温度很高，要及时卷起大棚底部的薄膜，打开门，并启动风扇通风降温。这种生产方式人工成本开销很大，小林准备引进智慧农业系统，用科技手段辅助进行养护管理，以减少人工养护时间，降低人工成本。

智慧农业系统具体要监控的参数有土壤湿度、环境温度、光照强度，还有一个用于探测物体接近的热红外传感器。可以通过手机 App 获得实时环境数据，确定工作内容。当土壤湿度低于设定值时，通过手机 App 远程启动浇水设备，并设置浇水时间和浇水模式。当环境温度高于设定值时，可以远程启动风扇降温。当光照强度高于设定值时，可以远程启动活动遮阴网遮阴。

在这种覆盖范围小、功能较简单的物联网系统中，信号分为上行和下行两类：上行信号，就是湿度、温度等各种待监测信号，由不同传感器采集后，转换成电信号，传送到 ZigBee 模块，调制后变为 ZigBee 无线信号，再经过 Wi-Fi 模块调制，变为 4G/5G 信号，传到云平台进行信号管理，最后传到终端设备，如手机或者台式计算机上。

下行信号，就是终端发送的控制命令，如打开喷淋系统，开启风扇等。终端发送的信号，经过 4G/5G 网络，传送到 ZigBee 模块，送入单片机，单片机系统根据接收到的信号，控制不同继电器动作，进而使降温系统、喷淋系统、遮阴网系统和警报系统工作，如图 12-7 所示。

系统可分为感知层、网络层和应用层。系统的结构如图 12-8 所示。在图中，上行信号按照从左往右的方向传输，下行信号则从右往左传输。

感知层的主要设备是各种传感器。主要技术有传感器技术、A/D 转换技术和编码技术。感知层负责采集物理信息，要采集的信息有土壤湿度、环境温度、光照强度和移动物体靠近大棚的信号。这些信号的采集，靠土壤干湿度传感器、温度传感器、光照传感器和红外线传感器完成。传感器输出是数字信号，送到 ZigBee 终端节点。

网络层的主要设备有 ZigBee 终端、以 ZigBee 协调器为核心的智能网关和云服务器。主要技术是 ZigBee 技术和 Wi-Fi 技术。网络层包含接入网和互联网两个网络。由于小林的花圃面积不大，接入网采用短距离无线通信。常用短距离无线通信技术，有 ZigBee、蓝牙、Wi-Fi 等技术。ZigBee 技术功耗低、通信范围比较小、安全性中等，最适合本系统使用。传感器信号进入 ZigBee 终端后转换为 ZigBee 无线信号，由 ZigBee 协调器接收，并组成 ZigBee 网络，这就是物联网中的接入网。为了将接入网的信号送入互联网，由集成在智能网关上的 Wi-Fi 模块，将 ZigBee 信号转换为 Wi-Fi 信号，接入互联网。应用层主要用到的设备有高性能计算机主机、手机和一些显示设备。主要

笔记

技术有云平台技术、应用软件开发技术、手机 App 开发技术等。应用层技术成熟，各种便捷好用的 App 和操作界面为使用者提供了智能化的应用服务。在本系统中，采集到的数据信号送入互联网上的云平台后，进行存储、对比、分析计算、生成图表、统计数据等处理，并通过互联网和通信网，将数据和处理结果发送给计算机和手机。

笔 记

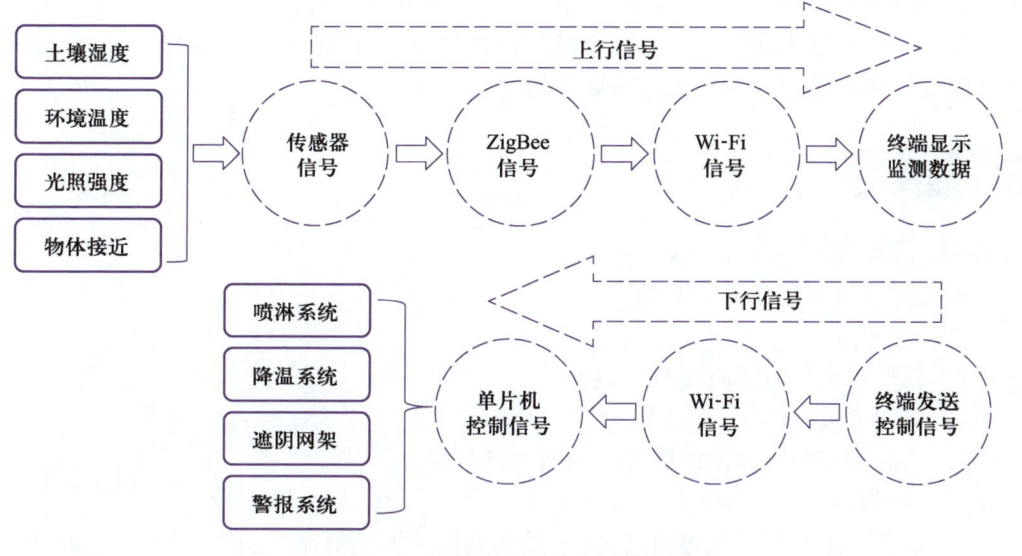

图 12-7 智慧农业系统信号流程图

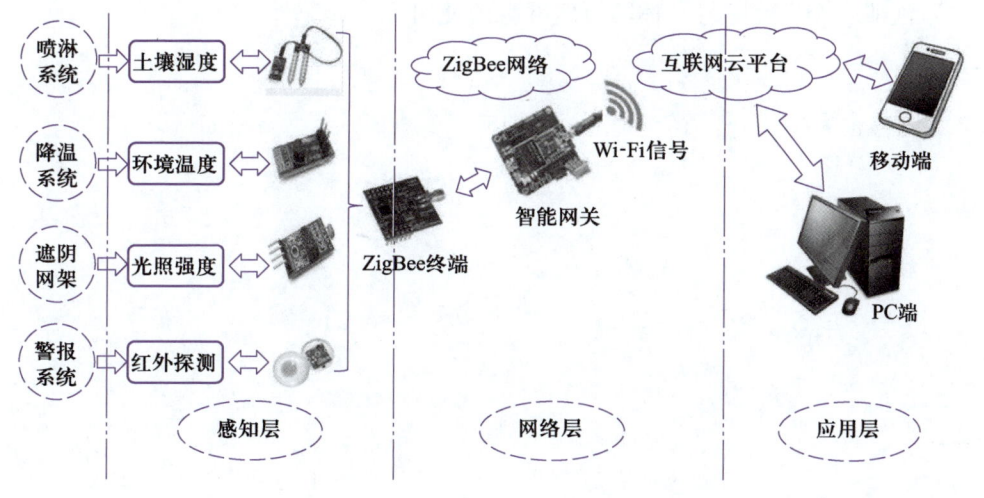

图 12-8 智慧农业系统结构图

项目总结

新一代信息技术已和产业深度融合，是驱动经济社会变革发展的核心动力。国家对新一代信息技术产业做出多次顶层设计和重要部署，始终把发展新一代信息技术产业放在重要位置。新一代信息技术已然成为助推经济高质量发展的新动能，为经济社会发展提供了重要技术支撑。

本项目重点介绍了大数据、人工智能、云计算、物联网等技术的概念、基础理论和简单应用。新一代信息技术就在身边，我们是信息技术发展的受益者，也是信息技术发展的推动者。

新一代信息技术涵盖面广，技术发展日新月异，与各行各业的深度关联，对推动社会发展，提高生产效率发挥了重要作用。

项目练习

项目 12
客观题

文本：
参考答案

一、客观题

请扫描二维码进入即测即评。

二、简答题

1．新一代信息技术有哪些特点？

2．简述大数据的处理流程。

3．当前人工智能技术的研究热点有哪些？

三、操作题

1．准备一组照片，通过百度 AI 开放平台的"人脸对比"功能，检验其相似度。

2．在手机上安装并使用讯飞语音输入法，体验人工智能语音识别技术的应用。

3．注册一个百度账号，体验百度网盘的使用。

笔 记

....
....
....
....
....
....
....
....
....
....
....
....
....
....

项目 13　制作数字生日贺卡

PPT：项目 13
制作数字生日
贺卡

学习目标

1. 知识目标

① 理解数字文本的处理方法。

② 理解数字图像的处理方法。

③ 理解数字声音的处理方法。

④ 理解数字视频的处理方法。

2. 能力目标

① 能够使用文字编辑软件对数字文本进行基本处理。

② 能够使用图形编辑软件对数字图像进行基本处理。

③ 能够使用音频编辑软件对数字声音进行基本处理。

④ 能够使用视频编辑软件对数字视频进行基本处理。

3. 素养目标

① 具有精益求精的质量意识和极致追求的工匠精神。

② 具有不怕挫折，勇于实践，奋力创新的拼搏精神。

项目 13
德育小课堂

项目分析

1. 项目情境

小张的弟弟小明快要过 10 周岁生日了。小张决定为弟弟小明做一张数字生日贺卡。现在小张已经准备了小明的照片，收集了一些图片素材和音乐素材存放于"素材文件\项目 13\项目素材"文件夹中，如图 13-1 所示，用于制作数字生日贺卡。

2. 项目要求

① 删除所有素材图片的背景，使其能更好应用在贺卡上。

② 设计贺卡底纹、文字和排版。

③ 设计贺卡视频动画。

④ 添加贺卡声音。

⑤ 贺卡视频后期处理。

素材文件

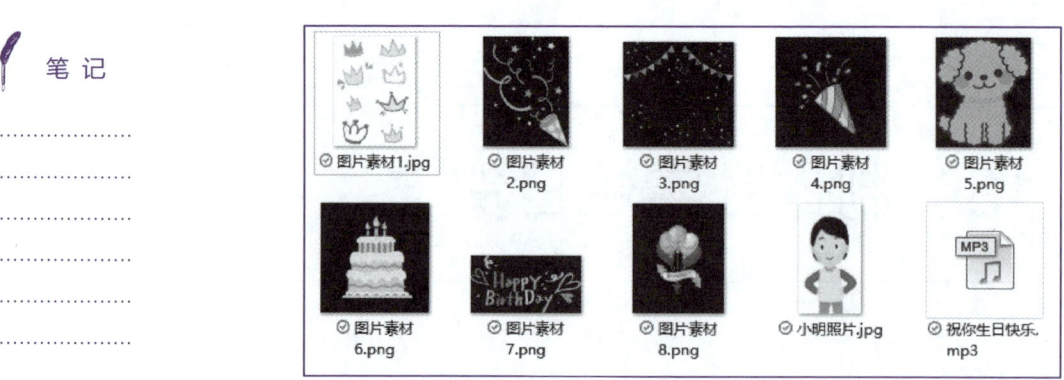

图 13-1　数字生日贺卡素材

3. 解决方案

数字生日贺卡设计包含了图像处理、文字设计、视频动画、音频处理及视频编辑多个环节，为了能快速且有效地设计出需要的作品，使用的软件要求易于操作且功能强大，这里选用图像处理软件 Photoshop 及视频处理软件剪映专业版进行项目设计。

预备知识

为了更好地理解和应用相关工具制作数字生日贺卡，在开展项目实施前，我们先要了解数字媒体技术的相关知识和常用数字媒体制作软件的功能。

一、数字媒体技术概述

微课 13-1
数字媒体技术
及常用软件

数字媒体是指以二进制数的形式记录、处理、传播、获取过程的信息载体，包括数字化的文字、图形、图像、声音、视频影像和动画等感觉媒体及其表示媒体等（统称逻辑媒体），以及存储、传输、显示逻辑媒体的实物媒体。理解数字媒体的概念，掌握数字媒体技术是现代信息传播的通用技能之一。

1. 数字媒体技术

数字媒体技术是一种把文本、图形、图像、动画和声音等形式的信息结合在一起，并通过计算机进行综合处理和控制，能支持完成一系列交互式操作的信息技术。数字媒体是一种以计算机为中心的多种媒体的有机组合，这些媒体包括文本、图形动画、静态视频、动态视频和声音等。

数字媒体有多样性、集成性、交互性和实时性等特征。多样性，体现在信息形式包含文字、图形、声音、图像视频和动画等多种表现形式；集成性，体现在要将多种形式的信息有机地结合起来，对信息进行多通道获取、存储、组织与合成；交互性，体现在用户可以更有效地控制和使用媒体，增加对媒体的注意、理解，延长信息的保留时间；实时性，体现在媒体中的声音与视频、动画图像等画面必须严格同步。

数字媒体的应用领域包括教育与培训（幼儿启蒙教育、中小学辅助教学、大众化教育和技能训练）、商业应用（商场导购系统、电子商场、网上购物和辅助设计）、家庭娱乐（立体影像和虚拟现实）、网络通信（远程医疗和视听会议）、办公自动化（声音信息的应用和图像识别）以及电子地图等。

2. 虚拟现实

虚拟现实（Virtual Reality，VR）技术是一种可以创建和体验虚拟世界的计算机仿真系统。它利用计算机生成一种模拟环境，是一种多源信息融合的、交互式的三维动态视景和实体行为的系统仿真，以使用户沉浸到该环境中。虚拟现实技术主要包括模拟环境、感知、自然技能和传感设备等，其中，模拟环境是由计算机生成的、实时动态的三维立体逼真图像；感知是指理想的 VR 应该具有一切人所具有的感知，除计算机图形技术所生成的视觉感知外，还有听觉、触觉、力觉以及运动等感知，甚至还包括嗅觉和味觉等，也称为多感知；自然技能是指人的头部转动，眼睛、手势或其他人体行为动作，由计算机来处理与参与者的动作相适应的数据并对用户的输入做出实时响应，再分别反馈到用户的五官。观众可以借助数据手套等传感设备进入作品的内部，通过自身动作控制投影文本的生成过程。交互性和沉浸感的人机对话，是虚拟现实技术的独特优势。

3. 融媒体

融媒体是一种新型的媒体运作模式，它强调将不同类型的媒体，如广播、电视、报纸、网络等，通过全面整合在人力、内容、宣传等方面实现资源共享、优势互补。这种模式旨在打破传统媒体和新媒体之间的界限，将各自的优势融合，创造出比单一媒体更具竞争力的整体。

融媒体的核心在于"媒介融合性"，即通过数字技术的支持，建立和谐互补的新式媒体关系，实现传播效果的最大化。它不仅是一种媒体形式，更是一种传播理念，旨在适应分众化、差异化的信息传播趋势，创新发展，扬优去劣。融媒体的建设面临许多挑战，包括技术、内容、运营模式等方面的创新，以及如何有效地将传统媒体与新媒体结合，提升整体的传播力和影响力。

二、常用的数字媒体软件

常用的数字媒体编辑工具有文字处理软件（如 WPS 文字、Microsoft Word）、图形图像编辑工具（如《美图秀秀》、Adobe Photoshop）、声音素材编辑工具（如 Adobe Audition、Cakewalk 和 Sound Forge）、网络动画编辑工具（如 Adobe Animate）、动态 GIF 图片编辑工具（如 Ulead COOL 3D）、视频影片编辑工具（如《剪映》、《绘声绘影》、MediaStudio、Premiere 和 Afer Efiects）以及数字媒体合成编辑工具（如 Authorware 和 Director）。

1. Adobe Photoshop

Adobe Photoshop（简称 PS）是 Adobe 公司出品的图像处理软件，它具有非常强大的功能，可以实现大多数图像编辑操作。首先，PS 提供了大量的绘图工具，可以帮助用户创建复杂的图形效果。其中包括选择工具、测量工具、裁剪工具、旋转工具、拉伸工具和调整工具等。通过不同绘图工具和图形操作，可以快速创建各种精美的图形作品。此外，PS 还可用于图像处理。它提供了用于调整图像亮度、对比度、颜色、模糊和锐化等效果的功能。通过使用这些功能，可以轻松调整图像，让图像更加漂亮，

笔 记

更容易被观察。使用 PS 可以通过抠图、合成图像以及添加文本等操作，帮助用户轻松地完成美化图像的工作。最后，PS 还可以用于图像的压缩和保存，使其可以跨平台使用。PS 可以支持多种图片格式，如 JPEG、PNG、GIF 等，可以提供高质量的图像保存，满足多种用途。

图层是 PS 操作的基础和核心，是图像制作、修改图像、调整图像等基本操作的对象。PS 把"选择"变成了一个独立的实体即"图层"。一般来说，一个图层就像一个包含文本或图形等元素的薄膜，这些图层按顺序堆叠在一起形成界面的最终效果。文本、图片可以添加到图层中，通过图层可以准确定位界面上的元素。例如，如果在多层透明玻璃上画画，通过上层玻璃可以看到下层玻璃的内容。不管在上层怎么画，都不会影响下层玻璃，但是上层会遮挡下层的图像。最后将玻璃叠放，通过移动每层玻璃的相对位置或添加更多层的玻璃，即可达到最终的合成效果。

图 13-2 所示为 Photoshop 图层示例，左边为图像最终效果，右边可见一共有 4 个图层：图层 1（红色方形），图层 2（绿色方形），图层 3（蓝色圆形），背景层（白色）。

图 13-2　图层示例

2. 剪映

剪映是一款易用、高效且智能的视频编辑工具，带有全面的剪辑功能，支持变速，有多样滤镜和美颜效果，并有丰富的音效资源。自 2021 年 2 月起，剪映支持在手机移动端、Pad 端、Mac 计算机、Windows 计算机全终端使用。

剪映专业版提供了一系列功能，如表 13-1 所示，旨在简化和专业化视频剪辑过程。

表 13-1　剪映专业版的主要功能

序号	功能名称	功能说明
1	导入媒体素材	导入现有的媒体素材进行视频创作
2	剪辑功能	对视频进行分割、变速、旋转、倒放等

续表

序号	功能名称	功能说明
3	音频功能	可以选择剪映中的内置音乐或本地音乐进行编辑
4	文本功能	剪映内置了丰富的文本样式和动画，操作简单，输入文字后即可实现操作
5	文字输入	点击新建文本就可以添加字幕
6	自动识别字幕	自动识别视频中的声音生成字幕
7	滤镜功能	剪映中内置了 7 类共 34 种风格的滤镜，可以满足大多数视频场景下的使用需求
8	特效功能	剪映中内置了 6 类共 91 种特效供用户选择使用
9	比例功能	剪映中可以直接调整视频比例及视频在屏幕中的大小
10	背景功能	剪映把背景当成了视频的画布，用户可以调整画布的颜色和样式
11	调节功能	用户可以调节视频的亮度、对比度、饱和度、锐化、高光、阴影、色温、色调、褪色
12	美颜功能	在剪映中，可以对视频进行美颜操作
13	导出视频	视频制作完成后即可导出视频

项目实施

一、制作数字文本

　　小明 10 岁生日，所以要制作"10"数字素材图片，操作步骤如下。

　　步骤 1：打开 Photoshop 软件，单击【文件】|【新建】命令，打开【新建】对话框，将【宽度】和【高度】都设置为"1024 像素"，【分辨率】为"72 像素/英寸"，【背景内容】为"透明"，如图 13-3 所示。

　　步骤 2：在【工具】面板中单击【文字工具】按钮 T.，设置文字的"字体"

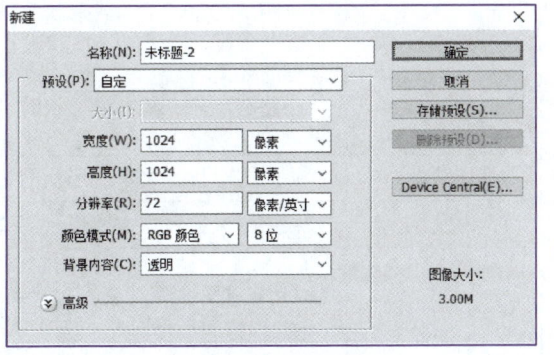

微课 13-2
制作数字文本

图 13-3　创建数字图片

255

"大小""颜色"后，单击图片画布，并输入"10"，完成数字文本创建，如图 13-4 所示。

图 13-4　创建数字文本

📖提示：如果需要调整数字文本"10"在画布中的位置，可以在【图层】面板中选择文字"10"图层，在【工具】面板中单击【移动工具】按钮，在画布中拖曳光标即可移动其位置。

步骤 3：双击文字"10"图层，在【图层样式】对话框中参见表 13-2 的图层样式说明，设置图层样式，单击【确定】按钮，如图 13-5 所示。

表 13-2　图层样式说明

图层样式	说明
投影	在图层对象、文本或形状的下面添加阴影效果。投影参数由混合模式、不透明度、角度、距离、扩展和大小等选项组成，通过对这些选项的设置可以得到需要的效果
内阴影	在图层对象、文本或形状的内边缘添加阴影，让图层产生一种凹陷外观，内阴影效果应用于文本对象效果更佳
外发光	从图层对象、文本或形状的边缘向外添加发光效果
内发光	从图层对象、文本或形状的边缘向内添加发光效果
斜面和浮雕	【样式】下拉菜单将为图层添加高亮显示和阴影的各种组合效果 ① 外斜面：沿对象、文本或形状的外边缘创建三维斜面 ② 内斜面：沿对象、文本或形状的内边缘创建三维斜面 ③ 浮雕效果：创建外斜面和内斜面的组合效果 ④ 枕状浮雕：创建内斜面的反相效果，使对象、文本或形状看起来下沉 ⑤ 描边浮雕：只适用于描边对象，即在应用描边浮雕效果时才打开描边效果

笔 记

续表

图层样式	说明
光泽	对图层对象内部应用阴影，与对象的形状互相作用，通常创建规则波浪形状，产生光滑的磨光及金属效果
颜色叠加	在图层对象上叠加一种颜色，即用一层纯色填充到应用样式的对象上。从【设置叠加颜色】选项可以通过【选取叠加颜色】对话框选择任意颜色
渐变叠加	在图层对象上叠加一种渐变颜色，即用一层渐变颜色填充到应用样式的对象上。通过【渐变编辑器】还可以选择使用其他渐变颜色
图案叠加	在图层对象上叠加图案，即用一致的重复图案填充对象。从【图案拾色器】还可以选择其他的图案
描边	使用颜色、渐变颜色或图案描绘当前图层上的对象、文本或形状的轮廓，对于边缘清晰的形状（如文本），这种效果尤其有用

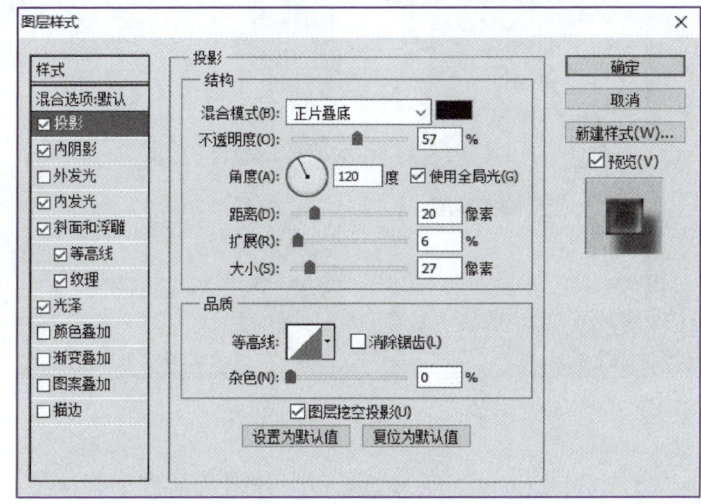

图 13-5　设置文字图层样式

步骤 4：单击【文件】|【存储为】命令，打开【存储为】对话框，在【文件名】文本框中输入"数字文本图片"，【格式】下拉列表中选择"PNG（*.PNG）"，单击【确定】按钮。

提示：为了保存图片的透明背景，文件格式要选择 PNG 格式，而不能选择 JPG 格式。JPG 格式的图片不支持透明是由其 RGB 色彩模式和基于离散余弦变换的压缩方式决定的。而 PNG 格式的图片则由于其 ARGB 色彩模式和无损压缩支持透明度。

二、设计贺卡底纹

数字贺卡由"不动"的底纹和"会动"的图片素材构成。由于数字贺卡最终是在手机端观看，所以底纹尺寸为 1080×1920 像素。制作底纹图片的操作步骤如下。

步骤 1：启动 Photoshop，单击【文件】|【新建】命令，打开【新建】对话框，【宽度】和【高度】分别设置为 1080 像素和 1920 像素，单击【确定】按钮。

步骤 2：打开项目素材，找到"图片素材 5.png"，将其拖曳到画布中，拖曳图片

微课 13-3
设计贺卡底纹

四周的调整点调整图片至合适的大小，如图 13-6 所示，完成后按 Enter 键确认。

图 13-6　导入并调整素材图片

步骤 3：将"图片素材 7.png"拖曳到画布中并调整其大小和位置。

步骤 4：在【工具】面板中双击【设置前景色】按钮，在弹出的对话框中选择需要的颜色，单击【确定】按钮，如图 13-7 所示。

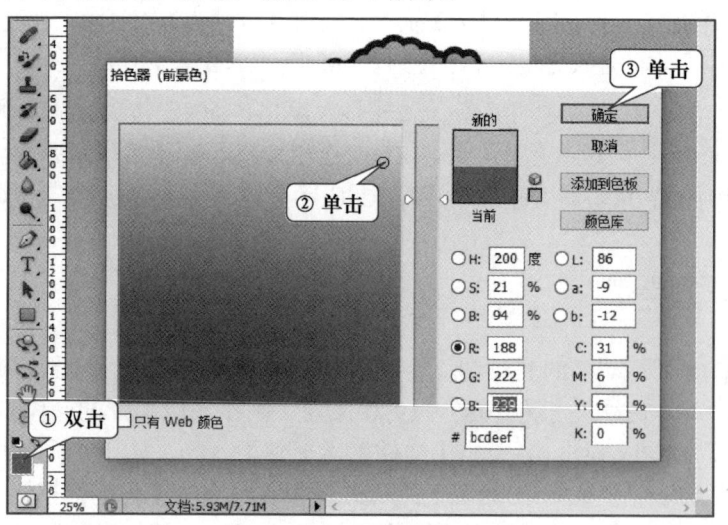

图 13-7　设置前景色

步骤 5：在【图层】面板中单击选择"背景"图层，在【工具】面板中选择【油漆桶工具】按钮，在画布中单击填充背景图层的颜色为前景色，如图 13-8 所示。

图 13-8 填充背景图层颜色

提示：如果【工具】面板中没有【油漆桶工具】按钮，则应该右击【渐变工具】按钮，在列表中单击【油漆桶工具】。

步骤 6：单击【文件】|【存储为】命令，选择图片保存位置，保存为"贺卡底纹图片.jpg"。

三、处理照片和皇冠图片

在数字贺卡中需要使用透明背景的小明照片和皇冠图片，在制作数字贺卡前需要将素材文件中的"小明照片.jpg"和"图片素材 1.jpg"进行背景透明和裁剪处理。

1. 处理照片

从"小明照片.jpg"中删除背景，操作步骤如下。

步骤 1：启动 Photoshop，打开"小明照片.jpg"文件。

步骤 2：在【图层】面板中双击"背景"图层，在【新建图层】对话框中单击【确定】按钮，新建"图层 0"图层。

步骤 3：在【工具】面板中单击【魔棒工具】按钮，单击【添加到选区】按钮，在【容差】数值框中输入 15，在图片中依次单击不同区域的背景色，如图 13-9 所示。

微课 13-4
处理照片和
皇冠图片

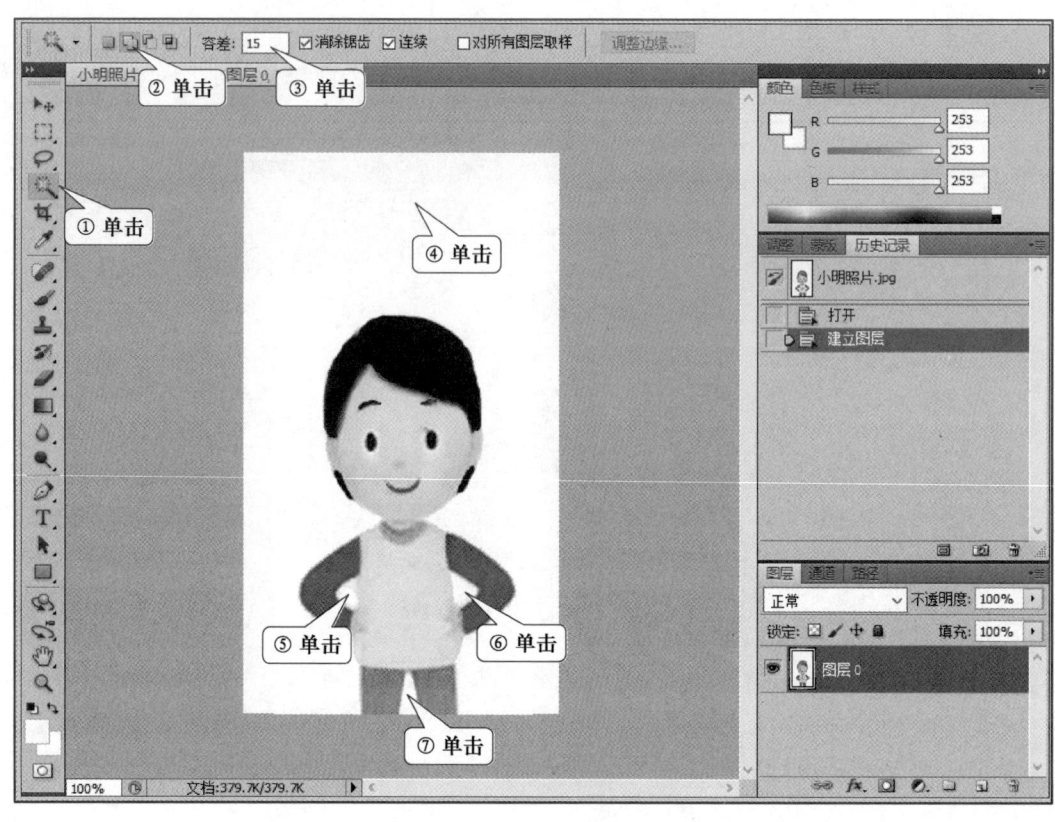

图 13-9　选择背景区域

步骤 4：按 Delete 键删除背景，按 Ctrl+D 快捷键取消选区。

步骤 5：单击【文件】|【存储为】命令，选择图片保存位置，保存为"小明照片.png"。

2. 处理皇冠图片

从"图片素材 1.jpg"中裁剪出一个皇冠图片，并制作为透明背景，操作步骤如下。

步骤 1：启动 Photoshop，打开"图片素材 1.jpg"文件。

步骤 2：在【工具】面板中单击【裁剪工具】按钮 ，在图片中拖曳光标选出需要的皇冠图形，按 Delete 键完成裁剪，如图 13-10 所示。

步骤 3：在【工具】面板中单击【缩放工具】按钮 ，在工具选项中单击【放大】按钮 ，再单击图片，放大图片到合适的大小。

步骤 4：按照"处理照片"的方法，将皇冠图片制作为透明背景。

步骤 5：单击【文件】|【存储为】命令，选择图片保存位置，保存为"皇冠素材.png"。

四、制作数字贺卡视频

使用剪映专业版制作数字贺卡视频，操作步骤如下。

步骤 1：打开剪映专业版软件，在【首页】单击【开始制作】按钮。

步骤 2：在【媒体】面板中单击【本地】|【导入】，如图 13-11 所示，选择需要的媒体资源后，单击【打开】按钮导入素材文件。

图 13-10　裁剪图片

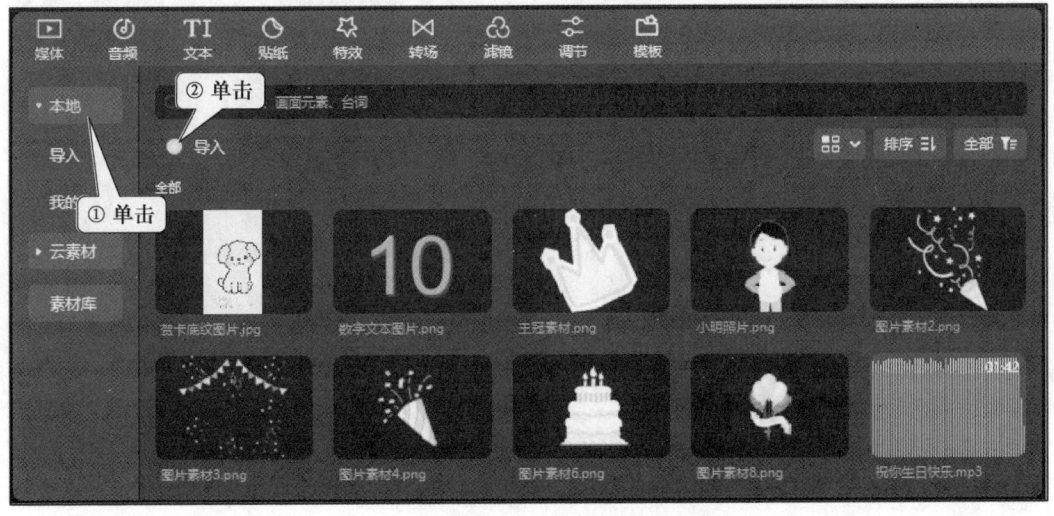

图 13-11　导入素材

步骤 3：拖曳"贺卡底纹图片"到视频轨道上，将光标移至轨道中"贺卡底纹图片"右侧，当光标变成"双向箭头"时，拖曳光标，改变图片的播放时长为 22 s，如图 13-12 所示。

步骤 4：将其余素材添加到其他轨道上，并在【播放器】面板中调整其位置和大小。如图 13-13 所示。

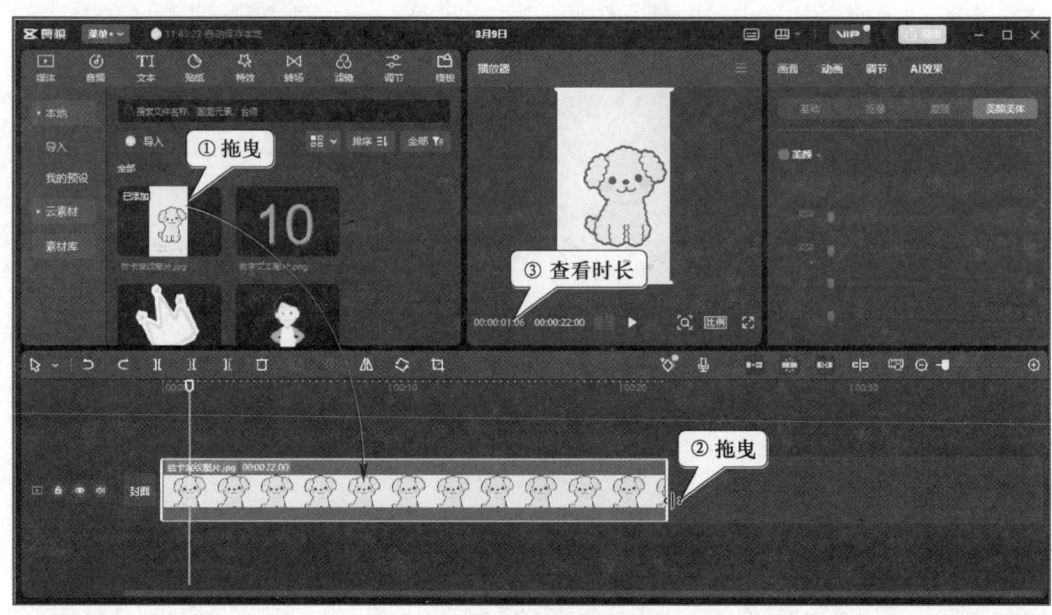

图 13-12　调整图片播放时长

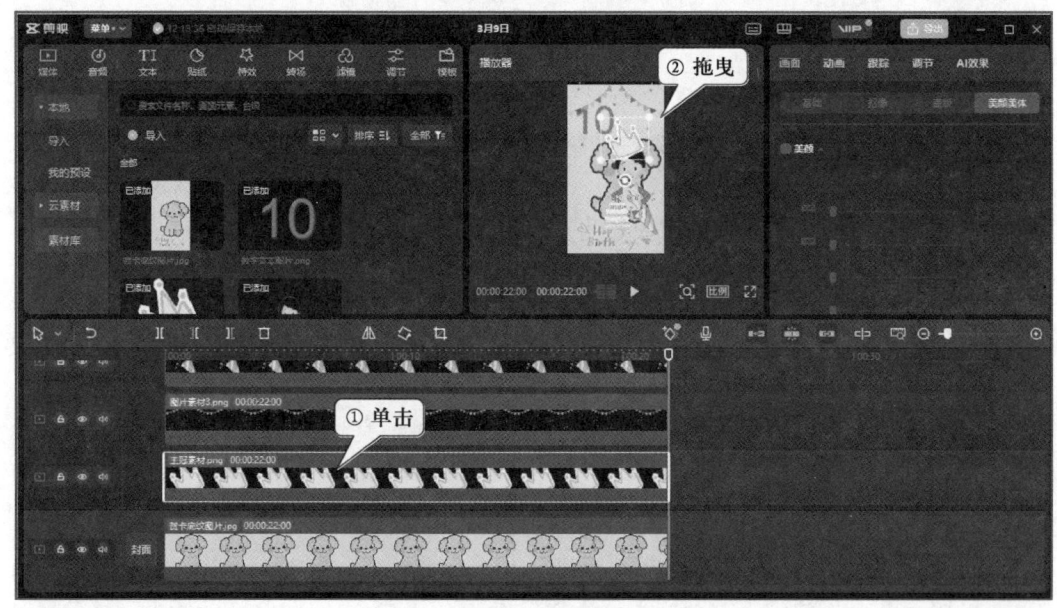

图 13-13　添加和调整其他素材

步骤 5：单击生日蛋糕图片所在的轨道，定位在 0 s 位置，单击【画面】面板中【位置大小】右侧的【添加关键帧】按钮◇，在【播放器】面板中调整生日蛋糕图片的位置和大小。

步骤 6：单击生日蛋糕图片所在的轨道，定位在 4 s 位置，单击【画面】面板中【位置大小】右侧的【添加关键帧】按钮◇，在【播放器】面板中调整生日蛋糕图片的位置和大小。实现图片的放大和缩小，如图 13-14 所示。

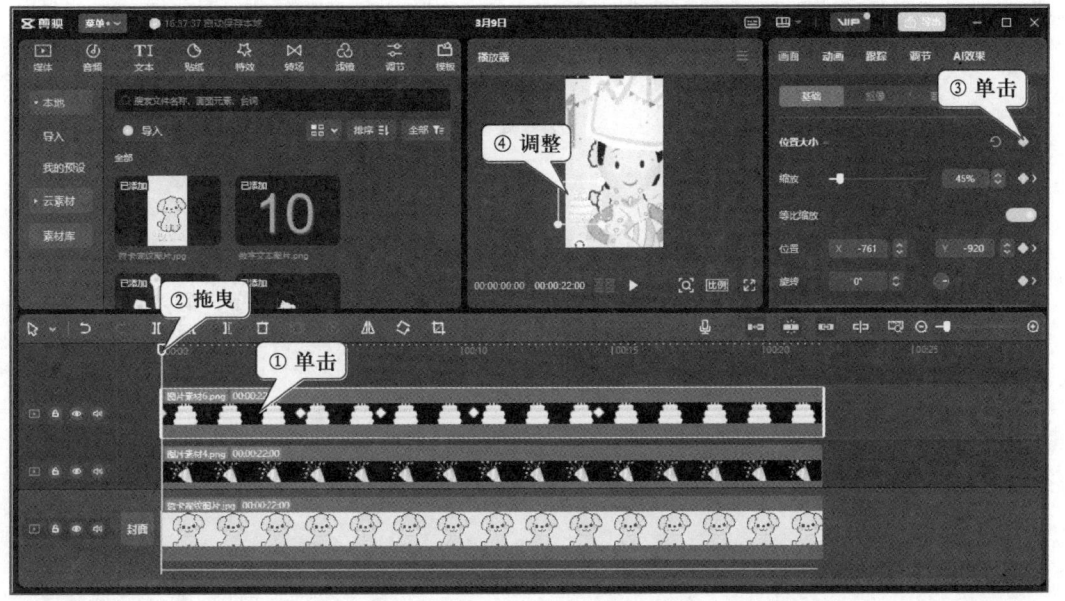

图 13-14　设置关键帧动画

📖**提示**：帧是影像中的最小单位，而关键帧指的是影像、动作等参数数值发生变化的帧。视频剪辑中的关键帧可让静止的图像、图形等产生动画效果，让单调的视频更显趣味。关键帧的参数和时间点设置要根据具体的视频内容和效果需求来调整。同时要注意不要使用过多的关键帧，否则会影响视频的流畅度和观感。

步骤 7：根据自己的喜好设置其他图片的动画效果。

步骤 8：单击"祝你生日快乐.mp3"所在的轨道，定位在 21:20 s 位置，在【常用工具】面板中单击【向右裁剪】按钮▮，如图 13-15 所示。

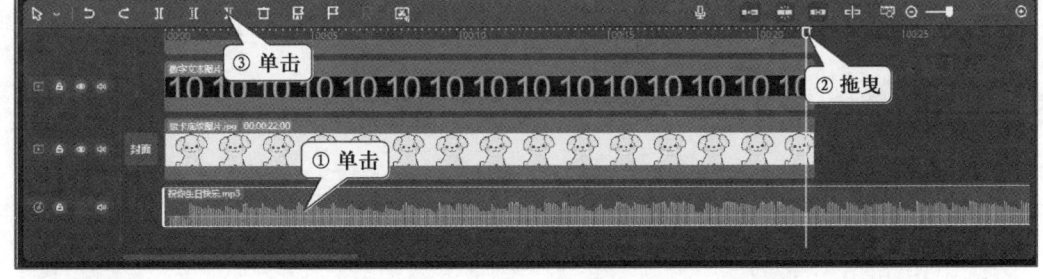

图 13-15　裁剪音频

步骤 9：完成视频编辑并预览正确后，单击窗口右上角的【导出】按钮，在【导出】对话框中，输入【标题】为"数字生日贺卡"，选择导出路径，选择导出格式后，单击【导出】按钮，如图 13-16 所示。

📖**提示**：在【导出】对话框中选择【音频导出】复选框，可以将视频中的音频导出为单独的音频文件。文件导出后可以直接发布到抖音或西瓜视频。

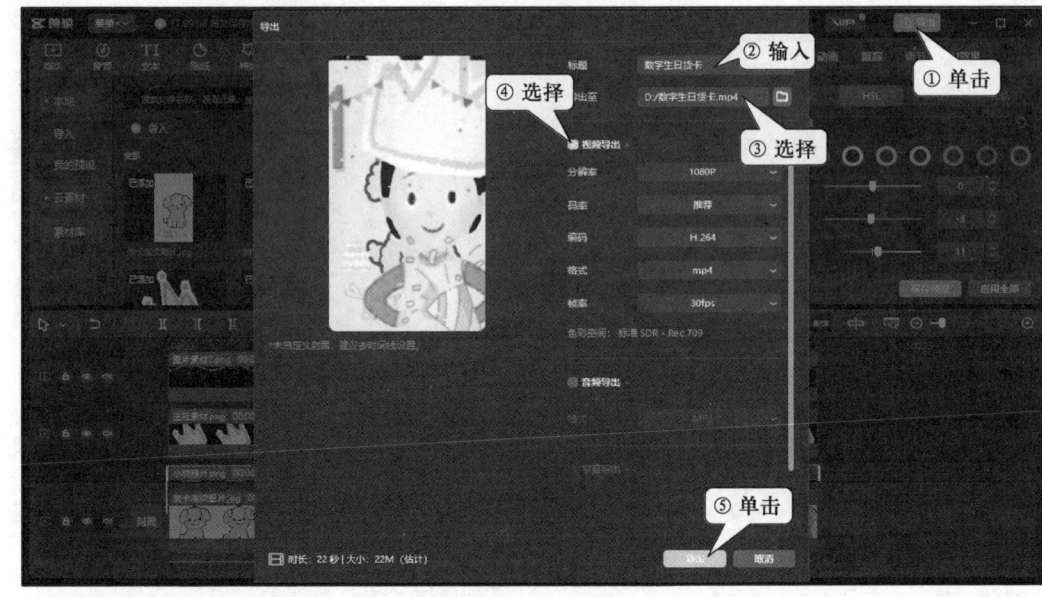

图 13-16 导出视频

项目总结

本项目通过设计制作数字生日贺卡，讲解数字媒体制作中的图像处理、文字处理、音频处理和视频处理。在数字媒体制作时，应掌握不同的素材处理方式，充分利用数字媒体软件进行编辑，随后完成项目制作。

数字媒体制作中，任务重点要放在两个方向，一个是素材的收集整理并进行处理，因为素材需要和项目统一，所以处理上要达到风格统一，避免出现素材搭配的违和感；再者就是数字媒体的交互设计，这一点主要是让交互动画有趣且符合审美。

项目练习

项目 13
客观题

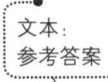

文本：
参考答案

一、客观题
请扫描二维码进入即测即评。
二、操作题
1. 以"数字生日贺卡"项目为案例，为自己的好朋友也设计制作一段"数字生日贺卡"。

2. 为自己做一份数字简历，要求如下。

① 加入自我介绍视频，时长不超过 1 min。

② 使用图片、文字、视频等方式突出自我技能与经验。

③ 数字简历总体时长不超过 3 min。

④ 视频格式为.mp4 格式，大小不超过 30 MB。

笔 记

▮▮ 参考文献

[1] 陈开华，王正万. 计算机应用基础项目化教程（Windows 10+Office 2016）[M].
　　 北京：高等教育出版社，2020.

[2] 眭碧霞. 信息技术基础（WPS Office）[M]. 2 版. 北京：高等教育出版社，2021.

[3] 教育部考试中心. 全国计算机等级考试一级教程——计算机基础及 WPS
　　 Office 应用[M]. 北京：高等教育出版社，2022.

读者意见反馈

为收集对教材的意见建议，进一步完善教材编写并做好服务工作，读者可将对本教材的意见建议通过如下渠道反馈至我社。

咨询电话　400-810-0598
反馈邮箱　gjdzfwb@pub.hep.cn
通信地址　北京市朝阳区惠新东街 4 号富盛大厦 1 座
　　　　　高等教育出版社总编辑办公室
邮政编码　100029

资源获取说明

授课教师如需获得本书配套的 PPT 课件、教学设计、案例素材、课后习题答案等教学资源，请登录"高等教育出版社产品信息检索系统"（xuanshu.hep.com.cn）搜索下载。首次使用本系统的用户，请先进行注册并完成教师资格认证。